普通高等教育"十一五"国家级规划教材

环境材料学

（第2版）

翁端 冉锐 王蕾 编著

清华大学出版社
北京

内容简介

本书是作者多年在清华大学从事环境材料研究和教学的总结。全书共分 15 章，主要分为环境材料理论、环境材料关键技术、环境工程材料及环境友好材料等，包括材料对环境的影响因素、材料环境影响评价方法、资源效率理论、材料生态设计、材料环境友好加工及制备、材料工业生态学、环境治理材料、有价元素回收利用技术、有毒有害元素替代技术、纯天然材料、仿生物材料、环境降解材料、绿色包装材料、生态建材等。

本书每章都附阅读及参考文献、思考题，可用作材料、环境、建筑、化工、化学、生物、机械、汽车、土木和水利等专业的高校教材，并供相关科技人员参考。

版权所有，侵权必究。举报：010-62782989，beiqinquan@tup.tsinghua.edu.cn。

图书在版编目（CIP）数据

环境材料学/翁端，冉锐，王蕾编著．—2 版．—北京：清华大学出版社，2011.11（2024.8重印）
ISBN 978-7-302-27546-6

Ⅰ．①环…　Ⅱ．①翁…　②冉…　③王…　Ⅲ．①环境科学：材料科学　Ⅳ．①TB39

中国版本图书馆 CIP 数据核字（2011）第 246212 号

责任编辑：柳　萍
责任校对：刘玉霞
责任印制：宋　林

出版发行：清华大学出版社
网　　址：https://www.tup.com.cn，https://www.wqxuetang.com
地　　址：北京清华大学学研大厦 A 座　　邮　编：100084
社 总 机：010-83470000　　邮　购：010-62786544
投稿与读者服务：010-62776969，c-service@tup.tsinghua.edu.cn
质量反馈：010-62772015，zhiliang@tup.tsinghua.edu.cn

印 装 者：小森印刷霸州有限公司
经　　销：全国新华书店
开　　本：170mm×230mm　　印　张：19.75　　字　数：408 千字
版　　次：2011 年 11 月第 2 版　　印　次：2024 年 8 月第 13 次印刷
定　　价：58.00 元

产品编号：013977-05

再版序

材料、能源、信息构成了我们生存的现实物质世界。2010年涉及石墨烯的研究和2011年涉及准晶的研究获得诺贝尔奖表明材料科学与技术对社会及科学发展具有重要的支撑作用。人类进入21世纪以来,全球化的能源短缺和环境污染已成为社会发展的主要制约因素。研究和发展环境材料理论,提高资源效率,减少环境污染,是材料科学工作者义不容辞的责任。环境材料学自20世纪90年代初兴起以来,一直是材料科学与技术的研究热点。十余年来,从事环境材料研究的队伍越来越壮大,其科学内容日臻完善,理论体系日趋完整。

本书是作者多年在清华大学从事环境材料研究和教学的总结,是作者为全校本科生、研究生开设"环境材料"课程使用的教材。全书共分15章,主要介绍环境材料理论、环境材料关键技术、环境工程材料、环境友好材料等,包括材料对环境的影响因素、材料环境影响评价方法、资源效率理论、材料生态设计、材料环境友好加工及制备、材料工业生态学、环境治理材料、有价元素回收利用技术、有毒有害元素替代技术、纯天然材料、仿生物材料、环境降解材料、绿色包装材料、生态建材等。本书每章都附阅读及参考文献、思考题,可供材料、环境、建筑、化工、化学、生物、机械、汽车、土木和水利等专业的工程技术人员和大专院校的师生作为参考书。

本书第1版自2001年出版以来,获得了广大读者的热情支持。在本书第2版写作过程中,得到了许多老师、同学以及国内外从事环境材料研究的同仁们的鼓励和帮助,在此致以衷心感谢。另外,特别感谢清华大学出版社的柳萍编辑,为本书的出版做了很多工作;感谢冉锐和王蕾两位同仁为第2版终稿付印作出的贡献,特别是感谢课题组所有老师和同学为本书出版给予的支持。最后,我要感谢我的家人,在她(他)们的鼓励和支持下,本书才得以付梓印刷。

目前,环境材料学作为一门学科发展很快。自本书第1版以来,每年都在不断地丰富和完善。由于作者水平有限,错误和不当之处在所难免,敬请专家和读者不吝指正。

翁 端

2011年11月于清华园

第1章 绪论 … 1

1.1 环境材料的起源和定义 … 1
1.1.1 环境材料的历史起源 … 1
1.1.2 环境材料的定义 … 3
1.2 环境材料的研究意义 … 4
1.2.1 材料科学产生的必然性 … 4
1.2.2 自然界对人类行为的反作用 … 5
1.2.3 环境材料是21世纪材料领域重要的发展需求 … 6
1.3 环境材料的研究内容 … 6
1.3.1 环境材料的理论研究 … 7
1.3.2 环境材料的应用研究 … 9
1.4 环境材料的发展趋势 … 10
阅读及参考文献 … 13
思考题 … 13

第2章 材料对环境的影响 … 15

2.1 材料在国民经济中的作用 … 15
2.2 材料与资源、环境的关系 … 17
2.3 材料加工和使用过程中的资源和能源消耗 … 19
2.3.1 全球资源和能源现状 … 19
2.3.2 中国资源和能源现状 … 21
2.3.3 材料加工和使用过程中的资源消耗 … 22
2.3.4 材料加工和使用过程中的能源消耗 … 22
2.4 固、液、气态污染物的排放 … 24
2.4.1 大气污染物 … 24

    2.4.2 水体污染物的形成与排放 ………………………………… 26
    2.4.3 固态污染物的形成与排放 ………………………………… 28
  2.5 其他环境影响 …………………………………………………………… 29
    2.5.1 全球温室效应 ……………………………………………… 29
    2.5.2 区域毒性水平 ……………………………………………… 31
    2.5.3 臭氧层破坏 ………………………………………………… 32
    2.5.4 电磁波污染 ………………………………………………… 32
    2.5.5 噪声污染 …………………………………………………… 33
    2.5.6 放射性物质污染 …………………………………………… 33
    2.5.7 光污染 ……………………………………………………… 33
  阅读及参考文献 ……………………………………………………………… 34
  思考题 ………………………………………………………………………… 34

第3章 材料环境影响的评价技术 ……………………………………… 36

  3.1 常见的环境指标及其表达方法 ………………………………………… 36
    3.1.1 能耗表示法 ………………………………………………… 36
    3.1.2 环境影响因子 ……………………………………………… 37
    3.1.3 环境负荷单位 ……………………………………………… 37
    3.1.4 单位服务的材料消耗 ……………………………………… 37
    3.1.5 生态指数表示法 …………………………………………… 38
    3.1.6 生态因子表示法 …………………………………………… 38
  3.2 材料的环境影响评价方法与标准 ……………………………………… 38
    3.2.1 LCA 的起源 ………………………………………………… 39
    3.2.2 LCA 的定义 ………………………………………………… 41
  3.3 LCA 的技术框架及评价过程 …………………………………………… 42
    3.3.1 目标和范围定义 …………………………………………… 42
    3.3.2 编目分析 …………………………………………………… 43
    3.3.3 环境影响评价 ……………………………………………… 45
    3.3.4 评价结果解释 ……………………………………………… 47
  3.4 常用的 LCA 评价模型 …………………………………………………… 48
    3.4.1 输入输出法 ………………………………………………… 48
    3.4.2 线性规划法 ………………………………………………… 48
    3.4.3 层次分析法 ………………………………………………… 49
  3.5 LCA 应用举例 …………………………………………………………… 50
    3.5.1 建筑瓷砖的环境影响评价 ………………………………… 50

3.5.2　聚氨酯防水涂料生产过程的环境影响评价 …………………… 52
　　　3.5.3　用层次分析法评价一般材料的环境影响 …………………… 53
　3.6　LCA 的局限性 ………………………………………………………… 55
　　　3.6.1　应用范围的局限性 …………………………………………… 55
　　　3.6.2　评价范围的局限性 …………………………………………… 55
　　　3.6.3　评价方法的局限性 …………………………………………… 56
　3.7　材料的环境性能数据库 ………………………………………………… 58
　　　3.7.1　建立材料环境性能数据库的基本原则 ……………………… 58
　　　3.7.2　常用环境数据库介绍 ………………………………………… 58
　阅读及参考文献 ……………………………………………………………… 60
　思考题 ………………………………………………………………………… 61

第 4 章　材料的资源效率理论 ………………………………………………… 62

　4.1　材料的资源效率 ………………………………………………………… 62
　　　4.1.1　资源概述 ……………………………………………………… 62
　　　4.1.2　材料生产的资源效率 ………………………………………… 64
　4.2　材料流分析 ……………………………………………………………… 65
　　　4.2.1　材料流理论概述 ……………………………………………… 65
　　　4.2.2　材料流分析的研究框架和主要指标 ………………………… 66
　　　4.2.3　材料流分析的基本方法 ……………………………………… 67
　　　4.2.4　材料流分析理论的应用实践 ………………………………… 71
　4.3　资源保护和综合利用 …………………………………………………… 76
　阅读及参考文献 ……………………………………………………………… 78
　思考题 ………………………………………………………………………… 78

第 5 章　材料的生态设计 ………………………………………………………… 80

　5.1　材料产业的可持续发展 ………………………………………………… 80
　　　5.1.1　可持续发展概述 ……………………………………………… 80
　　　5.1.2　材料产业的可持续发展 ……………………………………… 82
　5.2　材料的生态设计 ………………………………………………………… 84
　　　5.2.1　生态平衡 ……………………………………………………… 84
　　　5.2.2　生态设计的理念、原则及要素 ……………………………… 85
　　　5.2.3　生态设计的方法 ……………………………………………… 87
　5.3　生态设计案例分析 ……………………………………………………… 88
　　　5.3.1　Ecosystems Brand 的家具设计 ……………………………… 88

  5.3.2 家电行业的生态设计 ··· 90

阅读及参考文献 ··· 92

思考题 ··· 93

第6章 材料的环境友好加工及制备 ··· 94

6.1 降低材料环境负担性的技术 ·· 94

  6.1.1 避害技术 ··· 95

  6.1.2 污染控制技术 ·· 97

  6.1.3 再循环利用技术 ·· 99

  6.1.4 补救修复技术 ··· 103

6.2 清洁生产技术 ··· 104

  6.2.1 定义 ·· 104

  6.2.2 清洁生产的理论基础 ·· 105

  6.2.3 清洁生产的主要内容 ·· 106

  6.2.4 实现清洁生产的途径 ·· 108

6.3 清洁生产技术的实践 ·· 110

  6.3.1 钢铁工业清洁生产技术 ·· 110

  6.3.2 水泥工业清洁生产技术 ·· 112

阅读及参考文献 ·· 114

思考题 ·· 115

第7章 材料工业生态学 ··· 116

7.1 工业生态学的起源 ·· 116

7.2 工业生态学的基本原理 ··· 117

7.3 工业生态学的研究方法 ··· 119

  7.3.1 工业代谢 ·· 120

  7.3.2 生命周期评价 ··· 120

  7.3.3 投入产出分析 ··· 121

  7.3.4 生态工业评价指标 ·· 122

  7.3.5 为环境设计 ··· 122

  7.3.6 产业共生 ·· 123

7.4 工业生态学的应用案例：凯隆堡生态工业园 ························· 124

阅读及参考文献 ·· 125

思考题 ·· 126

第 8 章 环境治理材料 127

8.1 大气污染治理材料 127
- 8.1.1 大气污染及其控制技术 127
- 8.1.2 过滤材料 128
- 8.1.3 吸附材料 130
- 8.1.4 催化材料 132

8.2 水污染治理材料 142
- 8.2.1 水污染及其处理技术 142
- 8.2.2 氧化还原型水污染治理材料 143
- 8.2.3 沉淀分离型水污染治理处理材料 147
- 8.2.4 稀释中和型水污染治理材料 149
- 8.2.5 膜材料 150

8.3 其他污染控制材料 153

阅读及参考文献 156

思考题 157

第 9 章 固体废弃物中有价元素的回收利用技术 159

9.1 固体废弃物及资源化利用 159
- 9.1.1 固体废弃物的分类 159
- 9.1.2 固体废弃物的危害 160
- 9.1.3 固体废弃物资源化利用及管理现状 161

9.2 几种主要固体废弃物资源化利用 162
- 9.2.1 报废汽车的资源化利用 162
- 9.2.2 报废电子电器的资源化利用 169
- 9.2.3 废旧电池的资源化利用 175

阅读及参考文献 182

思考题 185

第 10 章 有毒有害元素的替代技术 186

10.1 背景及政策 186
- 10.1.1 RoHS 和 WEEE 指令 187
- 10.1.2 中国的 RoHS 法规及实施进程 189

10.2 有毒有害元素替代材料的研究和应用进展 191
- 10.2.1 无铅焊料 191

10.2.2　无毒塑料稳定剂 …………………………………………… 195
　　　10.2.3　汞、铬等的替代材料 ………………………………………… 200
　阅读及参考文献 ……………………………………………………………… 204
　思考题 ………………………………………………………………………… 207

第11章　纯天然材料 ………………………………………………………… 208

　11.1　木材的开发和利用 …………………………………………………… 208
　　　11.1.1　木材的结构和性质 ………………………………………… 208
　　　11.1.2　木材的环境特性 …………………………………………… 209
　　　11.1.3　木材改性及应用 …………………………………………… 210
　　　11.1.4　木材深加工及应用 ………………………………………… 213
　11.2　竹材的开发和利用 …………………………………………………… 213
　　　11.2.1　竹材的结构与性质 ………………………………………… 214
　　　11.2.2　竹材的加工利用 …………………………………………… 214
　11.3　石材的开发和利用 …………………………………………………… 216
　11.4　其他天然材料的开发和利用 ………………………………………… 218
　　　11.4.1　稻壳 ………………………………………………………… 218
　　　11.4.2　秸秆 ………………………………………………………… 219
　　　11.4.3　其他天然资源的综合利用 ………………………………… 220
　阅读及参考文献 ……………………………………………………………… 223
　思考题 ………………………………………………………………………… 225

第12章　仿生物材料 ………………………………………………………… 226

　12.1　仿生物材料的环境性能 ……………………………………………… 226
　12.2　天然生物材料的组成 ………………………………………………… 228
　　　12.2.1　结构蛋白质 ………………………………………………… 228
　　　12.2.2　结构多糖及生物软组织 …………………………………… 229
　　　12.2.3　生物复合纤维 ……………………………………………… 230
　　　12.2.4　生物矿物 …………………………………………………… 230
　12.3　仿生物材料的制备与应用 …………………………………………… 232
　　　12.3.1　生物陶瓷及其复合材料 …………………………………… 232
　　　12.3.2　组织工程材料 ……………………………………………… 235
　　　12.3.3　仿生智能材料 ……………………………………………… 236
　阅读及参考文献 ……………………………………………………………… 237
　思考题 ………………………………………………………………………… 237

第13章 环境降解材料 ………………………………………………………… 239

13.1 概述 …………………………………………………………………… 239
13.1.1 可降解塑料的研究背景 ……………………………………………… 239
13.1.2 可降解塑料的定义及发展历史 ……………………………………… 240

13.2 可降解塑料的分类 …………………………………………………… 241
13.2.1 光降解塑料 …………………………………………………………… 242
13.2.2 生物降解塑料 ………………………………………………………… 243
13.2.3 光-生物共降解塑料 …………………………………………………… 247

13.3 材料的环境降解机理 ………………………………………………… 247
13.3.1 光降解机理 …………………………………………………………… 247
13.3.2 生物降解机理 ………………………………………………………… 249
13.3.3 光-生物共降解机理 …………………………………………………… 250

13.4 生物降解材料的应用趋势及发展前景 ……………………………… 251

阅读及参考文献 …………………………………………………………………… 254

思考题 ……………………………………………………………………………… 254

第14章 绿色包装材料 ……………………………………………………… 255

14.1 概述 …………………………………………………………………… 255
14.2 包装材料的分类 ……………………………………………………… 256
14.3 包装材料的环境影响及其评价 ……………………………………… 258
14.3.1 包装材料对环境的影响 ……………………………………………… 258
14.3.2 包装材料的环境影响评价 …………………………………………… 259

14.4 绿色包装材料的设计和加工技术 …………………………………… 262
14.4.1 绿色包装的概念 ……………………………………………………… 262
14.4.2 绿色包装材料的设计 ………………………………………………… 262
14.4.3 绿色包装材料的加工处理技术 ……………………………………… 264

14.5 绿色包装材料的开发和应用 ………………………………………… 266
14.5.1 绿色包装替代材料 …………………………………………………… 267
14.5.2 绿色包装改性材料 …………………………………………………… 268
14.5.3 绿色包装新材料的开发及应用 ……………………………………… 269

阅读及参考文献 …………………………………………………………………… 272

思考题 ……………………………………………………………………………… 273

第 15 章　生态建材 ·· 275

15.1　建材与环境 ·· 275
15.1.1　建材对环境的影响 ·· 276
15.1.2　环境污染对建材及建筑物的影响 ·· 278
15.2　生态建材 ··· 280
15.3　典型的生态建材产品 ··· 282
15.3.1　生态水泥 ·· 282
15.3.2　生态混凝土 ·· 284
15.3.3　生态建筑 ·· 286
15.4　环境友好装饰材料 ·· 286
15.4.1　建筑涂料 ·· 287
15.4.2　壁纸墙布 ·· 290
15.4.3　绿色地板 ·· 290
15.4.4　贴面胶合板 ·· 292
15.5　环境功能玻璃 ··· 292
15.5.1　热反射玻璃 ·· 293
15.5.2　高性能隔热玻璃 ·· 293
15.5.3　自动调光玻璃 ··· 293
15.5.4　隔音隔热玻璃 ··· 294
15.5.5　电磁屏蔽玻璃 ··· 294
15.5.6　抗菌自洁玻璃 ··· 294
15.6　建筑卫生陶瓷 ··· 294
15.7　辅助建材及建材化学品 ·· 295
15.8　固体废弃物在建筑中的应用 ·· 297
15.8.1　工业固体废渣在建筑材料中的综合利用 ·································· 297
15.8.2　非金属矿产品与生态建材 ··· 300
15.8.3　生态型化学建材 ·· 301
阅读及参考文献 ··· 302
思考题 ·· 303

绪 论

本章主要介绍环境材料的起源、定义和研究环境材料的意义。在此基础上,从人类社会的需求出发介绍环境材料的研究目的、主要研究内容以及环境材料的未来发展趋势。

环境材料是在满足材料使用性能的同时具有良好的环境协调性的一大类新型材料的总称。研究环境材料的目的主要是发挥材料科学的优势,将先进的材料科学与技术用于治理环境污染,改善生态环境。从材料的功能和本身性质来看,环境材料主要包括环境工程材料、环境友好材料和环境功能材料。社会、经济的可持续发展要求以自然资源为基础,与环境承载能力相协调。开发环境友好型材料,研制环境治理材料,研究环境功能材料,恢复被破坏的生态环境,减少废气、污水、固态废弃物对环境的污染,用材料科学与技术为改善生态环境条件努力,是历史发展的必然,也是材料科学的一种进步。

1.1 环境材料的起源和定义

1.1.1 环境材料的历史起源

材料作为社会经济发展的物质基础和先导,对推动人类文明和发展起着极其重要的作用。然而,在材料的获取、制备、生产、使用及废弃的过程中,常消耗大量的资源和能源,同时排放大量的污染物,造成环境污染,影响人类健康。自 20 世纪 90 年代以来,世界各国的材料科学工作者开始重视材料的环境性能。从理论上研究评价材料环境影响的定量方法和手段;从应用上开发具有改善环境状况功能或是环境友好型的新材料及其制品。经过几年的发展,在环境和材料两大学科之间开创了一门新兴学科——环境材料(Ecomaterials)。其主要特征是:(1)无毒无害,减少污染;(2)全生命过程对资源和能源消耗小;(3)可再生循环利用,容易回收;(4)具有高使用效率等。环境材料的出现是人类认识客观世界的飞跃与升华,标志着材料科学的发展进入了一个新的历史时期(图 1-1)。

图 1-1　环境材料的产生

最初,环境材料在欧美叫环境友好型材料,或称为环境兼容性材料。而在亚洲,主要是日本和中国,称为绿色材料、生态材料、环境材料、环境相容性材料、环境协调性材料或环境调和型材料等。表 1-1 是关于环境材料的各种语言表达。从英语、德语、法语的意思看,环境材料的含义主要还是指材料及其制品要对环境污染小,或对环境友好等。应该指出的是,英语词汇 Ecomaterials 是由日本东京大学的山本良一教授及其研究小组于 1993 年率先提出的。其构成是由英语的 Materials(材料)加上 Ecology(生态学)的词头前缀(Eco-)复合而成的。1995 年,在西安举行的第二届国际环境材料大会上,与会的国际材料界各方专家经讨论,一致同意将环境友好型材料的各种表达统一为"环境材料"的汉语称谓。这就是汉语"环境材料"名称的正式来源。所以,目前在国内,许多学术文章亦将环境材料叫做生态环境材料,或生态材料。

表 1-1　关于环境材料的各种语言表达

语　种	表　达
汉语	环境材料 生态材料 绿色材料 生态环境材料 环境友好型材料 环境协调性材料 环境兼容性材料 环境相容性材料
日语	环境材料 环境调和型材料 环境协调性材料
英语	Ecologically Beneficial Materials Environmentally Friendly Materials Ecomaterials
德语	Oekologische Vorteile Material Umweltfreundliche Werkstoff
法语	Des Materiaux Favourable a L'Environment

1.1.2 环境材料的定义

自环境材料概念提出以来,相关研究者对此概念的社会和学术意义给予了充分肯定。首先,几乎所有的研究者都承认材料及其制品对于资源、能源消耗和环境污染的产生负有重要责任,为实现可持续发展的目标,开展环境材料研究是必要和紧迫的课题。其次,研究者普遍认为将环境意识引入材料研究,"使自然环境所受的载荷为最小是一个有益的重要新概念",是在传统材料四要素的基础上"延伸、拓宽了材料科学与工程的定义和内涵"。这是在环境材料领域形成的基本共识。

关于环境材料的定义,最初,一些专家认为环境材料是指那些具有先进的使用性能,其材料和技术本身要有较好的环境协调性,还要具备为人们乐于接受的舒适性的一类具有系统功能的新材料。即其应该具有先进性、环境协调性和舒适性,但显然只有环境协调性才是环境材料的核心特征,因此环境材料也曾经被称为环境协调性材料。在早期的文献中很多作者曾强调将环境协调性解释为在材料的生命周期过程中(包括开采、制造、使用、废弃和回收)具有资源和能源的消耗少、对生态环境的影响小、再生循环率高、易于自然降解等特点,这些特点经常被用在环境材料的定义中。概言之,环境材料是指对资源和能源消耗最少,对生态环境影响最小,再生循环利用率最高,或者废弃后可降解的新材料。经过一段时间的发展,一些学者认为,环境材料实质上是赋予传统结构材料、功能材料以特别优异的环境协调性的材料,或者指那些直接具有净化和修复环境等功能的材料,即环境材料是具有系统功能的一大类新型材料的总称。还有一些专家认为,环境材料是指同时具有优良的使用性能和最佳环境协调性的一大类材料。

但是,许多材料学者对这些定义都认为尚不完整。1998年,由国家科学技术部、国家"863"高技术新材料领域专家委员会、国家自然科学基金委员会等单位联合组织在北京召开了中国生态环境材料研究战略研讨会。会上就环境材料的称谓、定义进行了详细的讨论,最后各位专家建议将环境材料、环境友好型材料、环境兼容性材料等统一称为"生态环境材料"。并给出了一个有关环境材料的基本定义。即:生态环境材料是指同时具有满意的使用性能和优良的环境协调性,或者能够改善环境的材料。所谓环境协调性是指资源和能源消耗少、环境污染小和循环再利用率高。部分专家认为,这个定义也不是很完整,还有待进一步发展和完善。例如,环境材料还应该考虑经济成本上的可接受性,也即除使用性能、环境性能外,还应加入经济性能方属完整。如图1-2所示,环境材料是指那些具有满意的使用性能和可接受的经济性能,并在其制备、使用及废弃过程中对资源和能源消耗少,对环境影响小且再生利用率高的一类材料。另外还有一种争议就是,通常认为环境材料研究可以同时包含所有的材料门类和制备技术,因此对传统材料"生态化"的改造研究也属环境材料的研究范畴,但因此将各种传统材料称为环境材料却可能引起反对意见。

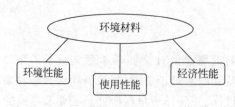

图 1-2　环境材料的基本性能示意图

但不管最终大家认可的定义如何，本质上讲，环境材料研究的是材料与环境的关系，在材料生产和使用过程中保持生态平衡。在我国现阶段的环境状况下，通常将治理污染或修复环境所用到的一些环境工程材料也归纳到环境材料的范畴中。随着对环境材料的不断研究和发展，关于环境材料的定义将会不断完善。

除环境材料外，国内一些学者还提出了环境材料学的概念。认为环境材料学是一门研究材料的开发、生产与使用过程和环境之间相互适应和相互协调的科学。其目的是寻找在加工、制造、使用和再生过程中具有最低环境负担的人类所需材料，以满足人类生存和发展的需要。其特征在于从环境的角度重新考虑和评价过去的材料科学及其工程学，指导未来的材料科学及其工程学的发展。环境材料学的核心思想是在材料的四大传统性能基础上，加上材料的环境性能，强调材料与环境的协调性。因此，环境材料学的目的是明确的，其发展将促进环境材料的进一步发展。但是，作为一门学科，环境材料学在其基础理论、研究对象、研究内容和研究方法等许多方面还有待进一步完善。

1.2　环境材料的研究意义

1.2.1　材料科学产生的必然性

在人类历史上，有许多时代都是以材料的发展来命名的。如远古时期的石器时代，以及随后的青铜器时代和铁器时代，到现代的高分子时代，都是由于材料科学和技术的发展而推动了历史车轮的前进。就材料科学和技术本身的发展来看，也是随着历史发展的需要而诞生的。表 1-2 是 20 世纪以来某些新材料的发展阶段示意图。显然，与能源材料和信息材料的发展类似，环境材料也是应时代的要求、社会的需要而产生和发展起来的。

表 1-2　某些材料的发展阶段

20 世纪 60 年代	20 世纪 70 年代	20 世纪 80 年代	20 世纪 90 年代
半导体材料	能源材料	信息材料	环境材料

以能源材料为例，由于 20 世纪 70 年代的能源危机，在材料学科中诞生了一门新兴学科：能源材料。所谓能源材料是指用于产生能源或改变能源状态的各种材料。

迄今，能源材料的发展已包括新能源材料（如核能、太阳能、氢能、风能、地热能和海洋潮汐能等新能源技术所使用的材料）、能量转换与储能材料（如锂离子电池材料、镍氢电池材料、燃料电池材料、钠硫电池和热电转换材料）和节能材料（如非晶纳米晶合金材料、超导材料、永磁材料、软磁材料等能够提高传统工业能源利用效率的各种新型材料）三大部分。

关于信息材料也是如此，所谓信息材料是指应用在信息技术方面的新材料，如半导体材料，光学介质材料，光电子材料，发光材料，感光材料，电容、电阻材料，信息陶瓷材料，微电子辅助材料等。显然，当我们谈起能源材料或信息材料时，很难用一种具体的材料来表征其整个含义。

随着自然资源的过度开发和消耗，以及全球性的环境污染和生态破坏，人类认识到保护环境和有效利用资源，实现社会和经济可持续发展的重要性和迫切性。对材料科学工作者来说，有效地利用有限的资源，减少材料对环境的负担性是一项义不容辞的责任。因此，环境材料的出现是历史发展的一个必然产物，也是材料科学的一种进步。

环境材料是一大类与改善生态条件、降低环境污染有关的新材料。由于环境材料是那些在制备和使用过程中能与环境相容和协调，或在废弃后可被环境降解，或对环境有一定净化和修复功能等一类材料的总称，因此，同能源材料和信息材料类似，也很难用某一种具体的特征材料来表征其内涵。

1.2.2 自然界对人类行为的反作用

环境材料的出现，是人类从整个地球环境、社会发展、人类生存出发，反思材料的制造及其使用对环境的影响的结果。同时可以看到，环境材料的发展也是自然界对人类行为反作用的结果。

20世纪以来，地球上发生了三种影响深远的变化。一是社会生产力的极大提高和经济规模的空前扩大。经济总量大幅度增长，创造了前所未有的物质财富，大大推进了人类文明的进程。二是人口的爆炸性增长使20世纪世界人口翻了两番，由20世纪初的14亿达到了20世纪90年代初的57亿，并且以每年约8 000万以上的速度继续增长。三是由于自然资源的过度开发与消耗，以及各种生产废物和污染物的大量排放，导致全球性的资源短缺、环境污染和生态破坏。因此，人口膨胀、资源短缺、环境恶化是当今社会持续发展面临的三大问题。这些问题的不断积累，加剧了人与自然的矛盾，对社会经济的持续发展和人类自身的生存构成了新的威胁。

面对这种严峻的形势，人类不得不认真回顾自己的发展历程，重新审视自己的社会经济行为，探索新的发展战略。从资源的获取及其使用的价格，材料的获取、制备、生产使用和废弃过程是一个资源消耗和环境污染的过程，也就是说，一方面材料推动着人类社会的物质文明，而另一方面又消耗大量的资源和能源，并给环境带来严重的污染和破坏。因此,有限资源的过度开发,产生资源枯竭的威胁,以及带给环境日益沉重的污染,对材料开发和应用提出了新的历史要求。发展与环境相容、与环境协调、对环境友好的新材料是材料科学工作者义不容辞的历史责任。在这个意义上,环境材料的产生是自然界对人类行为反作用的结果。

1.2.3 环境材料是21世纪材料领域重要的发展需求

解决地球资源短缺及环境污染,提高人类生存质量,实现社会和经济的可持续发展,已成为目前全球所面临的重大战略问题。环境材料的出现与发展,不仅是材料本身发展的需求,而是从整个地球环境、社会发展、人类生存出发,对材料产业提出的迫切要求。随着全民环境意识的不断提高,生态产品、生态商务等概念正在逐步地深入人心。在这种形势下,欧盟、美国、日本、中国等国家都相应制定和实施了有关环境材料的国家战略规划,资助了一些环境材料研究的国家项目,并大力推动环境材料在国民经济建设及人民生活中的应用和普及。国内外许多产业集团、公司也开始不断地加大对绿色产品研究与开发的力度。新的环境协调性好的产品不断涌现,不仅获得了良好的经济效益,而且取得了良好的社会效益。另外,包括中国在内,全世界已有上百所大学建立了环境材料相关的研究小组,并开设了有关环境材料的课程,不断加强环境材料领域的人才队伍建设。

1.3 环境材料的研究内容

从现阶段来看,关于环境材料的研究可以分三步走,如表1-3所示。

首先是治表,将积累下来的污染问题,利用材料科学与技术进行末端治理,恢复环境对污染物的容纳能力和消化吸收功能,这一点对我国目前的环境现状尤为重要。例如,我国因造纸废水排放造成的污染,已使某些地区的居民饮用水供应产生困难。开发治理造纸废水的新材料及产品,给材料科学工作者提出了新的任务。机动车尾气排放给大、中城市造成的大气污染,提出了治理汽车尾气的技术和产品的要求。而治理汽车尾气污染的核心技术就是开发满足使用要求的汽车尾气催化材料。对冶金、化工行业大量排放的废渣处理,其实是将废料变成原料,生产新的原材料产品,使废物被再循环利用,提高资源效率。

表1-3 环境材料的研究目标和内容

阶段	目标	主要内容	案例
治表	末端治理	治理现在的污染,改善生态环境	废气、污水、废渣治理
治本	初始端治理	污染预防,减少污染的发生量	生态设计,清洁生产
回归	环境协调	所有过程和产品与环境相容	环境友好材料及产品

其次是治本，将材料科学与技术用于环境保护，即在清除积累的环境污染问题的同时，开展初始端治理，在设计阶段即考虑减少生产过程对环境的影响。如通过提高资源效率，减少废物排放。改革生产工艺，实行清洁生产技术，从源头控制污染物的产生和排放，可以有效地改善生态环境，减少污染。

环境材料发展的最高境界，是所制备的材料和产品能够与环境尽量相容和协调，使人类社会真正回归大自然。届时，大量的材料及产品都具有环境协调性、环境兼容性、环境降解性等环境性能，实现材料产业的可持续发展。

基于上述观点，环境材料的研究内容一般认为可以划分为：环境材料理论研究，主要是材料的环境负担性评价技术及环境性能数据库；资源保护与再循环利用技术以及环境材料开发与应用，主要是生态协调性的材料与加工技术等。不过，就我国目前材料生产和环境状况来看，上述内容应具体细分为环境负担性评价技术及环境性能数据库，降低材料环境负担性的工艺和技术如资源的有效利用和废物再循环利用，开发治理环境污染的高效环境工程材料、环境相容性新材料和绿色产品如环境友好材料，以及可以改善人类生活环境的智能化、生态化的环境功能材料等。具体见图 1-3 的框架示意图。

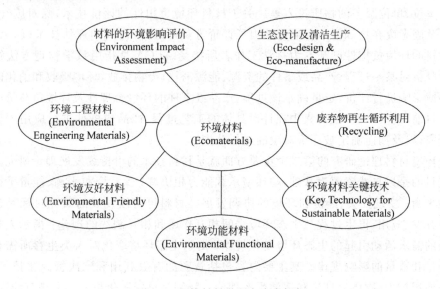

图 1-3　环境材料学研究内容框架

1.3.1　环境材料的理论研究

关于环境材料的理论研究主要有环境材料的定义、范畴和内涵研究，建立环境材料学科；建立材料环境负荷的量化指标，收集材料的环境影响数据，为建立材料的环境性能数据库提供框架和支持。另外,开展材料在加工、使用和废弃过程中的环境影响评价理论和评价方法研究,为环境材料的生态化设计建立理论及方法,以及环境友好型材料加工制备工艺和生产过程提供决策依据和原则。还有,研究材料科学与技术的可持续发展理论,健全材料科学与技术的资源保护及再资源化理论。再循环利用技术和清洁生产技术等也是环境材料理论研究的内容。环境材料理论研究的主要内容见表 1-4。

表 1-4 环境材料理论研究的主要内容

类 别	内 容
材料的环境性能评价	LCA 方法学、环境性能数据库
材料的可持续发展理论	资源效率、物质流分析、工业生态学
材料的生态设计	生态设计理论、非物质化理论
材料的生态加工	清洁生产、再循环利用、降解、废物处理

在进行材料的环境影响评价过程之前,首先要确定用何种指标来衡量材料的环境负担性。已提出的表达方法有能源消耗、资源消耗、环境影响因子、环境指数、环境负荷单位、单位服务的物质投入等。关于材料环境负担性的评价技术,除对废气、废液以及固态废弃物等单一影响用单因子评价方法外,用生命周期评估技术(LCA)评价材料的环境负担性已基本为科学工作者所接受。LCA 是指用数学物理方法结合实验分析对某一过程、产品或事件的资源、能源消耗,废物排放,环境吸收和消化能力等环境影响进行评价,定量确定该过程、产品或事件的环境合理性及环境负荷量的大小。目前,关于 LCA 主要集中在针对具体的工艺过程、产品或事件进行应用评价技术研究,以及如何确定被评价对象的边界范围。

环境材料理论研究的第二个重要方面就是材料技术的可持续发展理论研究。其研究目的是以自然资源为基础,与环境承载能力相协调;保持资源平衡、能量平衡和环境平衡;实现社会、经济和环境的协调发展。材料可持续发展的研究目标是建立材料开发、应用、再生过程与生态环境之间相互作用和相互制约的理论;揭示人类对材料的需求活动引起的生态环境变化规律;揭示生态环境变化对人类生存所需材料的质量和数量的影响规律。其主要内容包括资源的有效利用和二次资源化技术,再循环使用技术,物质流理论和清洁生产理论。特别是再资源化技术研究是节约资源、提高资源利用效率和废弃物的再循环利用率的一项有效措施。与此相应的是,减少物质的搬运量,降低材料链赤字也是提高资源效率、实现材料科学与技术可持续发展的一条积极途径。目前,实现材料科学与技术可持续发展的技术主要有资源保护和再资源化技术、废物再利用和再循环技术、避害技术、控制技术、补救修复技术、清洁生产技术、环境教育和管理等。

在环境科学中,近年来对用初始端预防技术来代替末端治理措施一直比较重视。

在环境材料研究中,强调产品和工艺的设计对提高资源和能源的利用效率,减少污染物排放的重要性是环境材料理论研究的又一方面。将环境平衡、资源平衡和能源平衡原理用于环境材料的设计,使产品从一开始就与环境相容,避免了后处理的工序。显然,既追求了环境效益,也追求了经济效益和社会效益。

由于环境材料才出现几年,目前一些科学工作者对这一新兴学科的理解还不一致。无论国内还是国外,在环境材料的研究方面,目前还有许多问题有待解答,如环境材料的概念、定义、范畴;基础和应用研究内容;环境材料的发展方向、材料环境性能的具体量化指标等。研究这些基本问题,有助于环境材料的发展和完善。

1.3.2 环境材料的应用研究

目前许多关于环境材料的应用研究,大多在保证该材料具有满意的使用性能条件下,尽量降低其在加工和使用过程中对环境的负担性,或节约资源、降低能耗。换句话说,主要集中在开发环境协调性的新材料和材料的环境友好型加工工艺方面,如各种绿色材料及其制品的开发,现有材料的环境友好型改造,在生产工艺设计上采取清洁生产技术,即保持清洁的原料、清洁的工艺和制造清洁的产品,从而在材料的制备过程中也尽量地减少对环境的污染(表1-5)。

表1-5 环境材料应用研究的主要内容

类 别	内 容
环境工程材料	环境治理材料、环境修复材料、环境替代材料
环境友好材料	天然材料、仿生物材料、绿色包装材料、环境降解材料、生态建材
环境功能材料	自清洁材料,调温、调湿、调光材料,环境功能玻璃
环境材料的关键技术	无铅化进程中的元素替代技术、固体废弃物资源化利用

在环境材料的应用研究中,强调材料与环境的相容性、协调性是环境材料的主要研究目的之一。开发环境相容性的新材料及其制品,并对现有的材料进行环境协调性改性,是环境材料应用研究的主要内容。从材料的功能和本身性质来看,环境材料的应用主要包括环境工程材料、环境友好材料和环境功能材料三大类。

环境工程材料,主要包括对废弃物的污染控制和处理,如大气污染、水污染、固体废弃物污染的环境治理材料,和对已被破坏的环境,如土地沙漠化、臭氧层空洞等进行生态化治理或预防的环境修复或替代材料等。鉴于目前大气、水及固体污染对环境已经造成的极大压力,针对这类环境污染而研究开发的环境治理材料是当前环境工程材料的主要研究内容。常见有环境治理材料如过滤、分离、杀菌、消毒材料,治理大气污染的吸附、吸收和催化转化材料,治理水污染的沉淀、中和、氧化还原材料,以及减少有害固态废弃物污染的固体隔离材料等。在环境材料概念指导之下的环境治理材料同样要求不仅要具有环境治理功能更强调其本身与环境的协调性。

研究开发环境友好型的新材料,也是生态环境材料研究的主要内容之一。一方面要对现有材料进行环境协调性改进,通过工艺及配方的改进,减少传统材料在生产和使用过程中对环境的影响,相应的材料有如生态建材、生物医用材料等;另一方面是在新材料的开发过程中,注意环境的相容性,如加工天然材料,研制可降解的高分子塑料及绿色包装材料,对废弃物进行资源再生和回收利用等。

随着材料不断向着高性能化、功能化、智能化、生态化的方向发展,现代建筑技术,不仅要求建筑材料本身具有安全、轻质、高强、耐久等特征,而且要求建筑材料在制备、使用与废弃等过程中对环境负荷小,对资源、能源消耗少。因此,开发出可自清洁、自调湿、自调温、吸波等的环境功能材料,对改善人类生活环境、促进循环经济、可持续发展具有重要的意义。

环境材料作为跨材料和环境两大领域的一门新兴交叉学科,在保持资源平衡、能量平衡和环境平衡,实现社会和经济的可持续发展等方面产生着积极的作用。将环境性能融入 21 世纪所有的新材料开发,完善材料环境负担性评价的理论体系,开发各种环境相容性新材料及绿色产品,研究降低材料环境负担性的新工艺、新技术和新方法,也将成为 21 世纪材料科学与技术发展的一个主导方向。

1.4 环境材料的发展趋势

经过十几年的发展,环境材料已基本形成为一门新兴的交叉学科,包括了物理、化学、生物、医药等学科的综合知识,涉及农业、生物和几乎所有主要工业如钢铁、非铁金属、石油化工、煤和建筑等。环境材料技术能够有效利用有限的资源和能源,尽可能减少环境负荷,是实现材料产业和人类社会的可持续发展的理论和技术基础。到目前为止,关于环境材料的几点发展趋势已基本被大家认可。

(1) 材料的环境性能将成为 21 世纪新材料的一个基本性能,各种环境材料及绿色产品的开发将成为材料产业发展的一个主导方向

过去的材料研究是以追求最大限度发挥材料的性能和功能为出发点,而对资源、环境问题没有足够重视。如传统的材料科学与工程定义只强调材料的成分、结构、工艺和它们性能与用途之间的关系,没有考虑到材料的环境性能。在全球资源短缺和环境污染严重的今天,作为材料科学工作者,应注意材料对环境的影响程度。开发新材料时,在尽可能追求材料高性能的同时,尽可能考虑节约资源和能源,减少环境污染,改变片面追求性能的观念,改变只管设计生产,不顾使用和废弃后资源再生利用及环境污染的观念。不仅讲经济效益,还要讲社会效益、环境效益。把材料的环境性能融入所有的新材料设计和生产中去。随着人类对生态系统和环境保护认识的逐渐深入而逐步完善,材料的环境性能将成为 21 世纪新材料的一个基本性能,环境材料的市场潜力十分巨大。我们只有一个地球!必须提高材料生产过程中的资源效率,

减少环境污染,实现材料的可持续发展。

(2) 环境治理材料仍是环境工程材料的主要研究内容,更高的性能、更长的寿命以及更低的成本成为新型环境治理材料必须具备的性质,环境修复替代材料和废弃物的再资源化研究也将成为环境工程材料产业的另一大热门

鉴于目前大气、水及固体污染对环境造成的极大压力,针对这类环境污染而研究开发的环境治理材料在未来较长的一段时间仍将是环境工程材料的主要研究内容。针对不同的污染物来源和危害性质开发的各种催化净化材料、吸附材料和过滤材料已经步入产业化应用阶段,但是相对于工业的迅猛发展,环境治理材料的不断革新仍显得刻不容缓。结合节能、减排和降耗的新要求,更高的性能、更长的寿命以及更低的成本成为新型环境治理材料必须具备的性质。这也对材料的设计、合成和集成应用各环节提出了更高的要求。以机动车尾气净化为例,欧美目前已经普遍实行欧Ⅳ(或相近)标准,欧Ⅴ标准已于2009年9月1日开始实施。根据这一标准,柴油轿车每千米氮氧化物的排放量不应超过180mg,比目前标准规定的排放量减少了28%;颗粒物排放量则比目前标准规定的减少了80%。欧Ⅵ标准将于2014年9月实施,根据这一标准,柴油轿车每千米氮氧化物的排放量不应超过80mg,比目前标准规定的排放量减少68%。这对于机动车尾气催化净化材料及相应匹配技术的要求近乎严苛。针对排污实际,选取或创新性地提出合理的治理材料、开发优质配方、优化制备工艺、便利集成应用是环境工程材料改进的主导思路。随着各类排放法规的日益严格和人们环保意识的增强,机动车排放的CO、碳氢化合物和NO_x的催化转化、工业生产中NO_x、SO_2排放的控制及有机挥发物的去除,各类水体污染防治与控制所涉及的材料技术仍将是各国科技支持的重点。

在全球资源短缺和环境污染严重的今天,如何寻找到可替代资源、更好地利用资源、保护环境成为材料工作者乃至全世界科研工作者的另一个重大责任。随着工业化社会不断发展和资源消耗量的不断增加,对不可再生资源和有毒有害物质的替代材料,以及针对已恶化环境如沙漠等的修复材料也必将成为环境工程材料产业的一大热门。

(3) 大力推广环境友好型的材料设计和制备工艺,开发环境友好型的新材料及绿色材料制品

材料工业是污染最为严重的工业行业之一。为真正遏制或减少环境污染,需逐步从源头上对污染源进行控制。首先是对现有材料的关键生产工艺流程进行的环境协调性技术改进,减少材料生产中的污染,特别是能耗高、污染大的传统材料生产。例如,在钢铁生产中,轧钢流程能耗大,而采用薄板坯连铸工艺,可以将钢坯降至50~80mm,减少轧制的能量消耗。在汽车工业中,采用粉末冶金的方法生产阀门、手柄等部件,省去了机械加工和热处理流程,也显著降低了能耗。另外,在材料设计的过程中即考虑材料的回收问题,使材料具有很好的环境相容性,最大限度延长材料的使用寿命,提高资源利用效率。近年来,综合利用工业、农业固体废弃物,如钢渣、废铁、

废塑料、橡胶、纸、秸秆等一直是环境材料研究的重点。

开发环境友好型的新材料及绿色材料制品,是材料工业生态化的重要途径,也是环境材料研究的主要内容。从生态观点看,天然材料加工的能耗低,可再生循环利用,易于处理,对天然材料进行高附加值开发,所得材料具有先进的环境协调性能并具有优良的使用性能。天然材料包括天然纤维材料,如木质素、纤维素、甲壳素等。开发超高性能、超长寿命的材料,可以有效地降低材料的环境负荷和寿命比,从总体来看也是降低材料环境负担性的一个有效途径。例如,开发超高强低合金钢,通过调整成分和热处理工艺即可得到性能在较大范围内明显改善的钢种,能大幅度提高钢的寿命和性能,相应地降低其环境负担性。研究超高性能和超长寿命的水泥也是生态建材的一个重要发展方向。研究可生物降解的塑料,从根本上解决白色垃圾污染的问题,仍然是环境材料面临的一个重大课题。脂肪族高聚物、聚酯高分子材料都具有较好的生物可降解性;采用淀粉与高分子共混的高分子材料也被大量研究。此外,结合一些河湖等水资源丰富地区的地理特点,开发水降解材料也是环境材料今后研究的一个新领域。

(4) 功能化、智能化的环境功能材料在技术进步的带动下正渐渐走下"高端"的神坛,更好的耐久性能和经济性能将成为环境功能材料研究的主攻方向

此外,针对各国的资源现状、经济发展水平等具体情况,开展材料的环境影响评价以及有关环境材料的基础理论研究,对发展和完善环境材料学具有原创性的意义。为了更好地发挥环境材料及其相关技术在人类生产生活中的积极作用,在环境材料基础理论研究方面,LCA 的评价方法、材料的环境负荷的表征及其量化指标、环境改善评价等诸多基础性研究工作还亟待进一步深化和完善。材料的环境影响评价需要建立相应的评价方法和指标体系。采用 LCA 方法评价材料的环境影响已经得到各方面的广泛认同。在 LCA 的理论研究中,关于材料的环境性能指标及其表达方式,包括建立较为完善的环境影响数学物理模型以及材料的环境性能数据库等方面的研究是目前专家学者努力的方向。

为有效推行 LCA 方法在材料的环境影响评价中的应用,必须建立 LCA 的数据结构和相应的评价软件。不同材料具有不同流程,同一材料也有不同生产工艺,其环境影响性各不相同。通用的材料环境性能数据库必须包含不同材料、不同工艺、不同性能以及不同的环境影响。如何制定合理的 LCA 数据库框架,编制数据库软件也是一个研究热点。

同时,在评价实践上,将逐步开展大量环境协调性评估的示范性研究,选择有代表性的一些材料,从其生产、制备工艺(包括原材料的采集、提取、材料的制备、制品的生产、运输)进行资料收集、分析、跟踪,获取材料性能、工艺网络、材料流向、能源消耗、废弃物的产生、种类、数量和去向等基本数据,并且研究其环境负荷的表征及评价方法,指出各工艺和使用环节对环境的影响和人类活动造成的废弃物,以及再生的资

源核算体系。在应用研究方面,将更加注重学科交叉、综合,高性能化、多功能化、复合化和智能化是环境材料追求的发展趋势,低成本化则是环境材料进入实用化和产业化的必由之路。

随着地球上人类生态环境的恶化,保护地球,提倡绿色技术及绿色产品的呼声日益高涨。从事材料科学及环境科学的学者都发现在材料的加工、制备、使用及废弃过程中往往对生态环境造成很大的污染,加重了地球的负担。对材料科学工作者来说,有效地利用有限的资源,减少材料对环境的负担性,在材料的生产、使用和废弃过程中保持资源平衡、能量平衡和环境平衡,实现材料科学与技术的可持续发展,是一项义不容辞的责任。

21世纪是可持续发展的世纪。社会、经济的可持续发展要求以自然资源为基础,与环境承载能力相协调。开发环境友好型材料,研制环境治理材料,研究环境功能材料,恢复被破坏的生态环境,减少废气、污水、固态废弃物对环境的污染,用材料科学与技术为改善生态环境条件努力,是历史发展的必然,也是材料科学的一种进步。

阅读及参考文献

1-1 翁端.关于生态环境材料研究的一些基本思考.材料导报,1999,13(1):12~15
1-2 左铁镛.材料产业可持续发展与环境保护.兰州大学学报(自然科学版),1996,32:1~9
1-3 山本良一.环境材料.王天民译.北京:化学工业出版社,1997
1-4 师昌绪.材料科学技术百科全书.北京:中国大百科全书出版社,1995
1-5 左铁镛,翁端.国外环境材料的研究进展及发展动向.材料导报,1997,11(5):1~5
1-6 萧纪美.环境与材料.材料科学与工程,1997,15(2):1
1-7 王天民,徐金城,左铁镛.环境材料的概念和我国开展环境材料研究的必要性与紧迫性.兰州大学学报(自然科学版),1996,32(10):10~16
1-8 肖定全.环境材料——面向21世纪的新材料研究.材料导报,1994,(5):4~7
1-9 翁端,马燕合.第三届国际环境材料大会看环境材料的研究动态.材料导报,1998,12(1):1~6
1-10 翁端,余晓军.环境材料研究的一些进展.材料导报,2000,14(11):19~22
1-11 Duan WENG. Corrosion Protection of Metals by Phosphate Coatings and Ecologically Beneficial Alternatives-Properties and Mechanisms. Dissertation ETH Zurich, No. 11262, 1995
1-12 http://www.chimeb.edu.cn
1-13 http://www.mat-info.com.cn

思 考 题

1-1 用自己的理解给出环境材料的定义。
1-2 从人类的历史进程分析一下材料科学与技术的发展,找出材料与环境的关系。

1-3 你认为哪些材料可以属于环境材料？试从你身边找出一些环境材料的例子。
1-4 用自己的理解分析一下，环境材料的研究内容应该包括哪几部分？
1-5 结合自己的体会，分析一下环境材料的未来发展趋势。
1-6 环境材料是材料和环境两大学科之间的一个交叉学科，考虑如何从交叉学科这个角度去发展环境材料。

第 2 章

材料对环境的影响

本章首先介绍材料在国民经济中的作用;然后简述材料与资源、环境的关系;以及材料对环境的影响,包括材料在生产、加工、使用和废弃过程中对资源和能源的消耗;各种排放物,如废气、废水和废渣等对环境的影响。另外,还讨论材料的生产和使用对全球生态及人体健康的一些影响,如全球温室效应,臭氧层破坏,光、电磁、噪声以及放射性污染等。

2.1 材料在国民经济中的作用

材料服务于国民经济、社会发展、国防建设和人民生活的各个领域,是国民经济和社会发展的基础和先导,与生物技术、信息技术并列为现代高科技的三大支柱。在历史上,材料曾被作为文明社会进化的标志,如将历史划分为石器时代、陶器时代、青铜器时代、铁器时代、直至现代的高分子时代等。其中,材料既是一个独立的领域,又与其他几乎所有新兴产业密切相关。

16世纪以来,人类经历了两次世界范围的产业革命,每次产业革命的成功都离不开新材料的开发。第一次产业革命的突破口是推广应用蒸汽机。瓦特发明了蒸汽机,但只有在开发了铁和铜等新材料以后,这种蒸汽机才得以应用并逐步推广。第二次产业革命以石油开采和新能源广泛使用为突破口,大力发展飞机、汽车和其他工业,支持这个时期产业革命的仍然是新材料开发,如合金钢、铝合金以及各种非金属材料的发展。

从世界科技发展史看,重大的技术革新往往起始于材料的革新。可以说,没有先进的材料,就没有先进的科学技术和现代化的工业。例如,20世纪50年代出现的镍基高温合金,将材料使用温度由原来的700℃提高到900℃,从而导致了超音速飞机的问世;而高温陶瓷的发明则促进了表面温度高达1000℃的航天飞机的发展。反过来,近代新技术的发展,如原子能、计算机、集成电路、航天工业等又促进了新材料的研制。目前已涌现出了各种各样的新材料,以至有人将我们的时代称为精密陶瓷时代、复合材料时代、塑料时代等。

美国在 20 世纪 80 年代末曾对其包括航空航天、汽车、化工、电子、通信、能源、金属材料、生物材料 8 个主要工业部门的材料应用作过一个调查。这 8 个工业部门在当时的美国一共牵涉到 700 万个工作岗位,1.4 万亿美元的工业产值。其中金属、化工和生物材料既是主要的材料生产者,也是各种材料的消费者。在其余的工业部门里,材料的作用也很广泛并且重要。例如,航空航天、汽车、能源等部门大量消耗结构材料,而电子和通信主要应用功能材料。而生物材料起着双重作用,既是结构材料,又是功能材料。

随着世界经济的快速发展和人类生活水平的提高,对材料及其产品的需求日益增长,对新材料的发展和应用提出更高、更迫切的要求。20 世纪 90 年代以来,随着科学技术的发展,又面世一大批高新材料,信息材料向超高集成电路、超低线宽、器件微型化、多功能化、模块集成化发展。结构材料向轻质、高强高韧、耐高温、耐腐蚀、耐磨损、低成本、环境友好、复合化、多功能化发展。功能材料在新型电池材料、稀土永磁材料、生态环境材料、生物医药与仿生材料、超导材料等重点方向取得新突破。纳米技术实用化进程加快。材料设计、制备、加工与综合性能评价新技术使得材料微观结构设计逐步实用化。到 2000 年,全世界 12 项新兴产业的年销售额已达 10 000 亿美元,其中新材料约占 40%。可以说,新材料技术既是当代高技术的重要组成部分,又是发展高技术的重要支柱和突破口。近年来,市场需求平均每年以 10% 以上的比率增长,截至 2009 年,世界新材料的市场规模已近 15 000 亿美元。其中,节能环保类新材料市场规模约为 1 000 亿美元,生物医用材料近 4 000 亿美元,半导体专用新材料市场规模为 500 亿美元,功能陶瓷的市场总规模达 800 亿美元,高速铁路及汽车用新材料约为 2 000 亿美元。由此带动的新产品和新技术则是更大的市场(表 2-1)。

表 2-1　近几年我国几类产量排名世界第一的主要原材料产量

原材料	钢/亿 t	水泥/亿 t	平板玻璃/亿箱	有色金属/万 t	合成树脂/万 t	合成纤维/万 t
1999 年	1.16	5.76	1.73	695*	—	355
2001 年	1.51	6.26	2.09	883*	—	730
2003 年	2.20	8.62	2.77	1 228	1 593	1 044
2005 年	3.49	10.5	4.02	1 632	2 141	1 629
2007 年	4.89	13.6	5.39	2 300	2 982	2 203
2009 年	5.68	16.3	5.79	2 681	3 179	2 485
2010 年	6.27	18.7	6.30	3 153		2 852

* 当年产量为世界第二。

对我国这样一个人口大国,材料产业历来都是列入国民经济基础性、关键性的支柱产业之一,受到国家政府的重视,得到了大力的发展。包括钢铁、有色金属、化工、建材等主要行业,新中国成立以来得到迅速发展。经过60多年的发展,我国原材料工业从无到有,从小到大,品种门类齐全,基本满足了国民经济发展需要,成为支持国民经济发展和国防现代化的基础产业和发展高新技术的支柱和关键。钢铁、水泥、玻璃、纺织品等基础原材料的生产总量和消费总量稳居世界前列,成为基础原材料世界生产和消费大国。表2-1是1999年以来我国几种主要原材料产量。据统计,我国几种主要的原材料如钢铁、水泥、煤炭、平板玻璃等产量已连续几年位列世界第一,为我国的现代化建设作出了巨大的贡献。

2.2 材料与资源、环境的关系

图2-1是工业产品的传统生产流程示意图。从物料的流程看,对任何一个有形的物品,其生产过程都是一个原料的投入和产品的产出过程,一般称其为链式生产过程。显然,由于生产效率在大多数情况下小于100%,在生产过程中不可避免地要排放出副产品或废弃物,对环境造成影响。同时,生产效率越低,要求的原材料投入就越多,其资源浪费就越大,也即资源效率越低。

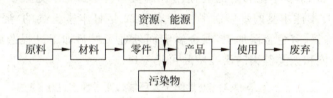

图2-1 一般工业产品的链式生产流程示意图

从资源和环境的角度分析,在传统材料的采矿、提取、制备、生产加工、运输、使用和废弃的过程中,一方面,它推动着社会经济发展和人类文明进步;另一方面,又耗费着大量的资源和能源。统计表明,从能源、资源消耗和造成环境污染的根源分析,材料及其制品的生产是造成能源短缺、资源过度消耗乃至枯竭的主要责任者之一。从1900年至1950年的50年间,全世界金属材料总消耗量约40亿t,平均每10年仅消耗8亿t左右。而1980—1990年全世界金属材料消耗量即达58亿t。显然,需加速开采大量的矿产资源,成倍开发各种能源才能满足这种快速增长的原材料消费。

在大量消耗有限矿产资源的同时,这类材料的生产和使用也给人类赖以生存的生态环境带来严重的负担,排放出大量的废气、废水和废渣,污染着人类生存的环境。图2-2是人类面临的资源环境问题示意图。由图可见,最初的资源环境问题主要是局部的污染和废弃物等问题。进入20世纪90年代后,全球气候变暖、沙漠化、臭氧层破坏、食物短缺等危及全人类的生态环境和健康问题日益突显出来。到2050年,地球上的人口将达100亿,许多矿物资源将面临枯竭。到2070年,石油与天然气资源将枯竭,届时人类的能源结构将发生观念性的变革。到2100年,地球上的人口将超出整个地球所能承载的能力。同时,由于气候变暖,海平面将上升。

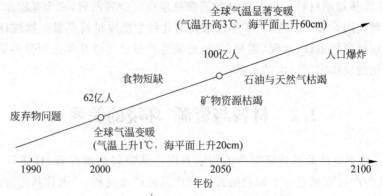

图2-2 人类面临的资源环境问题示意图

在20世纪十大环境公害事件中(表2-2),直接与材料生产有关的环境污染事件占一半之多。如1930年比利时的马斯河谷烟雾事件、1948年美国多诺拉镇的烟雾事件、1956年日本熊本县的水俣病事件以及1972年日本富士县的"痛痛病"事件都是由于炼钢、炼锌、有色金属加工,或金属表面处理等材料加工过程造成的。传统材料工业对于环境和人类健康的潜在威胁可见一斑。

表2-2 20世纪十大环境公害事件

时间	地点	事件	损失,致死/致病	原因
1930	比利时,马斯河谷	烟雾	60/20 000	炼钢、炼锌排放的SO_2气体
1948	美国,多诺拉镇	烟雾	17/6 000	炼钢、炼锌排放的SO_2气体
1952	英国,伦敦	烟雾	4 000/8 000	工业排放的SO_2废气
1955	美国,洛杉矶	光化学雾	400/—	汽车尾气 HC,NO_x污染
1956	日本,熊本县	水俣病	60/—	含汞废水
1961	日本,四日市	哮喘病	6 736/—	工业排放的SO_2废气
1968	日本	米糠油	—/—	
1972	日本,富士县	痛痛病	207/258	含镉废水
1984	印度,帕博尔	农药泄漏	600/200 000	有机物
1986	前苏联,切尔诺贝利	核泄漏	—/—	核污染

我国的钢铁、建材、化工材料等多种原材料产量居世界第一,每年有超过70亿t原材料进入经济循环,是一个名副其实的材料生产和消费大国。然而,在材料生产和使用过程中,由于资金、技术、管理等原因,造成资源利用效率低下,工业废气、废水和

固态废弃物的排放量急剧增加,加速了环境恶化和生态失衡。图 2-3 是我国 2008 年和 1994 年几种主要原材料工业的能耗和废物排放占总的工业能耗和废物排放百分比对比图。统计表明,以当年工业能耗和废物排放总量为基础,包括采矿加工、金属冶炼、金属制品、非金属制品、化学纤维工业、橡胶制品、塑料制品、造纸等行业在内的原材料及其制品加工工业,1994—2008 年期间其综合能耗占工业总能耗的近 40%;废物排放分别占工业废水、废气和固体废弃物排放总量的 30%、35% 和 50% 以上。可以说,材料生产和加工已经成为我国资源能源过度消耗、环境严重污染的主要责任者之一。不过,我们也应该看到,尽管我国的原材料产业每年以近 10% 的增速飞速发展,但与 1994 年的数据相比,除废气排放量有所上升外,其他指标均呈下降的趋势。这表明,随着技术的不断进步和人们对资源消耗和环境保护的逐步重视,我国材料工业的节能减排进程正逐步显现出积极的效果。

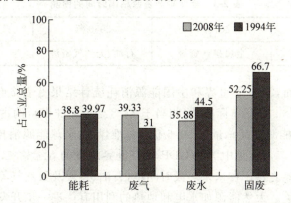

图 2-3　2008 年和 1994 年我国材料产业能耗和废物排放占工业总能耗和废物总排放的百分比

2.3　材料加工和使用过程中的资源和能源消耗

资源是指人类可以直接从自然界获得并用于生产和生活的物质。如前面一小节所述,在材料的生产和使用过程中,每一步都要消耗大量的资源和能源。在某种意义上,材料产业拼的就是资源,也是能源消耗的主要行业。

2.3.1　全球资源和能源现状

自第一次工业革命以来,人类通过对自然资源的开发利用,创造了前所未有的经济繁荣。进入 21 世纪以来,人口增长对资源的需求正在超过自然资源所能承载的极限,经济膨胀已造成了全球性的资源危机,非再生资源迅速耗减,越来越多的物种濒临灭绝,淡水资源不足,森林资源持续赤字,水土流失加剧。人类所面临的已是一个资源日益短缺的星球。

在非再生矿产资源方面,截至20世纪90年代初为止,全世界发现的矿产近200种。根据对154个国家主要矿产资源的探测,在对43种重要非能源矿产资源统计中,其中静态储量在50年内枯竭的有16种,如锰、铜、铅、锌、锡、汞、钒、金、银、硫、金刚石、石棉、石墨、石膏、重晶石、滑石。表2-3给出了全球矿产资源枯竭时间的预测。初步测算,约到2120年,如果人类不能继续发现新的矿产资源,全球经济将由于矿产资源的枯竭而产生重大的影响。显然,资源枯竭作为一个全球问题,是近代工业化对自然资源无节制的过度消耗引起的产物。资源的不合理开发利用,导致了日益严重的环境恶化,资源的枯竭使生活贫困化加剧,影响了社会的可持续发展。

表2-3 全球矿产资源枯竭时间的预测

2050年	2070年	2080年	2120年
一般矿产资源	金属矿产资源	石油、天然气资源	煤资源

矿物能源方面,2009年世界和中国能源消耗统计结果见表2-4。其中美国当年能源总消耗量为23.82亿t标准油(相当于33.8亿t标准煤),约占全球能源消耗总量的20%。中国能源消耗总量为30.5亿t标准煤,占全球能源消耗总量的18%,仅次于美国,排名第二。但是中国的GDP只有世界总量的8%多,二氧化碳和二氧化硫的排放量居世界之首。在未来一段时间里,石油、煤炭及天然气等矿物能源仍是主要的能源消费种类。天然能源如水电和地热的利用有待进一步开发。

表2-4 2009年世界和中国能源消耗统计

能源消耗	世界	中国
能源总消耗量	175亿t标准煤	30.5亿t标准煤
石油	34.7%	17.8%
天然气	23.8%	3.9%
煤炭	29.4%	70%
核电	5.5%	0.8%
水电	6.6%	6.7%
其他	—	0.8%

数据来源:严于龙.如何推进中国能源结构调整.中国经济报告,2010-05-18。

截至2009年,全球已探明的矿物能源储量、产量及预计可开采年数见表2-5。按照乐观的估计,即使将已有的矿物能源储量全部生产出来,到21世纪中叶,地球上的石油天然气资源也将全部枯竭。

表 2-5　2009 年世界矿物能源储量、产量及其可开采年数预测

	石油	天然气	煤炭	铀
确认储量	1 855 亿 t	1 870 000 亿 m³	8 260 亿 t	1 620 万 t
2009 年产量	35.25 亿 t	28 700 亿 m³	56.72 亿 t	5.06 万 t
预计可开采年数	50	60	160	250

数据来源：http://www.mlr.gov.cn/zljc/201007/t20100726_726363.htm。

2.3.2　中国资源和能源现状

从资源总量来看，中国在世界上无疑属于一个资源大国。资源总量大，种类齐全，数量丰富，不少资源在世界上名列前茅。例如，我国国土面积世界第三，河川径流量居世界第六，水能资源世界第一。在不到世界 7% 的耕地上，解决了世界上 22% 人口的吃饭问题。矿物能源中的煤炭资源也居世界第一。在全世界已利用的 160 多种矿藏中，我国有 148 种已探明储量。其中稀土、石墨、钨、锑、锌、镁、锰、钛、重晶石、硫铁矿等 20 多种矿产资源的储量也居世界前列。

我国钢铁、水泥、玻璃等原材料和初级产品的产量居世界第一，但由于人口基数大，使得人均资源占有量远低于世界平均水平，资源与人口的矛盾非常突出。我国自然资源的地域分布也非常不平衡，影响了资源利用与生产力的匹配。另外，我国自然资源的质量差别较大，低劣资源比例较高。特别是目前我国正处在经济大发展的高潮中，对非再生资源的需求趋于负荷的极限，引起了严重的资源短缺问题。

就矿产资源而言，在 21 世纪内能有充分保证的有煤炭、稀土、铝土矿和磷；能够基本保证的有铁、铝、锌、镍、钨、锡、锑、硫；缺口很大的有石油、金、铜等。到 2020 年，对 15 种主要矿产资源的需求量将比 2000 年增长 1 倍以上，届时只有煤炭、稀土、铝土矿和磷等资源能够满足需求。其他如不增加储量，均不能满足需求，有的资源则已无矿可采了。

我国的矿产能源主要体现在结构和分布不合理。年消耗煤炭 30 亿 t 以上，占我国能源总消费量的 2/3 以上，造成能源效率低下，环境污染严重。中国 80% 人口生活在农村，秸秆和薪柴等生物质能是农村的主要生活燃料。尽管煤炭等商品能源在农村的使用迅速增加，但生物质能仍占有重要地位，目前，农村生活用能总量约为 4 亿 t 标准煤，其中秸秆和薪柴为 2 亿 t 标准煤，占比超过 50%，致使森林资源遭到破坏，导致水土流失和沙漠化扩大等问题。

我国的经济规模已居世界前列，发展的速度令人瞩目，对资源的需求已达到前所未有的程度。因此，我国资源的主要矛盾仍表现在资源供给不能满足经济发展的需要。另一方面，现有资源的利用效率不高，资源浪费严重。2009 年，我国每万元国民收入的能耗为 0.924t 标准煤，比发达国家高出 3~11 倍。矿产资源的开发总回收率只有 35%~40%，比发达国家平均低 20% 左右。"高投入、低效率、高污染"的问题，

在我国资源的开发和利用中仍然存在。

2.3.3 材料加工和使用过程中的资源消耗

尽管我国是一个材料生产和消费大国,由于矿产资源管理、技术水平、装备等原因造成资源的不合理开发和利用,使资源效率一直较低,资源浪费严重。表2-6是我国几种原材料的单位GDP资源消耗率与世界平均水平的比较。由表可见,中国几种主要原材料如钢材、铜、铝、铅、锌等单位GDP资源消耗率远高于世界平均水平。不合理的开采和浪费,更加剧了资源的短缺。

表2-6 我国几种原材料的单位GDP资源消耗率与世界平均水平的比较

材料	钢材	铜	铝	铅	锌
单位GDP的资源消耗率	4.7	2.5	4.1	4.5	4.4
世界平均水平	1	1	1	1	1

(1) 直接消耗

在材料的生产和使用过程中,资源消耗一般可分为直接消耗和间接消耗两类。直接消耗指将资源直接用于材料的生产和使用。表2-7给出了几种材料单位产量的资源消耗情况。显然,从资源效率来看,材料的生产和使用对环境造成很大的影响。甚至常用的原材料如钢铁、水泥的生产效率都低于50%。也即每生产1t原材料,要向环境排放一半以上的废弃物,给环境带来难以承受的负担,远超出了环境的容纳、消化能力。

表2-7 几种材料单位产量的资源消耗情况

类别	煤	铁	钢	铝	水泥	铑	防水涂料	磷化膜
资源消耗量/(t/t)	1.9	7.9	12.1	15.5	1.7	540 000	1.27	5 330
资源效率/%	52.6	12.7	8.3	6.45	58.8	1.85×10^{-6}	78.7	1.88×10^{-4}

(2) 间接消耗

材料的生产和使用对资源的间接消耗指在材料的运输、储藏、包装、管理、流通、人工、环境迁移等环节造成的资源消耗。如材料的运输需要运输工具;储藏需要占地、建造仓库;材料产品需要包装材料;材料产品的流通需要相应各种辅助设施等。

2.3.4 材料加工和使用过程中的能源消耗

材料产业的能源消耗也可分为直接消耗和间接消耗两类。表2-8给出了近几年部分高能耗原材料单位产量的能源消耗情况。其中,铝材由于主要用电解法生产,用煤发电,再用电来生产铝。由于发电和送电效率的影响,造成铝材生产的能耗要比一般材料能耗高很多。我国2009年水泥产量已达16.3亿t,列世界第一。尽管生产1t水泥的能耗只有120kg标准煤,且呈下降趋势,但整个水泥行业的能耗2009年已达1.96亿t标准煤,较2008年增幅达19.6%,能耗之高也不容小视。不过,可喜的是,由于原材料行业的技术改造和产业结构调整力度加强,这些行业的平均综合能耗水平也正在呈逐年显著下降趋势。随着国家借助金融危机的有利时机深入开展产业调整和振兴、加快推动节能减排和走新型工业化道路的进程,我国的原材料工业必将逐步走上一条可持续发展的新路。

表2-8 我国部分原材料单位产量的能源消耗情况　　kg标准煤/t

平均单位能耗	钢	铜	铝	粗铅	水泥
2005年	715	825	14 575	600	127
2007年	628	551	13 476	486	124
2009年	619	485	13 118	459	120

表2-9是2007—2008年我国12种主要原材料工业的能耗统计数据。由表可见,这12种主要原材料工业的能耗占当年工业能耗总量的38.8%。其中黑色金属冶炼,主要是炼钢炼铁,所消耗的能源占整个工业能耗的1/6;其次是非金属矿物制造,如水泥、瓷砖等,占整个工业能耗的1/7。因此,提高材料产业的资源效率、能源效率对整个国民经济的影响都十分巨大。

表2-9 2007—2008年我国部分原材料工业的能源消耗统计

行　业	综合能源消费量/t标准煤		产值能耗/(t标准煤/万元)	
	2007年	2008年	2007年	2008年
工业消费总量	2 5360 902	27 583 304	0.58	0.48
黑色金属矿采选业	140 044	104 137	1.36	0.50
有色金属矿采选业	4 107	8 288	0.29	0.23
非金属矿采选业	180 579	190 002	1.55	0.61
木材加工及木竹藤棕草制品业	18 410	20 618	0.37	0.22
造纸及纸制品业	167 572	415 578	0.52	0.71
化学纤维制造业	5 395	8406	0.19	0.19
橡胶制品业	54 589	52 103	0.24	0.17
塑料制品业	53 831	64 194	0.17	0.11
非金属矿物制品业	4 817 659	5 715 190	2.54	2.02
黑色金属冶炼及压延加工业	3 149 938	3 092 621	1.42	1.00
有色金属冶炼及压延加工业	863 691	945 570	0.27	0.28
金属制品业	61 560	86 992	0.10	0.10

2.4 固、液、气态污染物的排放

除对资源和能源的消耗外,在材料的生产和使用过程中,不可避免地要向环境排放大量的各种污染物。这些污染物主要包括废气、废水和固体污染物,对环境产生很大的影响。表 2-10 是我国 2008 年对 12 种主要原材料工业的废物排放统计数据。钢铁冶金生产的废水、废气污染排放量仅次于化工行业,居工业第二。有色金属工业是以品位很低的矿产资源为对象进行提取、加工的产业。有色金属产业所造成的以尾矿和废渣为主的工业固体废弃物每年超过 7 000 万 t,尾矿总库容达 10 亿 m^3。另外,有色金属生产过程中排放的二氧化硫、氟化氢、砷等废气,是有毒废气的主要源头之一。与城镇建设高速发展相适应的我国建筑材料工业,自改革开放以来获得了惊人的大发展。据统计,以水泥、玻璃、陶瓷、粘土砖为主的传统材料的产量均居世界首位,2009 年统计数据表明,每生产 1t 水泥平均排放粉尘、烟尘达 2kg,按照 2009 年水泥产量 16.3 亿 t 计算,整个水泥行业年粉尘、烟尘排放量可达 326 万 t,如不加以处理,则将造成严重的空气污染,影响人们生活与健康。

表 2-10 2008 年我国主要原材料工业环境污染物排放统计　　　　万 t

类　别	工业废水	工业废气	固体废物产生量
当年工业污染物排放总量	2 173 775	2 978	177 721
黑色金属矿采选业	16 859	11.64	22 424
有色金属矿采选业	42 764	17.90	23 589
非金属矿采选业	9 309	13.71	1 388
木材加工及木竹藤棕草制品业	4 653	7.97	170
造纸及纸制品业	407 675	71.08	1 800
化学纤维制造业	48 087	14.46	339
橡胶制品业	6 447	5.70	115
塑料制品业	4 842	3.60	83
非金属矿物制品业	35 840	621.85	3 944
黑色金属冶炼及压延加工业	144 104	306.49	31 459
有色金属冶炼及压延加工业	30 175	88.88	7 197
金属制品业	28 252	7.63	322
合　计	779 007	1 170.91	92 830
占工业排放总量百分数	35.88%	39.33%	52.25%

2.4.1 大气污染物

由于人类活动排放的污染物进入大气所产生的不利于动植物及设施的状况叫大

气污染,混入大气的各种有害成分叫大气污染物。大气污染的危害主要是影响人类和动物的健康;使植物发生变质并枯萎;以及引起工业和生活设施老化和腐蚀破坏,影响使用年限。据统计,因大气污染引起的经济损失平均约占工业生产总值的1.2%。表2-2所列20世纪十大环境污染事故中,有5次是大气污染事故,除1次是因城市汽车尾气排放污染事故外,其余4次是因钢铁生产排放的含硫烟气造成的。这些数据表明,材料的生产和使用过程对大气污染有很大影响。

表2-11给出了大气污染物的形成和分类,可见大气污染物的形成可以分为自然源和人工源两类。自然源主要有火山爆发、森林火灾、土壤风化等,一般造成二氧化硫、一氧化碳以及沙尘等污染。人工污染源主要是由工业、交通运输以及居民生活等几方面的活动造成的。交通运输行业排放的污染物主要是由汽车、飞机、铁路、海船等运输动力机械工作引起的。排放的主要污染物有碳氢化合物、CO、NO_x、有害化合物、Pb以及油类等。其中飞机排放的大气污染物约占大气污染总量的1%~2%,而海船仅占0.05%左右。居民生活主要由炊饮、取暖、垃圾等活动过程产生大气污染,形成的污染物有CO、SO_2、NO_x、碳氢化合物、烟尘等。

表2-11 大气污染物的形成和分类

污染源种类	原因	主要大气污染物
自然源	火山爆发、森林火灾、土壤风化	SO_2、CO、沙尘等
人工源:工业	电力、冶金、机械、建材、化工、轻工等	烟尘、SO_2、CO、NO_x、有害化合物等
交通运输	汽车、飞机、铁路、海船	碳氢化合物、CO、NO_x、Pb、有害化合物、油类
居民生活	炊饮、取暖、垃圾	CO、SO_2、NO_x、HC、烟尘

应该说,工业过程排放的废气是形成大气污染的主要原因。人类历史上几次较大的大气污染事故都是因为工业过程废气排放引起的,甚至直接是材料生产和加工过程引起的。一般工业过程排放的大气污染物有烟尘、SO_2、CO、NO_x、有害化合物等。表2-12列举了各类工业向大气排放的主要污染物。可见冶金、建材、化工是形成大气污染的主要来源,其中化工行业的塑料、橡胶和化学纤维的生产也是原材料的直接生产行业。因此可以说,各种原材料及其加工业是工业大气污染的主要排放源。

表2-12 各类工业向大气排放的主要污染物

工业部门	企业类别	排放的主要大气污染物
电力	火力发电厂	烟尘、二氧化硫、氮氧化物、一氧化碳、苯
冶金	钢铁厂	烟尘、二氧化硫、一氧化碳、氧化铁尘、氧化钙尘、锰尘
冶金	有色冶炼厂	二氧化硫、含各种重金属的粉尘,如铅、锌、镉、铜等
冶金	炼焦厂	烟尘、二氧化硫、一氧化碳、硫化氢、苯、酚、萘、烃类

续表

工业部门	企业类别	排放的主要大气污染物
建材	水泥厂	水泥尘、烟尘等
机械	机械加工厂	烟尘
化工	石油化工厂	二氧化硫、硫化氢、氰化物、氮氧化物、氯化物、烃类
	氮肥厂	烟尘、氮氧化物、一氧化碳、氨、硫酸气、溶胶
	磷肥厂	烟尘、氟化物、硫酸气溶胶
	硫酸厂	二氧化硫、氮氧化物、砷、硫酸气溶胶
	氯碱厂	氯气、氯化气
	塑料厂	烟尘、硫化氢、烃类,以及各种有机挥发物
	化学纤维厂	烟尘、硫化氢、氨、二硫化碳、甲醇、丙酮、二氯甲苯
	合成橡胶厂	丁间二烯、苯乙烯、异丁烯、异戊烯、丙烯腈、二氯乙烷、乙烯、二氯乙醚、乙硫醇、氯代甲烷
	农药厂	砷、汞、氯、农药
	冰晶石厂	氟化氢
轻工	造纸厂	烟尘、硫醇、硫化氢
	仪表厂	汞、氰化物
	灯泡厂	烟尘、汞

材料在生产和使用过程中要消耗大量的能源。按表2-9的数据,我国原材料行业的能耗约占工业总能耗的40%。而各种化石能源消费过程中排放的大气污染也不容忽视。表2-13是各种化石燃料燃烧引起的大气污染物排放量。相对来说,天然气是最清洁的燃料之一,每立方米天然气燃烧后仅排放微量的氮氧化物、二氧化硫以及烟尘等大气有害物。而燃烧1t煤要向大气中排放约30kg二氧化硫、9kg烟尘。中国的燃料结构主要以煤为主,这就是我国为什么大力推广清洁煤燃烧技术的主要原因。

表 2-13 各种化石燃料燃烧引起的大气污染

	CO	碳氢化合物	NO_x	SO_2	烟尘
煤/(kg/t)	22.7	0.45	3.62	33.4	9.0
石油/(kg/t)	0.24	—	8.57	37.8	1.2
天然气/(kg/m³)	0.000 006 3		0.001 843 2	0.000 063	0.000 302

2.4.2 水体污染物的形成与排放

由于人类活动排放的污染物进入水体造成的变质现象叫水污染,混入水中的各种有害成分叫水体污染物。水污染给环境和人类带来的危害主要是影响人类以及动物的身体健康;造成水体植物变质;使渔业枯萎,引起经济损失。尤其是重金属元素以可溶性离子状态溶解在水中,通过人体吸收,会造成人体严重病变。如金属镉离子污染会引起人体的骨痛病;而汞中毒可以使人中枢神经失灵,并造成永久性病变;铬、锑及其化合物具有致癌作用。

水体污染物的形成主要有两个来源。一是生活污水,一般来自居民住宅、医院、学校、商业等生活过程。二是工业废水,主要是由工业生产中一些有害物如重金属、有机物、酸碱盐、油、放射性废水等混入工业用水造成的。表2-14总结了一些水体污染物的主要来源。可见许多有害物质是由材料的生产和应用过程中引入的。特别是一些重金属污染物,如汞、铅、铬、镉、铜、锌、镍、矾、砷、硒,以及一些剧毒化合物,如氰化物、氟化物、硫化物等主要是在钢铁、有色、金属加工和表面处理过程中引入水体,造成水污染。

表2-14 一些水体污染物的主要来源

有害物质	主要来源
苯	化工、橡胶、颜料
硝基苯	染料、炸药生产
酚	煤气制造、焦化、炼油、化工、塑料、染料、木材防腐
吡啶	焦化、煤气制造、制药、化工
氰化物	煤气制造、焦化、炼油、化工、有机玻璃制造、金属处理、电镀
氟化物	磷肥、炼铝、氟矿、烟气净化、玻璃生产、氟塑料生产
硫化物	炼油、造纸、染料、印染、制革、粘胶纤维生产
亚硫酸盐	纸浆生产、粘胶纤维生产
氨	煤气制造、焦化、化工、氮肥厂
聚氯联苯	电器工业、合成橡胶、塑料
胺基化合物	化工厂、染料厂、炸药厂、石油化工厂
油	炼油厂(石油)、机械厂(机油)、选矿厂(煤油)、食品厂(油脂)
酸	化工、矿山、电镀、金属酸洗
碱	造纸、化纤、制碱、印染、制革、电镀、化工
汞	化工、电解食盐、含汞农药、制汞化合物、用汞计量仪表、冶炼
铅	颜料、涂料、铅蓄电池、有色金属矿山与冶炼、印刷厂
铬	电镀、制革、颜料、催化剂、冶炼
镉	锌矿、炼锌、电镀
铜	有色金属矿山与冶炼、电镀、化工(催化剂)
锌	有色金属矿山与冶炼、电镀
镍	电镀、冶金
矾	化工(作催化剂)染料、冶炼
砷	含砷农药、焦化、磷肥、冶炼
硒	半导体材料、农药、冶炼

2.4.3 固态污染物的形成与排放

在生产、生活及其他活动过程中产生的各种固态、半固态和高浓度液态废弃物统称为固体废弃物,因这些固体废弃物对环境造成的变质现象叫固体废弃物污染。相应地,这些可污染环境的固体废弃物叫固体污染物。表 2-15 是一些工业发达国家固体废物的产量统计。由表可见欧洲的一些发达国家其工业废物排放量较小,而美国的矿业废物排放量相对较大。在英、法、德国和意大利等国,尽管其工业比较发达,占其固体废弃物排放量最大的份额是农业废物,表明这些国家的工业废物和城市生活垃圾处理和再利用水平较高。

表 2-15　一些工业发达国家固体废物产量统计　　　　　10^6 t

固体废物	英国	法国	荷兰	比利时	意大利	瑞典	芬兰	日本	德国	美国
城市垃圾	20.0	12.5	5.2	2.6	21.0	2.5	1.1	35.0	20.0	150.0
工业废物	45.0	16.0	2.0	1.0	19.0	2.0	—	—	13.0	60.0
污泥	—	8.0	1.0	—	—	—	—	125.0	7.0	—
有害废物	5.0	2.0	1.0	—	—	—	0.4	—	3.0	57.0
炉灰	12.0	—	—	—	—	—	—	—	13.0	—
矿业废物	60.0	42.0	—	—	—	—	—	—	80.0	1890.0
建筑废物	3.0	—	6.5	—	—	—	0.3	75.0	96.0	—
农业废物	250.0	220.0	1.0	—	130.0	32.0	—	44.0	260.0	660.0

表 2-16 是我国 1981—2008 年间工业固体废物产生量的发展趋势,可见工业固体废弃物的排放及其处理已成为我国环境治理的一项重要任务。而在工业固体废弃物中,平均约 70% 是由材料工业产生和排放的。抓好材料行业的固体废弃物污染治理,特别是废物再利用和再资源化,对防治我国固体废弃物污染具有重要意义。

表 2-16　我国工业固体废物产生量发展趋势(1981—2008 年)

年份	1981	1985	1987	1995	2000	2008
工业固体废物/万 t	37 660	46 150	52 920	61 420	69 350	177 721

表 2-17 是一些材料生产过程中各种工业窑炉的粉尘排放统计数据。可见无论是钢铁、有色金属生产,还是建材、水泥、化工生产,各种过程都排放大量的粉尘烟雾。其直径大都在微米级,污染环境危害人体健康。

固体污染物的危害主要形式有侵占土地、污染土壤、污染水体、污染大气、影响环境卫生等。我国固体废弃物每年的排放量已超过 6 亿 t。固态废弃物的堆存占地面积已超过 100 万亩(1 亩 = 666.6 m^2),其中农田 25 万亩。这些固体废弃物被雨雪淋湿,浸出大量毒物和有害物,使土地毒化、酸化、碱化,污染面积往往超过所占土地数倍。混入土壤中的各种有害成分还会导致水体污染。

表 2-17　各种工业窑炉的粉尘排放

工艺过程	粉尘类别	粉尘粒径/μm	粉尘含量/(g/m^3)
水泥烧结窑	水泥尘	2~4	10~50
石灰窑	石灰尘	0.5~20	21
锌矿焙烧窑	氧化锌矾飘尘	0.1~10	1~8
炼铁高炉	矿粉、焦粉	0.1~10	7~55
镍铁熔矿炉	硅粉	0.02~0.5	2~10
熔铅炉	铅尘	0.08~10	2~6
炼钢平炉	氧化铁	—	2~14
废铁炼钢平炉	氧化铁、氧化锌	—	1~34
黄铁矿焙烧炉	矿尘	—	1~40
铝矾土煅烧炉	半烧铅粉尘	—	25~30
煤粉锅炉	飘尘	—	8~30
炭黑工厂	炭尘	1~30	0.5~2.5
煤干馏炉	煤焦油	1~10	5~40
硫酸厂	硫酸雾	5~85	0.6~0.8

　　在材料生产中排放的固体废弃物,对大气造成的污染不容忽视。如尾矿和粉煤灰在 4 级以上风力作用下,可飞扬 40~50m,使其周围灰沙弥漫。长期堆放的煤矸石因含硫量高可引起自燃,向大气中散发大量的二氧化硫气体。

　　在固体废弃物的危害中,最为严重的是危险废物的污染。易燃、易爆、腐蚀性、剧毒性和放射性固体废弃物既易造成即时性危害,又易产生持续性的危害。如我国在有色金属冶炼过程中,每年从固体废物中约流失上千吨砷、上百吨镉、几十吨汞,其危害无法估计。

　　固体污染物的来源可分为工业、矿业、城市和放射性废弃物等。工业废弃物主要有冶金钢渣、煤灰、硫铁矿渣、碱渣、含油污泥、木屑以及各种机械加工产生的固体边角料等。矿业废弃物主要来自采、选矿过程中废弃的尾矿。城市固体废弃物主要有生活垃圾、城建渣土以及商业固态废弃物等。放射性废弃物主要有核电站运行排放的废弃核燃料及旧的核电设备等。

2.5　其他环境影响

2.5.1　全球温室效应

　　全球温室效应(global warming potential,GWP)是指大气层中一些气体吸收了地球表面的红外线能量并将其反射回地球表面,引起地球表面温度上升的现象。

　　大气层中的许多气体,如二氧化碳、一氧化碳、二氧化硫、氮氧化物以及一些化合物气体如甲烷、四氟化碳等都可以吸收由地球表面反射出去的红外光能量,并将其反射回地球表面。其中,对温室效应贡献额最大的当数二氧化碳。第一是其在大气层中含量最高,第二是由于人类的能源消费活动,许多化石能源完全燃烧后的产物主要是二氧化碳,第三是人类及动物的呼吸排出物也主要是二氧化碳。因此,大气层中二氧化碳累积量越来越大,所捕获的能量越来越多,从而引起全球表面的温度上升。这就是为什么通常将二氧化碳排放量作为温室效应控制指标的主要原因。

由前面介绍可知,在材料生产过程中,需要消耗大量的能源。例如我国材料产业的平均能耗约占工业总能耗的 40%。由此,因材料的制造和使用引起的温室效应也是不可忽视的。在考虑材料对环境的影响时,温室效应是一项必不可少的指标。

表 2-18 是一次能源的含碳量及其消费过程中气体排放数据统计结果。可见煤和重油在使用过程中二氧化碳、氮氧化物以及硫化物的排放量都较高。我国是一个以煤为主要能源消费形式的国家,控制因使用煤而引起的大气污染和温室效应是一项艰巨的任务。相对来说,天然气是一次能源中最清洁的能源。

表 2-18　一次能源的含碳量及其消费过程中气体排放数据统计

	含碳量	CO_2 排放量/(g/kg)	NO_x 排放量/(g/kg)	SO_2 排放量/(g/kg)
煤	约 70%	772	10.26	14.74
重油	约 85%	782	6.86	31.85
轻油	约 90%	679	3.86	6.34
天然气	约 75%	650	0.89	0.75

一般用温室效应指数(greenhouse ability index,GAI)来评价某一气体的温室效应影响。表 2-19 给出了某些气体的温室效应指数。通常将二氧化碳的温室效应指数设为 1,其他气体的温室效应指数主要根据其分子内部的振动和转动能级水平,易于吸收红外光谱的程度,及其在大气中的寿命等因素计算而定。由表 2-19 可见,一氧化碳在大气中的寿命较短,除非其排放量很大,一般情况下它们的温室效应影响可忽略。氮氧化物尽管寿命很短,但其温室效应指数较高,在局部浓集情况下,可能会造成较大的温室效应影响。

表 2-19　某些气体的 GAI 指数值　　　　　　　　　　　　　　　gCO_2/kg

气体种类	CO_2	CO	NO_x	SO_2	CH_4	CF_4	C_2F_6
GAI 指数	1	2	40	30	11	4 500	6 200
寿命	120 年	<1 月	<1 天	约 5 年	约 10 年	约 500 年	约 500 年

通常可用式(2-1)来计算某种物质消耗过程中带来的全球温室效应影响,最后是以每千克产生多少克标准二氧化碳气体量来评价其温室效应影响。

$$GWP = \sum (M_i \times GAI_i) \tag{2-1}$$

式中：GWP——全球温室效应，gCO_2；

M_i——第 i 种物质所消耗的量，kg；

GAI_i——该物质的温室效应指数，gCO_2/kg。

2.5.2 区域毒性水平

区域毒性水平(local toxic level，LTL)也是材料生产和使用过程中对环境影响的一项重要指标。一般情况下，区域毒性水平指某种有毒物质因排放和泄漏后对该地区的生物产生的毒害影响。

通常可用式(2-2)来计算某种污染物的区域毒性水平：

$$LTL = W_i / C_i \tag{2-2}$$

式中：LTL——区域毒性水平；

W_i——某污染物的实际排放水平，mg/L；

C_i——该污染物的允许排放标准，mg/L。

表 2-20 给出了某些毒性化合物对人体的有害阈剂量。实际计算某一污染物的区域毒性水平时，可根据有关的环保排放标准来设定 C_i 值，而该污染物的排放水平 W_i 值一般要进行实际测量。

表 2-20　某些毒性化合物对人体的阈剂量　　　　　mg/L

气		液		固	
污染物	阈浓度	污染物	阈浓度	污染物	阈浓度
丙烯醛	0.3	Hg	0.3	Mo	4
甲醛	5.0	甲基汞	0.2	B	30
Cl_2	40	Pb	3.0	I	30
总悬浮颗粒(TSP)	0.000 15	Cd	0.4	Se	1
NO_2	0.5	HCN	0.9	Pb	76
SO_2	1.0	NH_4^+	35	F	500
CO	50	Sb	1.55	Sr	600
HF	0.000 1	Cr	0.000 3	Co	30
O_3	0.15	Cu	100	Cu	60
苯并芘(Bap)	0.000 001 5	Be	0.000 01	Mn	3 000
H_2S	20	HF	0.1	Zn	70

前已叙及，由于材料的生产和制造要排放大量的固态废弃物，在雨雪的浸出作用下许多有害物将渗入地下，极易造成区域性毒害。表 2-21 是某些工业固体废弃物的浸出毒性标准。表中所列的这些有害废弃物几乎都是在材料的生产和使用过程，特

别是在有色金属和黑色金属的冶炼和加工过程中产生并排放进入环境的。

表 2-21　部分工业固体废弃物浸出毒性标准　　　　　　　mg/L

项　目	允许浸出浓度	项　目	允许浸出浓度
汞及其无机化合物(按 Hg 计)	0.05	铜及其化合物(按 Cu 计)	50.0
镉及其化合物(按 Cd 计)	0.3	锌及其化合物(按 Zn 计)	50.0
砷及其无机化合物(按 As 计)	1.5	镍及其化合物(按 Ni 计)	25.0
六价铬化合物(按 Cr^{+6} 计)	1.5	铍及其化合物(按 Be 计)	0.1
铅及其无机化合物(按 Pb 计)	3.0	氟化物(按 F 计)	50.0

2.5.3　臭氧层破坏

氯氟烃化合物(CFCs)是广泛应用于制冷、空调、电子清洗和化妆品等行业中的一类化工材料。经使用后释放的 CFCs 最终会上升到大气中的平流层,在阳光中的紫外线照射下分解产生氯原子。这些氯原子与臭氧层中的臭氧发生链式反应,一个氯原子可连续消耗 10 万个臭氧分子,严重破坏大气臭氧层,造成大气层中的臭氧空洞。

由于臭氧层破坏,来自太阳的紫外线过量照射到地球,给人类、动物、植物造成很大的危害。例如,降低人体免疫力,使某些传染病如疱疹、疟疾等发病率增加,损伤眼睛、引起白内障,并使皮肤癌发病率增加。据估计,由于臭氧层破坏,诱发眼疾白内障,导致全世界每年将新增 3 万失明的人。

为有效保护臭氧层,研究 CFCs 类臭氧消耗物质对大气环境的影响,在材料生产和使用过程中减少消耗臭氧层类物质的消耗,开发、生产理想的制冷剂以替代 CFCs 等破坏臭氧层的物质已是材料科学工作者面临的迫切任务。

2.5.4　电磁波污染

由于信息技术的发展,电磁波对人类生存环境的污染也越来越受到重视。所谓电磁波污染主要指由电磁波引起的对人体健康的不良影响,不包括电磁波对电子线路、电子设备的干扰。常见的电磁波污染源有计算机设备、微波炉、电视机、移动通信设备等。这些电子器件通过机壳和屏幕向空间发射电磁波,从而污染环境。

据报道,波长在 300MHz~300GHz 的微波辐射以及低频磁场对人体的电磁辐射影响最大。我国早在 20 世纪 80 年代就制定了《环境电磁波卫生标准》,标准号为 GB 9175—88,规定安全区的电磁辐射限值应小于 $10\mu W/cm^2$。减小电磁波辐射污染的措施一方面是在系统电路设计时尽量减小辐射量,另一方面是开发有效的屏蔽技术,特别是屏蔽材料的加工制备。

2.5.5 噪声污染

科学技术的高速发展,在给人们带来丰富的物质和文化生活的同时,也给人类带来了噪声的污染,引起了各国政府和有关部门对噪声防治的普遍关注。

环境噪声的来源主要有由机械振动、摩擦、撞击和气流扰动而产生的工业噪声,由汽车、火车、飞机、拖拉机、摩托车等行使过程中产生的交通噪声,以及由街道或建筑物内部各种生活设施、人群活动产生的生活噪声等。

在工业噪声中,材料的生产和使用所产生的噪声占主要份额。如金属材料的生产和加工,无机材料如水泥、陶瓷材料的粉碎和研磨等,都产生大量的噪声,影响环境和居民的日常生活。

2.5.6 放射性物质污染

放射性污染主要指在生产和使用具有放射性物质的过程中由于辐射作用对环境造成的不良影响。放射性污染多与核能使用以及核科学试验有关,如核材料的生产与加工,核设备的制造与使用,核电站运行过程中的核废料排放,废旧核设备的替换与放置等。因此,放射性污染主要是能源和材料加工和使用过程造成的。

除了突发性的放射性物质泄漏引起的放射性污染外,一般情况下,放射性污染的区域性较强,多与核电站和核科学研究地区有关。由于放射性污染的危害性较大,又与核材料或核燃料的加工和使用密不可分,在材料对环境的影响研究中,放射性污染的影响不可忽略。

2.5.7 光污染

除了以上提到的各种环境影响外,光污染问题近年来也提到议事日程上来。特别是城市建筑中玻璃幕墙,大型建筑的外墙贴装饰性瓷砖,以及金属表面装饰性镀层的反射光污染问题,影响居民的日常生活,并往往诱发交通事故。使得材料科学工作者在考虑材料的环境影响时,不得不分析因使用材料造成的光污染问题。

以上分析讨论了在材料生产和使用过程中对环境造成的各种影响,包括能源和资源的消耗,排放的废水、废气和固态废弃物,以及其他的环境影响如全球温室效应、区域毒性水平、臭氧层破坏、噪声污染、电磁波污染、放射性污染和光污染等。分析这些环境影响因素主要是为了具体了解因材料的制造和消费对环境有哪些有害作用,从何处入手来定量分析材料对环境的影响水平,以及如何采取有效的措施来减少材料对环境的有害影响。

阅读及参考文献

2-1 中华人民共和国国家统计局.2010年国民经济和社会发展统计公报.2011年2月28日
2-2 中华人民共和国国家统计局.2009年国民经济和社会发展统计公报.2010年2月25日
2-3 国家统计局,环境保护部,等.2008中国环境统计年鉴.北京:中国环境科学出版社,2009
2-4 国家发展和改革委员会,等.钢铁产业调整和振兴规划.2009年3月20日
2-5 国家发展和改革委员会,等.有色金属产业调整和振兴规划.2009年5月11日
2-6 左铁镛.可持续发展的环境材料及其行动计划.1996年度中国材料研究学会(C-MRS)夏季研讨会大会报告.北京,1996
2-7 左铁镛.材料产业可持续发展与环境保护.兰州大学学报(自然科学版),1996,32:1～9
2-8 山本良一.环境材料.王天民译.北京:化学工业出版社,1997
2-9 王天民,徐金城,左铁镛.环境材料的概念和我国开展环境材料研究的必要性与紧迫性.兰州大学学报(自然科学版),1996,32(10):10～16
2-10 刘江龙,丁培道,左铁镛.与环境协调的材料及其发展环境科学进展.1996,4(1):69～74
2-11 肖定全.环境材料——面向21世纪的新材料研究.材料导报,1994,(5):4～7
2-12 翁端,余晓军.环境材料研究的一些进展.材料导报,2000,14(11):19～22
2-13 王天民.生态环境材料.天津:天津大学出版社,2000
2-14 陈耀邦.可持续发展战略读本.北京:中国计划出版社,1996
2-15 张吾乐.综合利用资源,促进经济和社会可持续发展.见:中国资源综合利用发展战略论文集.北京,1997,1～7
2-16 宋瑞祥.矿产资源综合利用与经济社会可持续发展.见:中国资源综合利用发展战略论文集.北京,1997.8～15
2-17 刘江龙.环境材料导论.北京:冶金工业出版社,1999
2-18 张坤民.可持续发展论.北京:中国环境科学出版社,1997
2-19 王伟中.中国可持续发展态势分析.北京:商务印书馆,1999
2-20 汤万金,高林,胡乃联.资源可持续性分析.黄金,1999,20(5):19～21
2-21 http://www.CHIMEB.edu.cn
2-22 http://www.mat-info.com.cn

思 考 题

2-1 为什么把材料与能源、信息并列为现代高科技的三大支柱?考虑一下它们各起什么作用?

2-2 试用物质不灭和能量守恒的理论来说明材料与资源、环境的关系。

2-3 结合实际,举例说明某一材料或产品从生产到使用直至废弃对环境产生的影响。

2-4 图 2-1 是一个典型的开环工业生产链,从环保的角度看,若能实现闭环的工业生产链,可明显减少废弃物排放。请选择一个你感兴趣的产品设计一个闭环生产流程。

2-5 考虑一下,除本书提出的一些材料对环境的影响外,在材料的生产和使用过程中,对环境还有哪些影响应该注意,例如沙漠化、二噁英、疯牛病等与材料的生产和使用是否有关系。

第 3 章 材料环境影响的评价技术

本章首先介绍材料生产、加工、使用和废弃过程对环境影响的各种表达方法,然后详细阐述定量评价材料环境负担性的生命周期评价方法(life cycle assessment, LCA),最后介绍材料的环境影响数据库及其发展趋势。

3.1 常见的环境指标及其表达方法

在进行材料的环境影响评价过程之前,首先要确定用何种指标来衡量材料的环境负担性。关于衡量材料环境影响的定量指标,已提出的表达方法有能耗、环境影响因子、环境负荷单位、单位服务的材料消耗、生态指数、生态因子等。下面简单介绍这些表达方法。

3.1.1 能耗表示法

早在 20 世纪 90 年代初,欧洲的一些旅行社为了推行绿色旅游和照顾环保人士的度假需求,曾用能耗来表达旅游过程的环境影响。例如,对某条旅游线路,坐飞机的能耗是多少,坐火车的能耗是多少,自驾车的能耗是多少。这是最早的曾采用能量的消耗多少来表示某种过程对环境的影响。

在材料的生产和使用过程中,也常用能耗这项单一指标来表达其对环境的影响。表 3-1 是一些典型材料生产过程的能耗比较,可见水泥的环境影响要比钢和铝材的环境影响大。由于仅采用一项指标难以综合表达对环境的复杂影响,故在全面的环

表 3-1 一些材料生产过程的能耗比较　　　　　MJ/t

材料	钢	铝	水泥
能耗	31.8	36.7	142.4

境影响评价中,现已基本淘汰能耗表示法。

3.1.2 环境影响因子

某些学者曾用环境影响因子(environmental affect factor,EAF)来表达材料对环境的影响:

$$EAF = [资源、能源、污染物、生物影响、区域性] \quad (3-1)$$

式中:EAF——环境影响因子。

相对于能耗表示法,环境影响因子考虑了资源、能源、污染物排放、生物影响以及区域性的环境影响等因素,把材料的生产和使用过程中原料和能源的投入以及废物的产出都考虑进去了,比能耗指标要全面综合一些。

3.1.3 环境负荷单位

除环境影响因子外,还有一些研究单位和学者提出了用环境负荷单位(environmental load unit,ELU)来表示材料对环境的影响。所谓环境负荷单位也是用一个综合的指标,包括能源、资源、环境污染等因素来评价某一产品、过程或事件对环境的影响。这个工作主要是由瑞典环境研究所完成的,现在在欧美较流行。

表 3-2 是某些元素和材料的环境负荷单位比较,可见一些贵金属元素的环境负荷单位特别大,与实际情况基本一致。

表 3-2 某些材料及元素的环境负荷单位比较

元 素	ELU/kg	元 素	ELU/kg
铁	0.38	锡	4 200
锰	21.0	钴	12 300
铬	22.1	铂	42 000 000
钒	42	铑	42 000 000
铅	363	石油	0.168
镍	700	煤	0.1
钼	4 200		

环境负荷单位是一个无量纲的量,在实际应用中如何换算某种材料的环境负荷单位并与其他材料的环境影响进行比较,目前还没完全让公众了解和接受。

3.1.4 单位服务的材料消耗

德国渥泊塔研究所的斯密特(Schmidt)教授于1994年提出了一种表达材料环境影响的指标方法,叫单位服务的材料消耗(materials intensity per unit of service,

MIPS),简称 MIPS 方法。其意指在某一单位过程中的材料消耗量,这一单位过程可以是生产过程也可以是消费过程。详细介绍可参见斯密特教授的《人类需要多大的世界》一书。

3.1.5 生态指数表示法

除上述表示材料的环境影响指标外,国外还有一种生态指数表示法(Eco-Points),即对某一过程或产品,根据其污染物的产生量及其他环境作用大小,综合计算出该产品或过程的生态指数,判断其环境影响程度。例如,根据计算,玻璃的生态指数为 148,而在同样条件下,聚乙烯的生态指数为 220,由此即认为玻璃的环境影响比聚乙烯要小。由于同环境负荷单位、环境影响因子相同,都是无量纲的量,计算新产品或新工艺的环境影响的生态指数是一个很复杂的过程,故目前这些表达法都还不是很通用。

3.1.6 生态因子表示法

以上环境影响的表达指标都只是计算了材料和产品对环境的影响,在这些影响中并未将其使用性能考虑进去。由此有些学者综合考虑材料的使用性能和环境性能,提出了材料的生态因子表示法(Eco-indicators)。其主要思路是考虑两部分内容,一部分是材料的环境影响,包括资源、能源的消耗,以及排放的废水、废气、废渣等污染物,加上其他环境影响如温室效应、区域毒性水平,甚至噪声等因素。另一部分是考虑材料的使用或服务性能,如强度、韧性、热膨胀系数、电导率、电极电位等力学、物理和化学性能。对某一材料或产品,用下式来表示其生态因子:

$$ECOI = EI/SP \tag{3-2}$$

式中 ECOI 是该材料的生态因子,EI 是其环境影响,SP 是其使用性能。因此,在考虑材料的环境影响时,基本上扣除了其使用性能的影响,在较客观的基础上进行材料的环境性能比较。

3.2 材料的环境影响评价方法与标准

早期曾采用单因子方法来评价材料的环境影响。如测量材料的生产过程排放的废气排放量,用以评价该材料的大气污染的影响;测量其废水排放量,评价其对水污染的影响;测量其废渣的排放量,评价其对固体废弃物污染的影响。后来,科学家发现,如此单因子评价不能反映其对环境综合影响,如全球温室效应、能耗、资源效率等。而且,用如此多的单项指标,比较起来也太麻烦,甚至有些指标还无法进行平行比较。

到20世纪90年代初,专家提出了一个综合的、被称为生命周期评价(life cycle assessment,LCA)的方法。LCA方法现已基本为科学工作者所接受,成为全世界通行的材料环境影响评价方法,并在ISO 14000国际环境认证标准中已规范化,是ISO 14000的系列标准之一。

3.2.1 LCA的起源

LCA起源于20世纪60年代化学工程中应用的"物质/能量流平衡方法",原本是用来计算工艺过程中材料用量的方法。其理论基础是利用能量守恒原理和物质不灭定律,对产品生产和使用过程中的物质或能量使用和消耗进行平衡计算。到20世纪80年代,欧美从事工艺研究和环境评价的一些大学和顾问公司研究并发展了这个方法,把物质/能量流平衡方法引入到工业产品整个生命周期分析中,以考察工艺过程的各个环节,即从原材料提取、制造、运输与分发、使用、循环回收直至废弃的整个过程对环境的综合影响,而且逐步在企业中得到了应用。这种分析方法后来被称为"从摇篮到坟墓"(from cradle to grave)的生命周期评价技术。

由于研究和应用上的分散状态,尽管关于环境影响分析方法都采用了生命周期的概念,但在不同的研究机构和企业中却使用了不同的名称,例如环境设计(design for the environment)、环境意识设计与制造(environmentally conscious design and manufacturing)、绿色设计(green design)、寿命全程设计(life cycle design)、产品责任意识(product responsibility)、环境质量设计(environmental quality)、产品完整性设计(product integrity)等。

LCA作为正式的环境评价术语是由国际环境毒理和化学学会(Society of Environmental Toxicology and Chemistry,SETAC)在1990年提出的,并给出了LCA的定义和规范。其后,国际标准化组织(International Standardization Organization,ISO)开展了大量的研究工作,对LCA方法在全世界范围内进行了标准化的推广。这两个组织在LCA的研究和推广应用中起到了重要的作用。

国际环境毒理和化学学会是一个非营利性的学术组织,其目的是促进环境问题上的多学科研究,其3 000多个成员来自于不同的学术机构、工商业者和政府部门。SETAC为他们提供交流和共同研究环境问题的机会。

在SETAC中有一个LCA顾问组专门负责组织和促进LCA方法及其应用的研究,并定期召开研讨会,公布研究和讨论的结果。1990年8月在美国Vermont的SETAC研讨会中,与会者就LCA的概念和理论框架取得了一致的认识,并确定使用"life cycle assessment (LCA)"这个术语,从而统一了国际上的LCA研究。在随后一系列的LCA研讨会中,SETAC讨论了LCA的理论框架和具体内容,并在1993年8月发布了第一个LCA的指导性文件《LCA指南:操作规则》。这个文件是13个国家的50多位专家集体讨论的结果,在文件中给出了LCA方法的定义和理论框架,以及具体的实施细则和建议,描述了 LCA 的应用前景,并总结了当时 LCA 的研究状况。

SETAC 发布的 LCA 指南进一步统一和规范了国际上 LCA 的研究,但由于 SETAC 本身的组织目的和原则,这个指南并非强制性的,所以在 LCA 的实际应用中,很多情况下都没有完全遵循 SETAC 的 LCA 指南。

国际标准化组织原本是在第二次世界大战时为统一盟军物资生产和供应而设立的标准化机构,战后转向民用标准的制定。其制定的国际质量管理标准,即 ISO 9000 系列标准,在全世界范围内取得了空前的成功,成为产品生产、贸易中最重要的质量管理标准。

在 ISO 9000 系列标准成功之后,ISO 将目光转到了产品生产中的环境管理方面。为此,1992 年 ISO 专门成立了一个环境战略顾问组,研究制定一种环境管理标准的可能性。在其调查报告中建议 ISO 尽快着手建立一个环境管理的国际标准。1993 年 6 月,ISO 成立了一个"环境管理"技术委员会 TC207,包括 6 个分委员会,开展环境管理方面的国际标准化工作。正是 ISO/TC207 制定了 ISO 14000 国际环境管理系列标准。表 3-3 是 ISO 14000 国际环境管理系列标准的框架示意图。可见 ISO 14000 主要分为六个系列,即环境管理、环境审计、环境标志、环境行为评价、环境影响评价、术语和定义等。

表 3-3　ISO 14000 国际环境管理系列标准框架示意图

环境管理系统(EMS)	14001 环境管理系统:分类和指南
	14004 环境管理系统:原理、系统和支撑技术
环境审计(EA)	14010 环境审计:原理
	14011 环境审计:审计程序
	14012 环境审计:审计资格
	14015 环境地域评价
环境标志(EL)	14020 环境标志:原理
	14021 环境标志:术语和定义
	14022 环境标志:符号
	14023 环境标志:测试及认证方法
	14024 环境标志:类型Ⅰ—原则及程序
	14025 环境标志:类型Ⅲ—原则及程序
环境行为评价(EPE)	14031 环境行为评价:原理
环境影响评价(LCA)	14040 环境影响评价:原理及框架
	14041 环境影响评价:编目分析
	14042 环境影响评价:环境影响评价
	14043 环境影响评价:结果解释
术语和定义(TD)	14050 环境管理:术语和定义
	14060 产品标准的环境因素

在 ISO/TC207 技术委员会中，第五分委员会 SC5 专门负责 LCA 标准的制定。LCA 方法作为一种环境管理工具，被列入 ISO 14000 的第 4 系列标准中，标准号为 14040~14049，成为 ISO 14000 中六大系列标准之一，充分说明了 LCA 方法的重要作用和广泛影响。

ISO 对 LCA 的标准化有利于 LCA 方法的统一和实施，促进了 LCA 的进一步发展。并由于 ISO 的国际影响，以及 LCA 在 ISO 14000 标准中所占的地位，经过标准化的 LCA 方法将成为评价材料环境影响的重要方法。事实上，由于 ISO 的组织，有众多的学术组织、政府机构、企业和环境保护组织参与的 LCA 研究已成为国际上 LCA 研究和应用的主流。

3.2.2 LCA 的定义

如上所述，LCA 作为正式的环境评价术语是由 SETAC 和 ISO 推出的。在 1993 年 SETAC 的 LCA 定义英文原文如下：

> Life Cycle Assessment is a process to evaluate the environmental burdens associated with a product, process, or activity by identifying and quantifying energy and materials used and wastes released to the environment; to assess the impact of those energy and material uses and releases to the environment; and to identify and evaluate opportunities to affect environmental improvements. The assessment includes the entire life cycle of the product, process, or activity, encompassing extracting and processing raw materials; manufacturing, transportation and distribution; use, re-use, maintenance; recycling, and final disposal.

按照中文的理解，LCA 应是这样一种方法：通过确定和量化相关的能源、物质消耗和废弃物排放，来评价某一产品、过程或事件的环境负荷，并定量给出由于使用这些能源和材料对环境造成的影响；通过分析这些影响，找出改善环境的机会；评价过程应包括该产品、过程或事件的生命全程分析，包括从原材料的提取与加工、制造、运输和分发、使用、再使用、维持、循环回收直至最终废弃在内的整个生命循环过程。

在 1997 年 ISO 制定的 LCA 标准(ISO 14040 系列)中也给出了 LCA 和一些相关概念的定义，其英文原文如下：

> Life cycle assessment: Compilation and evaluation of the inputs, outputs and the potential environmental impacts of a product system throughout its life cycle.
>
> Product system: Collection of materially and energetically connected unit-processes which performs one or more defined functions. (NOTE: In this International Standard, the term "product" used alone not only

includes product systems but can also include service systems.)

Life cycle: Consecutive and inter-linked stages of a product system, from raw material acquisition or generation of natural resources to the final disposal.

按照中文的理解,LCA 是对某一产品系统在整个生命周期中的环境影响进行评价。这里的产品系统是指具有特定功能的、与物质和能量相关的操作过程单元的集合,该系统既包括产品的生产过程,也包括服务过程。生命周期是指产品系统中连续的和相互联系的阶段,从原材料的获得或资源的投入一直到最终产品的废弃为止。

从 SETAC 和 ISO 的这些阐述可以看到,LCA 在发展过程中,其定义不断地在完善和充实,但一些基本的思想和方法保留和固定了下来。我们可以从 LCA 的评价对象、方法、应用目的、特点等各个方面去理解 LCA 的概念、定义以及该评价方法的内涵。下面给出一个最近的关于 LCA 的定义。

所谓生命周期评价技术(LCA)是一种评价某一过程、产品或事件从原料投入、加工制备、使用到废弃的整个生态循环过程中环境负荷的定量方法。具体地说,LCA 是指用数学物理方法结合实验分析对某一过程、产品或事件的资源、能源消耗、废物排放,环境吸收和消化能力等环境负担性进行评价,定量确定该过程、产品或事件的环境合理性及环境负荷量的大小。

显然,对材料的生产和使用过程,采用 LCA 来评价其对环境的影响是全面和综合的。其实,LCA 方法最早是由材料科学工作者完善并用于评价对环境的综合影响的。早在 1989 年,欧美的一些材料学者就开始采用 LCA 的概念和方法评价使用软饮料易拉罐材料、有机高分子塑料袋、塑料杯和纸杯等包装材料对环境的综合影响。

3.3　LCA 的技术框架及评价过程

由于 ISO 14000 环境标准在世界上已全面贯彻实施,目前,利用生命周期分析来考虑生产过程、工业产品乃至一些生活事件对环境的综合影响已经成为全球范围内一项常规方法。按照 ISO 14040 系列标准,如图 3-1 所示,LCA 评价方法的技术框架一般包括四部分。主要有目标和范围定义、编目分析、环境影响评价以及评价结果解释等,详细分析如下。

图 3-1　LCA 的技术框架

3.3.1　目标和范围定义

对某一过程、产品或事件,在开始应用 LCA 评价其环境影响之前,必须确定其评价目标和评价范围,以界定该过程、产品或事件对环境影响的大小。这是 LCA 方法应用的起点。

需要定义的 LCA 评价目标主要包括界定评价对象、实施 LCA 评价的原因以及评价结果的输出方式。

LCA 的评价范围一般包括评价功能单元定义、评价边界定义、系统输入输出分配方法、环境影响评价的数学物理模型及其解释方法、数据要求、审核方法以及评价报告的类型与格式等。范围定义必须保证足够的评价广度和深度，以符合对评价目标的定义。评价过程中，范围的定义是一个反复的过程，必要时可以进行修改。

功能单元是评价环境影响大小的度量单位。由于关系到环境影响的具体数值，一般情况下功能单元应该是可数的。例如，在计算一个火电厂因发电而产生的二氧化碳排放量时，需要事先明确这种排放量是针对多少发电量而言的。

系统边界确定了哪些过程应该被包括到 LCA 评价范围中。系统边界不仅取决于 LCA 实施的评价目标，还受到所使用的假设、数据来源、评价成本等因素的影响和限制。

数据是指在 LCA 评价过程中用到的所有定性和定量的数值或信息。这些数据可能来自测量到的环境数据，也可以是中间的处理结果。数据要求包括说明数据的来源、精度、完整性、代表性和不确定性等因素，以及数据在时间上、地域上和适用技术方面的有效性等。数据要求是 LCA 评价结果可靠性的保障。

为保证 LCA 评价方法符合国际标准，评价结果客观和可靠，在 LCA 评价过程结束后可以邀请第三方对结果进行审核。审核方式将决定是否进行审核，以及由谁、如何进行审核。尽管审核并非 LCA 评价的组成部分之一，但在对多个对象进行比较研究并将结果公之于众时，为谨慎起见应该进行审核。

3.3.2 编目分析

根据评价的目标和范围定义，针对评价对象收集定量或定性的输入输出数据，并对这些数据进行分类整理和计算的过程叫做编目分析。即对产品整个生命周期中消耗的原材料、能源以及固态废弃物、大气污染物、水质污染物等，根据物质平衡和能量平衡进行正确的调查获取数据的过程。如图 3-2 所示，需要收集的输入数据包括资源和能源消耗状况，输出数据则主要考虑具体的系统或过程对环境造成的各种影响。编目分析在 LCA 评价中占有重要的位置，后面的环境影响评价过程就是建立在编目分析的数据结果基础上的。另外，LCA 用户也可以直接从编目分析中得到评价结论，并做出解释。

在过去的三十多年中，所有与 LCA 相关的研究都致力于对产品生命周期中的能量、物质消耗和废弃物排放进行量化。所以，编目分析是 LCA 四个组成部分中研究较成熟、应用较多的一部分。事实上，20 世纪 80 年代末和 90 年代初，在研究者们加入了其他三个部分并与编目分析组合在一起之后，才产生了 LCA 方法。

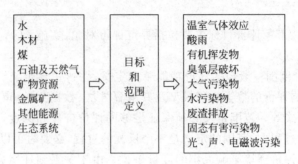

图 3-2　LCA 编目分析示意图

在编目分析中通常包含以下几个过程或步骤:
(1) 系统和系统边界定义

如前所述,系统是指为实现特定功能而执行的、与物质和能量相关的操作过程的集合,这是 LCA 的评价对象。一个系统通过其系统边界与外部环境分隔开。系统的所有输入都来自于外部环境,系统所有的输出都排出到外部环境。编目分析正是对所有穿过系统边界的物质、能量流进行量化的过程。

系统的定义包括对其功能、输入源、内部过程等方面的描述,以及地域和时间尺度上的考虑。这些因素都会影响到评价的结果。尤其在对多个产品或服务系统进行对比评价时,定义的各个系统应该具有可比性。

(2) 系统内部流程

为更清晰地显示系统内部联系,以及寻找环境改善的时机和途径,通常需要将产品系统分解为一系列相互关联的过程或子系统,分解的程度取决于前面的目标和范围定义,以及数据的可获得性。系统内部的这些过程从"上游"过程中得到输入,并向"下游"过程产生输出。这些过程及其相互间的输入输出关系可以用一个流程图来表示。

在一个产品的流程中通常可以分为主要产品和辅助性产品。例如,一个聚乙烯塑料饮料瓶的主要流程如图 3-3 所示,这个流程图中没有包括辅助性产品如标签、纸箱、粘胶等,但在完整的编目分析中应该包括它们。

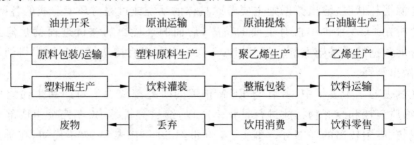

图 3-3　聚乙烯塑料饮料瓶的主要流程

在绝大多数的产品系统中都要涉及能源和运输,所以能源生产和不同运输方式的环境编目数据是一种基础数据,一次收集和分析之后会多次被用到。与此类似,一种材料也会在多种产品中被用到,所以对常用材料的基础评价也是非常重要并需要首先解决的问题。

(3) 编目数据的收集与处理

一旦得出系统的内部流程图,就可以开始数据的收集工作。编目数据包括流入每个过程的物质和能量,以及从这个过程流出的、排放到空气、水体和土壤中的物质。

编目数据的来源应该尽可能从实际生产过程中获得,另外也可以从技术设计者,或者通过工程计算、对类似系统的估计、公共或商业的数据库中得到相关信息。

在编目分析中还应注意两类问题的处理方式。

(1) 分配问题

当产品系统中得到多个的产品,或者一个回收过程中同时处理了来自多个系统的废弃物时,就产生了输入输出数据如何在多个产品或多个系统之间分配的问题。尽管没有统一的分配原则,通常可以从系统中的物理、化学过程出发,依据质量或热力学标准,甚至经济上的考虑,进行分配。

(2) 能源问题

能源数据中应考虑能源的类型、转化效率、能源生产中的编目数据以及能源消耗的量。不同类型的化石能源和电能应该分别列出,能源消耗的量应以相应的热值如 J 或 MJ 单位计算。对于燃料的消耗也可使用质量和体积。

编目数据应该是足够长的一段时间,例如一年中的统计平均值,以消除非典型行为的干扰。数据的来源、地域和时间限制以及对数据的平均或加权处理应该明确地说明。所有的数据应该根据系统的功能单元进行统一的规范化,这样才具有叠加性。得到所有的数据后就可以计算整个系统的物质流平衡,以及各子系统的贡献。

3.3.3 环境影响评价

环境影响评价建立在编目分析的基础上,其目的是为了更好地理解编目分析数据与环境的相关性,评价各种环境损害造成的总的环境影响的严重程度。即采用定量调查所得的环境负荷数据定量分析对人体健康、生态环境、自然环境的影响及其相互关系,并根据这种分析结果再借助其他评价方法对环境进行综合的评价。

目前,环境影响评价的方法有许多,但基本上都包含四个步骤:分类、表征、归一化和评价等四个环节,详细如图 3-4 所示。

(1) 分类

分类是一个将编目条目与环境损害种类相联系并分组排列的过程,它是一个定性的、基于自然科学知识的过程。在 LCA 中将环境损害总共分为三类,即资源消耗、人体健康和生态环境影响。然后又细分为许多具体的环境损害种类,如全球变

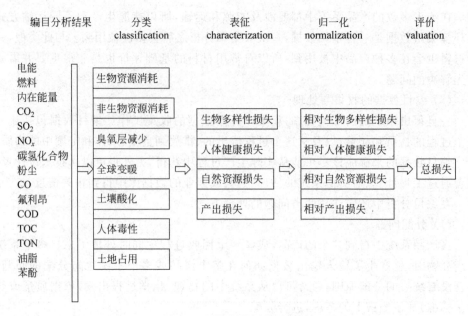

图 3-4　环境影响评价示意图

暖、酸雨、臭氧层减少、沙漠化、富营养化等。一种编目条目可能与一种或多种具体的环境损害有关。

(2) 表征

不同编目种类造成同一种环境损害效果的程度不同,例如二氧化硫和氮氧化物都可能引起酸雨,但同样的量引起的酸雨的浓度并不相同。表征就是对比分析和量化这种程度的过程。它是一个定量的,基本上基于自然科学的过程。

通常在表征中都采用了计算"当量"的方法,比较和量化这种程度上的差别。将当量值与实际编目数据的量相乘,可以比较相关编目条目对环境影响的严重程度。常用的几种表征指标如表 3-4 所示。

表 3-4　常用表征指标

环境损害类型	指标名称	参照物
温室效应	GWP100	CO_2
臭氧层减少	ODP	CFC11
酸雨	AP	SO_2
富营养化	NP	P

(3) 归一化

由于环境影响因素有许多种,除资源消耗、能源消耗、废气、废水、废渣外,还有温室气体效应、酸雨、有机挥发物、区域毒性、噪声、电磁波污染、光污染等,每一种影响因素的计量单位都不相同。为实现量化,通常对编目分析和表征结果数据采用加权或分级的方法进行处理,简化评价过程,使评价结果一目了然。这个量化的处理在 LCA 应用中称为归一化处理。该方法主要是将环境因素简化,用单因子表示最后的评价结果。后面的环境影响评价模型里将详细介绍一些归一化的数学方法。

(4) 评价

为了从总体上概括某一系统对环境的影响,将各种因素及数据进行分类、表征、归一化处理后,最后进行环境影响评价。这个过程主要是比较和量化不同种类的环境损害,并给出最后的定量结果。环境评价是一个典型的数学物理过程,经常要用到各种数学物理模型和方法。不同的方法往往带有个人和社会的主观因素和价值判断。这是评价结果容易引起争议的主要原因。因此,在环境评价过程中,一般要清楚、详细地给出所采用的数学物理方法、假设条件和价值判断依据等。

3.3.4 评价结果解释

在 20 世纪 90 年代初 LCA 方法刚提出时,LCA 的第四部分称为环境改善评价,目的是寻找减少环境影响、改善环境状况的时机和途径,并对这个改善环境途径的技术合理性进行判断和评价。即对改换原材料以及变更工艺等之后所引起的环境影响以及改善效果进行解析的过程。其目的在于表明所有的产品系统都或多或少地影响着环境,并存在着改进的余地。另一方面也强调了 LCA 方法应该用于改善环境,而不仅仅是对现状的评价。由于许多改善环境的措施涉及具体的技术关键、专利等各种知识产权问题,许多企业对环境改善评价过程持抵触态度,担心其技术优势外泄。而且环境改善过程也没有普遍适用的原则,难以将其标准化。例如,同样是污水排放和处理,有的有机物含量高,有的有害金属离子含量高,有的需采用氧化法处理,有的需采用还原法处理,不可能采用同一种工艺或同一种方法来处理所有的废水。鉴于此原因,1997 年,国际标准化组织在 LCA 标准中去掉了环境改善评价这一步骤。但这并不是否定 LCA 在环境改善中的作用。

在新的 LCA 标准中,第四部分由环境改善评价修改为解释过程。主要是将编目分析和环境影响评价的结果进行综合,对该过程、事件或产品的环境影响进行阐述和分析,最终给出评价的结论及建议。例如,对于决策过程,依据第一部分中定义的评价目标和范围,向决策者提供直接需要的相关信息,而不仅仅是单纯的评价数据。

经过 20 年的发展,作为一种有效的环境管理工具,LCA 方法已广泛地应用于生产、生活、社会、经济等各个领域和活动中,评价这些活动对环境造成的影响,寻求改善环境的途径,在设计过程中为减小环境污染提供最佳判断。

3.4　常用的 LCA 评价模型

在 LCA 评价过程中,常需要用到一定的数学模型和数学方法,简称为 LCA 评价模型。到目前为止,关于 LCA 评价模型可分为精确方法和近似方法。前者有输入输出法,后者有线性规划法、层次分析法等。

3.4.1　输入输出法

输入输出法是一种最简单、也是最常用的 LCA 评价模型,如图 3-5 所示。在评价过程中仅考虑系统的输入和输出量,从而定量计算出该系统对环境所产生的影响。系统的输入量主要包括整个过程完成所需要的能源和资源的消耗量,如煤、石油、天然气、电力以及原料投入等,需要输入定量的数据。系统的输出首先是该系统的有效产品,然后是该系统在生产和使用过程中产生的废弃物排放量,也包括该系统完成过程中对生态环境产生的人体健康影响、温室气体效应、区域毒性影响,以及光、声、电磁污染等影响。一般情况下,输出量也是定量的数据。由于输入输出法数据处理简单,计算也不复杂,各种环境影响的指标定量且具体,在 LCA 模型应用中发展比较成熟。但其缺点是输入输出的指标数据分类较细,不能对环境影响进行综合评价。

图 3-5　材料生产或使用过程的 LCA 评价输入输出法框架图

3.4.2　线性规划法

线性规划法是一种常用的系统分析方法。其原理是在一定约束条件下寻求目标函数的极值问题。当约束条件和目标函数都属线性问题时,该系统分析方法即被称为线性规划法。在环境影响评价过程中,无论是资源和能源消耗,还是污染物排放,以及其他环境影响如温室效应等,一般情况下都在线性范围内,可以用线性规划法对系统的环境影响进行定量分析。例如,一个系统的环境影响因素用线性规划方法定义为如下数学模型:

$$[A_{i,j}] \cdot [B_{i,j}] = [F_{i,j}] \quad i,j = 1,2,\cdots,n \quad (3-3)$$

式中：A——环境影响的分类因子;

B——各环境影响因子在系统各个阶段的环境影响数据；

F——该环境影响因子的环境影响评价结果；

i、j——系统各阶段序号。

由式(3-3)可见,环境影响因子和这些因子在各阶段的环境影响数据组成了一个矩阵序列,通过矩阵求解,最后可得到各因子的环境影响评价结果。

线性规划法是一种评价和管理产品系统环境性能的常用方法。它不仅可以解决环境负荷的分配问题,而且对环境性能优化也能进行定量的分析。由于 LCA 方法探讨人类行为和环境负荷之间的一些线性关系,故线性规划法可以定量地应用于各种领域的环境影响评价。

3.4.3 层次分析法

层次分析法(analytic hierachy process, AHP),是一种实用的多准则决策方法。

近年来,层次分析法在 LCA 中获得了广泛的应用。AHP 方法的具体过程是根据问题的性质以及要达到的目标,把复杂的环境问题分解为不同的组合因素,并按各因素之间的隶属关系和相互关系程度分组,形成一个不相交的层次,上一层次的对相邻的下一层次的全部或部分元素起着支配作用,从而形成一个自上而下的逐层支配关系。

图 3-6 是一个典型的层次分析法示意图。由图可见,层次分析法的结构可分为目标层、准则层和方案层,其中目标层可作为 LCA 的评价目标并为范围定义服务,相当于环境影响因子。准则层在 LCA 应用中可作为数据层,不同的环境影响因子在系统各个阶段有不同的数据。最后的方案层则对应着环境影响的评价结果。

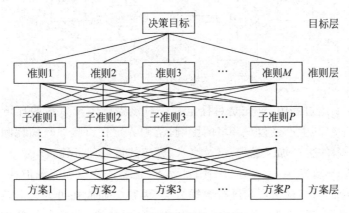

图 3-6 层次分析法示意图

随着 ISO 14000 环境管理标准在全球的实施,有关 LCA 评价的数学物理模型和方法一直在不断地发展和完善。除以上介绍的几种常用模型外,还有模糊数学分析法、逆矩阵法等在 LCA 分析中也有应用,详细可参阅其他文献资料。

3.5 LCA 应用举例

在过去的十多年中,通过 ISO 14000 国际环境管理标准的实施,LCA 的应用已遍及社会、经济的生产、生活各个方面。在材料领域,LCA 用于环境影响评价更是日臻完善。到目前为止,LCA 在钢铁、有色金属材料、玻璃、水泥、塑料、橡胶、铝合金、镁合金等材料方面,在容器、包装、复印机、计算机、汽车、轮船、飞机、洗衣机、其他家用电器等产品方面的环境影响评价应用都有报道。下面分类列举一些 LCA 应用例子。

3.5.1 建筑瓷砖的环境影响评价

我国是世界上最大的建材生产国。从资源的消耗到环境的损害,建材行业一直是污染较严重的产业。为考察建材生产过程对环境的影响,用 LCA 方法评价了某建筑瓷砖生产过程对环境的影响。该瓷砖生产线的年产量为 30 万 m^2,采用连续性流水线生产。所需原料有钢渣、粘土、硅藻土、石英粉、釉料以及其他添加剂等,消耗一定的燃料和电力、水,排放出一定的废气、废水、废渣。其生产工艺见图 3-7。

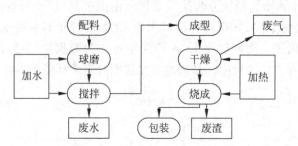

图 3-7 某瓷砖生产工艺示意图

在 LCA 实施过程中,首先是目标定义。对该瓷砖生产过程的环境影响评价目标定义为只考察其生产过程对环境的影响,范围界定在直接原料消耗和直接废物排放,不考虑原料的生产加工过程,以及废水、废渣的再处理过程。

对该瓷砖环境影响 LCA 评价的编目分析,主要按资源和能源消耗,各种废弃物排放及其引起的直接环境影响进行数据分类、编目。如能耗可分为加热、照明、取暖等过程进行编目;资源消耗则按原料配比进行数据分类;污染物排放按废气、废水、废渣等进行编目分析。由于该生产过程排放的有害废气量很小,主要是二氧化碳,故废气排放量可以忽略,而以温室效应指标进行数据编目。另外,在该瓷砖生产过程中其他环境影响指标如人体健康、区域毒性、噪声等也很小,因此在编目分析中也忽略不计。

在环境影响评价过程中采用了输入输出法模型,其输入和输出参数如图3-8所示。其中输入参数有能源和原料,输出包括产品、废水、废渣以及由二氧化碳排放引起的全球温室效应。

图3-8　某瓷砖生产线的输入输出法评价模型

通过输入输出法计算,得到该瓷砖生产过程对环境的影响结果见图3-9,其中图3-9(a)为能源和资源的消耗情况,图3-9(b)为对环境的影响。由图可见,该瓷砖生产过程的能耗以及水的消耗较大。由于采用钢渣为主要原料,这是炼钢过程排放的固态废弃物,因此在资源消耗方面属于再循环利用,是对保护环境是有利的生产工艺。

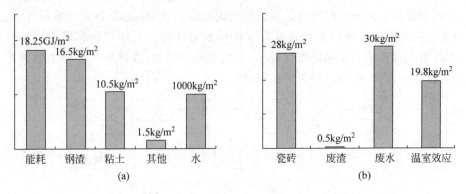

图3-9　某瓷砖生产过程的环境影响LCA评价结果

另外,该工艺过程的废渣排放量较小,仅为$0.5kg/m^2$。废水的排放量为$30kg/m^2$,且可以循环再利用。相对而言,该工艺过程度温室气体效应较大,生产$1m^2$瓷砖要向大气层排放19.8kg二氧化碳,则年产量为30万m^2的瓷砖向空中排放的二氧化碳总量是相当可观的。

对LCA评价结果的解释,除上述的环境影响数据外,通过对该瓷砖生产过程的LCA评价,可提出的改进工艺主要有降低能耗、降低废水排放量、减少温室气体效应影响等。

3.5.2 聚氨酯防水涂料生产过程的环境影响评价

全世界约有 4 万家涂料生产厂。包括乡镇企业在内,中国目前约有上万家,有一定规模的涂料厂也有几百家。由于高能耗、低质量、污染环境、损害人体健康等原因,亟须先进技术改进生产工艺和相应的施工技术。而且在近几十年内,建筑涂料、建材行业将是我国材料应用的主要行业。因此,发展高档的环境兼容性建筑涂料是国际上一个重要趋势。

为研究有机涂料的生产和使用对环境的影响,这里选取一个防水涂料生产的实例,用 LCA 方法进行环境影响评价。其目标定义在该防水涂料的生产过程对环境的影响,不考虑涂料的施工及使用对环境及人体健康的影响。范围定义在直接原料消耗和直接废物排放,以及其他因素对环境的直接影响,不考虑原料的生产加工过程,以及废水、废渣的再处理过程。

根据图 3-10 的防水涂料生产工艺示意图,对该涂料的环境影响因素进行编目分析。主要按资源和能源消耗、各种废弃物排放及其引起的直接环境影响进行数据分类、编目。如能耗可分为加热、照明、取暖等过程进行编目;资源消耗按原料配比进行数据分类;污染物排放按废气、废渣等进行编目分析。由于是生产涂料的工艺过程,生产中排放大量的有机废气。除二氧化碳以温室效应指标进行数据编目外,还用区域毒性和挥发性有机物来评价有害气体排放对环境和人体健康的影响。相对而言,涂料生产过程中的废水排放量很小,可以忽略。另外,在该生产过程中噪声等影响因素也很小,因此在编目分析中也可忽略不计。

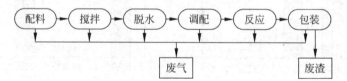

图 3-10 某防水涂料的生产工艺示意图

用输入输出法评价了该防水涂料对环境的影响,其输入和输出参数如图 3-11 所示。其中输入参数有能源和原料,输出参数包括涂料产品、废渣、有机挥发物、区域毒性水平,以及由二氧化碳排放引起的全球温室效应。

根据输入和输出数据计算得到该防水涂料对环境和人体健康的影响结果见图 3-12。其中资源的消耗包括原料和燃煤获取能源的消耗,能源的需求相对较高,每千克产品需耗能 8.8MJ。从环境的影响看,该工艺过程的固态废弃物排放量较小,仅为 0.054kg/kg。由于能耗较高,相应的温室气体效应较明显,当量二氧化碳气体排放达 0.572kg/kg。对人体健康有影响的有机挥发物排放较少,为 0.15kg/kg。包括有机固体废弃物在内,该防水涂料生产过程排放的有害物的区域毒性影响为

图 3-11　某防水涂料生产过程的输入输出法评价模型

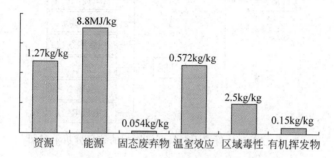

图 3-12　某防水涂料生产过程的环境影响 LCA 评价结果

2.5kg/kg，表明该工艺尚有改进的余地。

对 LCA 评价结果的解释，除上述的环境影响数据外，通过对该涂料生产过程的 LCA 评价，可提出的改进工艺主要有提高资源效率，降低能耗，降低总有害物的排放量，以及减少温室气体效应影响等。

3.5.3　用层次分析法评价一般材料的环境影响

这里介绍用层次分析法评价铁、铝和高密度聚乙烯（HDPE）等三种常用材料在使用过程中的环境影响。

前面已介绍过层次分析法（AHP）的基本原理。定义环境指数为 LCA 的评价目标，如式（3-4）所示。评价范围界定为材料的使用过程对环境的影响。

$$环境指数 = \frac{环境影响}{材料性能} \tag{3-4}$$

如图 3-6 所示，将目标层、准则层以及方案层构造完毕后，按照 LCA 原理，可以进行环境影响评价的编目分析。由于是评价材料在使用过程中的环境影响，除考虑被评价材料的环境因素如能耗、资源消耗、温室效应、人体健康影响、排放的废气、废水及固态废弃物外，还应考虑材料的使用性能如拉伸强度、线膨胀系数、热容、电导率以及电极电位等，详细见图 3-13 的编目分析示意图。图中目标层为环境指数，准则层为环境影响及材料性能，方案层为具体的各种指标。收集编目分析的各种具体数据，可构造如式（3-5）及式（3-6）两个矩阵。

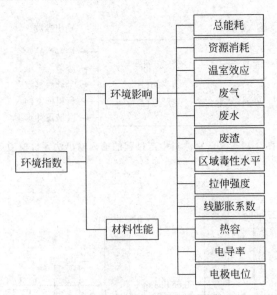

图 3-13 AHP 分析常用材料环境影响的编目分析示意图

$$S^* = \begin{matrix} \text{Fe} \\ \text{Al} \\ \text{HEDP} \end{matrix} \begin{bmatrix} 21.2 & 1.18 & 8.70 & 0.11 & 0.44 \\ 6.4 & 2.36 & 2.66 & 0.22 & 1.66 \\ 3.6 & 12.0 & 0 & 0.51 & 0 \end{bmatrix} \quad (3-5)$$

$$E^* = \begin{matrix} \text{Fe} \\ \text{Al} \\ \text{HEDP} \end{matrix} \begin{bmatrix} 53\,260 & 12.1 & 22\,004 & 1.95 & 16\,304 & 33.2 & 1.17 \\ 2\,100\,000 & 15.5 & 31\,000 & 2.06 & 1\,200\,000 & 1\,300 & 5.40 \\ 43\,000 & 1.67 & 11\,800 & 1.72 & 48\,000 & 16.0 & 0.09 \end{bmatrix} \quad (3-6)$$

式中：S^*——材料性能指标；

E^*——环境影响指标。

解矩阵式(3-5)及式(3-6)，得到三种材料环境影响及性能指标的 AHP 分析结果见表 3-5。显然，从环境指数来看，这三种材料在使用过程中，高密度聚乙烯的环境影响最小，铁的环境影响也比较小，铝的环境影响最大。这个结果与用输入输出法评价的同样三种材料的环境影响趋势是一致的。详细参见有关参考文献。

表 3-5 材料的环境影响及性能指标的 AHP 分析结果

	Fe	Al	HDPE
环境影响	2.027 6	59.951 3	1.938 4
材料性能	1.111 6	1.303 1	2.991 0
环境指数	1.824 0	46.006 7	0.648 1

由以上介绍可见，LCA 对评价材料的环境影响是一种有效的定量的方法、工具及手段。尽管 LCA 方法不具有行政和法律管理手段的强制性，有关其研究和应用仍风靡全球，一方面是由于其在环境影响评价中的重要作用，另一方面也是环境保护思想深入发展的结果。

另外，LCA 评价建立在整个生命循环的概念和环境编目数据的基础上，也即从摇篮到坟墓地全程分析，可以系统地、充分地阐述与系统相关的环境影响，进而寻找环境改善的时机和途径。体现了环境保护由简单粗放向复杂精细发展的趋势。

在开发和生产环境友好型产品的过程中，LCA 方法是一种有效的环境评价方法和管理工具。许多跨国公司都认为，出于市场和成本的考虑，使用 LCA 方法来评价和管理企业及其产品的环境影响，有助于公司适应日益激烈的竞争和今后的发展。

3.6 LCA 的局限性

尽管 LCA 已在全球各个领域获得了广泛的应用，随着对 LCA 应用经验的丰富，人们逐渐发现 LCA 还存在一些不足，在应用范围、评价范围甚至评价方法本身等方面还有一些局限性。表 3-6 给出了目前关于 LCA 方法局限性的初步考虑。

表 3-6 LCA 方法的局限性

应用范围局限性	只考虑产品、事件以及活动对环境的影响，不考虑技术、经济或社会效果，也不考虑诸如质量、性能、成本、利润、公众形象等影响因素
评价范围局限性	在不同的时间范围、地域范围及风险范围内，会有不同的环境编目数据，相应的评价结果也只适用于某个时间段和某个区域
评价方法局限性	由于评价目标以及所采用的量化方法、评价模型的可选择性，使其对 LCA 结果的客观性有很大的影响；另外，权重因子的选择和定义也不确定

3.6.1 应用范围的局限性

作为一种环境管理工具，LCA 并不总是适用所有的环境影响评价。例如，LCA 只评价产品、事件以及活动对环境的影响，也即只考虑生态环境、人体健康、资源和能源消耗等方面的影响因素，不涉及技术、经济或社会效果方面的评价，也不考虑诸如质量、性能、成本、利润、公众形象等影响因素。所以在决策过程中，不可能依赖 LCA 方法解决所有的问题，必须结合其他方面的影响因素进行综合评价。

3.6.2 评价范围的局限性

LCA 的评价过程中有一个范围定义，在实践中这个范围定义往往使 LCA 的评价结果发生一些误差。LCA评价范围一般包括时间范围、地域范围以及风险范围等。

无论LCA中的原始数据还是评价结果都存在时间和地域上的限制。在不同的时间和地域范围内,会有不同的环境编目数据,相应的评价结果也只适用于某个时间段和某个区域。这是由系统的时间性质和空间性质决定了的。从时间范围看,一般地,LCA评价对象的周期越长,相应地,其环境影响越小。因为污染物的排放量一定时,时间越长,单位时间内的排放量越小。相反,评价对象的周期越短,在相同环境负荷条件下,其环境影响越大,因为单位时间内的排放量增加了。

除时间范围外,LCA应用过程中的地域范围定义也有一些局限性。同时间范围定义一样,一般情况下,地域范围定义越大,从评价结果看,环境影响越小。当污染物总量一定时,地域范围越大,单位空间内的污染物排放量越小,反之亦然。

除时间和地域范围的影响外,LCA评价还有风险范围界定的局限性。LCA的应用不可能包括所有与环境相关的问题,对未来的、不可知的环境风险在LCA应用中无法定量描述,从而产生了LCA的风险范围局限性。例如,LCA只考虑发生了的或一定会发生的环境影响,不考虑可能发生的环境风险及其必要的预防和应急措施。LCA方法也没有要求必须考虑环境法律的规定和限制。但这些在企业的环境政策制定和经济活动的决策过程中都是十分重要的方面。

3.6.3 评价方法的局限性

LCA的评价方法既包括了客观因素,也包括了一些主观成分,例如系统边界的确定、数据来源的选择、环境损害种类的选择、计算方法的选择以及评价过程的选择等。无论其评价的目标和范围定义如何,所有的LCA过程都包含了假设、价值判断和折中这样的主观因素。所以,对运用LCA评价得出的结论,需要给出完整的解释说明,以区别由试验测量得到的结果和基于假设和判断得出的结论。

评价方法的局限性首先体现在LCA的标准化方面。LCA作为一种环境影响的评价方法,最重要的是保证其评价结论的客观性。由于评价目标以及所采用的量化方法的可选择性,使其对LCA结果的客观性有很大的影响。减少这种影响的唯一途径是实施LCA的标准化。其目的在于确立普遍适用的原则与方法,为LCA的应用提供统一的方案和指南。只有通过标准化的评价过程,才能减少人为的影响因素,提高评价结果的客观性和一致性,从而有利于评价结论的互换和交流。

由于缺乏普遍适用的原则与方法,在LCA实施的许多环节中很难实现标准化,而只能提供一些指导性的建议。事实上,由于环境问题的复杂性,在LCA的每个环节上实现完全的标准化是不可能的。换句话说,LCA实施的每一步既依赖于LCA的标准,也依赖于实施者对LCA方法的理解和对被评价系统的认识,以及自身积累的评价经验和习惯。显然,这些难以完全避免的非标准化的因素会影响到LCA评价结果的客观性。

另外，评价方法的局限性表现在数据的量化过程中。首先是在编目分析过程中产生的量化问题。编目分析是量化评价的开始，在收集和计算输入输出的量化数据时，采用的数据来源、计算方法并不是唯一确定的，而取决于实施者的主观选择。原则上讲，在评价一个事件、产品或过程的环境影响时，该系统应包括所有的输入输出数据并进行具体的量化处理。但当一个系统有多个过程时，或一个过程有多个子系统时，各子系统或过程相互间的输入输出对应关系并不是绝对的，如何进行量化数据的分配是一个十分困难的问题。尽管 ISO 14041 和 ISO 14049 给出了一些指导性的意见，但没有一个通用的方法，只能取决于实施者的选择。

在数据量化处理过程中，权重因子的选择和定义也是一个不确定的问题。量化有利于概括和理解某产品、事件或过程的环境影响，给出一个确定的结果。但在量化过程中对不同类型的环境影响进行比较和叠加时，由于量纲定义上的差异，必然引入一些无量纲的权重因子。而这些权重因子往往由 LCA 实施者来自由选择和定义，由此必然引入一些主观因素，从而产生了数据量化与客观性之间的矛盾。通常希望将 LCA 尽量建立在自然科学的基础上，避免价值判断等主观因素的影响，获得一个客观的评价结果。但事实上在很多环节仅仅依靠自然科学是不足以实现量化的。反过来讲，通过引入大量的主观参数去量化环境影响，其评价的结果必然是因人而异的，没有重复性并且难以验证，使得其客观性受到损害，也就很难得到认同。

数据量化与客观性的矛盾根源在于 LCA 技术框架中试图将环境影响定量化处理。但环境影响是否可以进行客观地量化，并是否能够量化为一个绝对的环境指标，是一个值得商榷的问题。所以不能过分强调和依赖 LCA 得出的量化的环境指标。而应该把 LCA 当作是一种提供环境决策信息的工具，其方法本身自然地带有一定的主观性。

LCA 理论上的问题也导致了在 LCA 评价实践中的困难。尽管 ISO 14000 对 LCA 方法进行了标准化，但不可能覆盖 LCA 评价中每一个环节的具体问题。所以在很大程度上，当前的 LCA 实践是建立在实施者对 LCA 的认识和经验上的，缺乏一个普适的和操作性强的 LCA 实施方案。

例如，关于塑料杯和纸杯环境负担性的评价，结果是塑料杯比纸杯的环境影响小。但有些专家指出，现在纸张生产技术和废弃物处理技术都有很大的改进，而且纸杯的重复利用和废弃处理过程对环境的影响比塑料小。例如，每个纸杯所消耗的石油应在 2g 左右，BOD 和有机氯的排放量经过处理后也大大减少。建议重新对纸杯和塑料杯的环境负担性进行 LCA 评价。从这个例子中可以看到 LCA 研究的系统并不是固定不变的，而是具有很强的时间和地域性，这进一步增加了 LCA 评价的复杂程度。

另外，在选择产品和服务时，人们通常都是根据需求和本能进行选择，而没有经过仔细的环境影响分析，因为这超出了消费者的能力范围。所以对特定产品系统的整个生命周期进行完整的评价和比较,并将评价结果公诸于众,可以引导消费转向有利于环境保护的方向。

3.7 材料的环境性能数据库

从 LCA 评价过程可知,用 LCA 评价环境影响主要是一个数据处理过程。显然,用计算机进行评价可以进行批量处理和重复进行,具有明显的优势。更进一步,建立 LCA 评价数据库则可将评价结果进行平行比较(表 3-7)。

表 3-7　建立材料环境性能数据库的基本原则

通用性	兼容不同领域、类型、行业、层次的用户
可比性	不同国家、地区的材料环境性能可以比较
服务性	为用户提供咨询服务
预测性	为研制新材料提供环境性能数据

大量的事例表明,在评价环境影响时,数据的收集和编目分析对评价结果有重要影响。另外,为了使评价结果具有可比性和互换性,需要有一定量的数据积累和比较方法。由此产生了对材料的环境性能数据库和 LCA 评价软件的需求。

3.7.1 建立材料环境性能数据库的基本原则

为了使建立的材料环境性能数据库能够在广泛意义上被应用和运行,需要确立一些材料环境性能数据库的基本原则。

(1) 建立的数据库要有一定的通用性,能够在一般情况下被不同领域、不同类型、不同行业以及不同层次的用户兼容和使用。

(2) 所建立的材料环境性能数据库要具有可比性。即不同国家、不同地区的数据库对同一类材料在相同条件下可以进行比较,以判断不同地区的材料在生产和使用过程中环境影响的大小。

(3) 所建立的材料环境性能数据库应具有服务性的功能。能够为用户所面临的环境问题提供决策信息咨询服务,使所建立的数据库具有可持续发展的可能性。

(4) 所建立的材料环境性能数据库要具有预测性的功能,以使新研制的材料在环境性能方面有所改善和提高,为材料的生态设计提供可靠的依据和手段。

3.7.2 常用环境数据库介绍

大多数从事 LCA 研究的单位,基本上都经历了从具体的 LCA 案例分析到建立环境影响数据库这样一个过程。从 20 世纪 90 年代初到现在,全世界围绕 LCA 研究建立的环境影响数据库已超过 1 000 个,著名的也有十几个。到目前为止,材料类别及用途等方方面面的 LCA 数据库几乎都在建立。由于 LCA 数据具有很强的地域性,几乎各个国家和地区都需要建立自己的环境影响数据库。表 3-8 介绍了一些与材料有关的环境影响数据库。由表可见 LCA 具有地区和国别的差异。

表 3-8　一些典型的环境影响数据库

时　间	建立单位	内　容	环境指标
1990	瑞士联邦环境局	包装材料	生态指数
1992	国际 LCA 发展组织	产品	单项
1993	荷兰莱登大学	产品	加权系数
1993	美国中西研究所	容器、包装材料	单项
1994	瑞典环境所	汽车、钢铁	环境因子
1994	欧洲塑料协会	塑料	单项
1995	德国斯图加特大学	塑料、汽车	单项
1996	日本三菱电力	发电	单项
1996	清华大学	涂料	生态因子
1998	中国 863	原材料	单项

图 3-14 是一个材料的环境影响数据库框架结构示意图。可见该数据库包括两大部分,一部分是 LCA 评价软件,由数据输入、评价、输出、打印等组成。各种 LCA 的数学物理评价模型也在其中,如输入输出法、线性规划法以及层次分析法等。另一部分是材料的环境性能数据,包括表面处理工艺流程、涂料、建材、稀土及其他各种材料的环境影响数据。

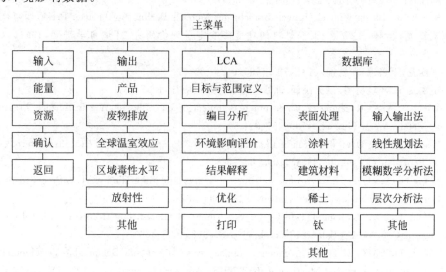

图 3-14　某个材料环境影响数据库框架结构示意图

不同材料具有不同流程,同一材料也有不同生产工艺,其环境影响性也有不同,通用数据库必须包含不同材料、不同性能、不同环境影响等。如何合理制定数据库框架,编制数据库软件是一个基本问题。为了便于 LCA 数据的交流和使用,国际 LCA 发展组织(SPOLD)提出了一种统一的编目数据格式——SPOLD 格式,得到了比较广泛的认同。同时,SPOLD 还策划建立了一个 SPOLD 数据库网络。这个数据库网络由世界各地提供的 SPOLD 格式的编目数据组成。这些数据按照各自的功能定义组织为数据集,在数据集中包含许多的数据字段,记录了对评估系统的描述、系统的输入输出,以及数据的来源和有效性等方面的内容。用户可以通过查询 SPOLD 数据目录,找到需要的数据集,并自动向数据提供者发出数据下载请求。而数据提供者可以用口令的方式限制用户对一个或多个数据集的访问。其网址为:http://www.spold.org。

我国的材料环境影响数据库研究起始于 20 世纪 90 年代中期,如清华大学建立的涂料及表面材料环境影响数据库,重庆大学建立的金属材料环境影响数据库等。在国家"863"项目的支持下,由国内几个单位联合开展了材料的环境影响评价技术研究的课题,其中一项任务是建立一个材料的环境性能数据库框架,该数据库框架包括了钢铁、有色金属、陶瓷、建材、高分子塑料、橡胶、涂料、耐火材料等材料的环境性能数据。现该数据库已基本建成,正逐步完善充实,对推动我国环境材料的研究具有重要意义。

阅读及参考文献

3-1　翁端. 关于生态环境材料研究的一些基本思考. 材料导报,1999,13(1):12~16

3-2　刘江龙. 环境材料导论. 北京:冶金工业出版社,1999

3-3　F. Schmidt-Bleek. Wieviel Umwelt braucht der Mensch. Berlin:Birkhaeuser Press,1994

3-4　刘江龙,李辉,丁培道. 工程材料的环境影响定量评价研究. 环境科学进展,1999,7(2):97~102

3-5　刘江龙,丁培道,左铁镛. 材料导报. 1995,9(3):6~9

3-6　山本良一. 环境材料. 王天民译. 北京:化学工业出版社,1997

3-7　Weng D,Wang R,Zhang G. Environmental Impact of Zinc Phosphating in Surface Treatment of Metals. Metal Finishing,1998,96(9):54~57

3-8　Wang T,Weng D,et al. Status of LCA Research on Materials in China. Proc. 3rd Intern. Conf. on EcoBalance,Tsukuba,Japan,1998. 33~36

3-9　Weng D,Liao D,et al. Environmental Impact Analysis of Materials by AHP. Proc. 3rd Intern. Conf. on EcoBalance,Tsukuba,Japan,1998. 379~382

3-10　Weng D,Liao D,Zhang J. Life Cycle Assessment of Glazed Tile from Steel Slag. Proc. 3rd Intern. Conf. on EcoBalance,Tsukuba,Japan,1998. 463~466

3-11　Weng D,Wu X,Li H. Environmental Impact Assessment and Sustainable Development of Materials. Proc. of 2nd Meeting of the UNIDO Advisory Committee and the IMAAC Forum,Beijing,1999. 125~130

3-12 Yu X, Weng D, Tang J. Modification of Environmental Impact of Polyurethane Waterproof Coating. Proc. of 5th IUMRS Intern. Conf. On Advanced Materials, Symposium U, Beijing, 1999. 127

3-13 翁端,余晓军. 环境材料研究的一些进展. 材料导报,2000,14(11):19～22

3-14 王天民. 生态环境材料. 天津:天津大学出版社,2000

3-15 刘江龙,丁培道,左铁镛. 与环境协调的材料及其发展. 环境科学进展,1996,4(1):69～74

3-16 肖定全. 环境材料——面向21世纪的新材料研究. 材料导报,1994,(5):4～7

3-17 http://www.chimeb.edu.cn

3-18 http://www.mat-info.com.cn

3-19 http://www.spold.org

3-20 国家技术监督局标准化司,国家环境管理标准化技术委员会. ISO/DIS14000 环境管理系列国际标准(中英对照). 北京:中国标准出版社,1996

3-21 Guidelines for Life Cycle Assessment:A 'Code of Practice' (Edition 1). SETEC,1993

3-22 Bretz R SPOLD. Int J LCA,1998,3(3):119～120

3-23 Wells H A,et al. Paper versus polystyrene:environmental impact. Science,1991,(252):1361～1363

3-24 Wang H,Xiao D,Zhu J. Investigation of framework and methodology of materials life cycle assessment (MLCA). The 5th IUMRS Int. Conf. on Advanced Materials, Symposium U, Beijing,1999

思 考 题

3-1 表达材料的环境影响有许多方法,试对这些方法加以讨论,并提出一种可以表征材料环境性能的无量纲指标。

3-2 近10年来,有关LCA方法学的研究一直是环境材料研究的热点,试对LCA方法学的研究及应用现状加以综述。

3-3 以前的LCA技术框架,第4部分是关于环境改善的评价步骤。1997年京都会议期间,TC207委员会一致同意,删去LCA技术框架中环境改善评价过程,改为对评价结果的解释,以保护一些环保技术的知识产权。根据你对LCA的理解,现有的技术框架是否完善,还应该进行怎样的改进?

3-4 选择一个你所熟悉的产品、事件或过程用LCA方法进行环境影响评价。

3-5 煤是中国的主要燃料,有关洁净煤燃烧技术一直是我国研究和开发的重点。试找一锅炉或电厂发电机组收集有关数据,对煤燃烧过程的环境影响进行LCA评价,并根据评价结果,提出相应的减少煤燃烧污染的技术途径。

3-6 本书给出了一些有关LCA的局限性,请根据LCA的原理,分析一下LCA的这些不足可否改进或避免,并讨论LCA还有哪些不足。

3-7 材料的环境影响数据库主要应包括哪些功能和结构?

第 4 章 材料的资源效率理论

前已述及,环境材料的研究是从评价材料对环境的影响入手,通过对评价结果的分析,找出在材料生产和使用过程中对环境影响较大的主要原因,提出减少或预防污染物产生的措施。为了从根本上解决污染的问题,我们有必要了解材料在开采、生产、转移、分配、消耗、循环、废弃等过程中所投入的原材料的流动方向和数量大小,考量该材料产品在其全生命周期过程中的资源利用效率,进而为后续有针对性地选择中间步骤进行流程的制定或合理改造奠定基础。

本章主要介绍材料的资源效率、材料流概念、理论及其分析方法和案例等。从实物的质量出发,通过追踪人类对自然资源和物质的开发、利用及遗弃过程,研究可持续发展问题,揭示物质在特定区域内的流动特征和转化效率,找出环境压力的直接来源,进而提出相应的减少环境压力的解决方案。

4.1 材料的资源效率

4.1.1 资源概述

现代社会里,关于资源有许多不同的理解,如自然资源、人力资源、社会资源、信息资源、旅游资源和物质资源等。其中自然资源可分为矿产资源、水力资源、海洋资源等。物质资源可分为自然物质资源、人工物质资源以及废弃物质资源等。本书所讨论的资源主要指自然资源,而资源效率则集中在物质资源的范畴。

在一般意义上,自然资源是指客观存在于自然界中一切能够为人类所利用作为生产资料和生活资料来源的自然因素。它包括土地资源、矿藏资源、森林资源、草原资源、水资源、海洋资源和野生生物(包括野生动物和野生植物)资源等自然因素。但是不包括经过人工改造的那一部分自然因素,如被人们加工制作的各种产品等物质。

自然资源通常可以分为三大类:第一类称为恒定性资源,如空气、风、太阳能等;

第二类称为可再生的资源,如生物体、水、森林、草地、海洋、土壤等;第三类称为非再生资源,如矿物、化石燃料等。表 4-1 所列为矿产资源的种类。无论是矿产能源还是矿产资源,都是材料工业的源头,与环境材料具有密不可分的关系。

表 4-1　矿产资源的种类

能源	煤、石油、天然气、油页岩、铀、钍
金属矿产	黑色金属、有色金属、贵金属
非金属矿产	冶金辅料:石灰石、萤石、硅石等
	化工辅料:硫铁矿、磷矿、硼矿、盐、天然碱等
	其他:石棉、刚玉、水晶、玛瑙等

广义上说,资源具有社会性、自然性和商品性三个特点。资源的社会性指资源随着国家和时代的不同而不同,如 16 世纪人类对中东地区石油资源的认识远不如 20 世纪那样重要;从生态环境的角度讨论资源短缺,也主要指非再生资源的储量、供应与人类需求的矛盾。资源的自然性指资源随着地域的不同,其丰饶程度也有所不同,例如全世界的贵金属资源 90% 以上集中在南非。除社会性和自然性之外,资源还具有商品性,可以进入市场进行流通,如 19 世纪英国的钢铁工业主要从印度市场购买铁矿石。

我国的自然资源虽然非常丰富,其中煤、铁、石油、铜、锡、锑、钨、锰、铅、锌、汞、钼、稀土等矿物资源的储量均居世界前列,有些储量居世界第一,但人均水平较低。我国土地面积接近 150 亿亩,居世界第三位,但人均占有土地面积只有 13.1 亩,是世界人均占有土地面积 45 亩的 1/3,是世界人均耕地最少的国家之一。人均草场面积占有量为世界人均占有量的 1/2。我国水资源相当短缺,全国年平均降水总量为 6.03 万亿 m^3,河川平均径流量约为 2.59 万 m^3,居世界第 88 位,只相当于世界人口占有量的 1/4。

矿物能源方面,2009 年世界和中国的能源利用结构见表 4-2。由表可见,人类所需能源的 90% 来自非再生的矿物能源。据统计,我国的能源对单位 GDP 的产出率仅为世界平均水平的 1/7,表明我国的能源效率也亟待改善。目前,我国 90% 以上的能源和 80% 以上的工业原料同样都取自矿产资源,每年投入国民经济运转的矿物原料超过 60 亿 t。因此,实现我国社会经济的可持续发展,提高资源的利用效率,解决资源的供需矛盾,是一个重要的方面。

表 4-2　2009 年世界和中国的能源利用结构分布　　　　　　　%

	石油	煤炭	天然气	核电	水电	其他
世界	34.7	29.4	23.8	5.5	6.6	—
中国	17.8	70	3.9	0.8	6.7	0.8

从资源总量来看,中国在世界上无疑属于一个资源大国。但目前我国正处在经济大发展的高潮中,对非再生资源的需求趋向于负荷的极限,引起了严重的资源短缺问题。解决经济发展中的资源瓶颈问题,最积极的措施是提高资源效率。

4.1.2 材料生产的资源效率

广义上说,资源效率指在某一生产过程中所产出的有用产品占所投入原料总量的百分比。环境污染,在很大程度上是因为在工业生产过程中所投入的原材料不能变成有效产品,而作为副产物排放到环境中,形成环境过量承载的一种现象。显然,材料生产过程的资源效率越低,最终造成的环境污染越重。表4-3是生产1t纯金属材料所消耗的资源。由表可见铁的资源效率是最高的,也才10.4%,即将近12t原料才生产1t铁。剩下的11t废物如不综合利用,则都将排入环境,造成严重的环境负担。不过,目前国内钢铁行业正在进行结构调整和技术改造,建立循环经济模式下的生态型钢铁工业园区,资源效率正在逐步提高,这在后续章节中还会陆续谈到。

表4-3 生产1t纯金属材料的资源效率

类 别	煤	铁	钢	铝	水泥	铑	防水涂料	磷化膜
资源消耗量/(t/t)	1.9	7.9	10.3	15.5	1.7	540 000	1.27	5 330
资源效率/%	52.6	12.7	10.4	6.45	58.8	1.85×10^{-6}	78.7	1.88×10^{-4}

我国的经济规模已居世界前列,发展的速度令人瞩目,对资源的需求已达到前所未有的程度。一方面某些资源短缺已对经济发展造成了一定的约束。另一方面,现有资源的利用效率不高,资源浪费严重。与国外相比,我国材料产业的资源效率目前还较低,表4-4是某些原材料生产的资源消耗与国际平均水平的比较数据。显然,大多数材料的资源效率水平与国际水平相比还有待提高。这些原材料的资源效率低下,是造成我国环境污染严重的主要原因之一。

表4-4 我国原材料生产的资源消耗与国际平均水平比较

材 料	能源	钢铁	木材	水泥	橡胶	塑料	化纤	铜	铝	铅	锌
国际水平	1	1	1	1	1	1	1	1	1	1	1
中国水平	2.4	3.6	5.0	12.0	6.0	1.5	9.0	3.7	2.4	2.7	2.2

矿产资源的开发总回收率只有30%~50%,比发达国家平均低20%左右。每万元国民收入的能耗为0.925t标准煤,为发达国家的3~8倍。"高投入、低效率、高污染"的问题,在我国资源的开发和利用中仍然存在。因此,提高资源的利用效率,解决资源的供需矛盾,是实现我国社会经济的可持续发展一条必经之路。

4.2 材料流分析

4.2.1 材料流理论概述

材料流(materials flow)又称物质流(mass flow),也称材料链(substance chain)。材料流分析理论(materials flow analysis,MFA)是指用数学物理方法对在工业生产过程中按照一定的生产工艺所投入的原材料的流动方向和数量大小的一种定量分析理论。材料流理论是一种方法学,其理论基础就是物质不灭定律和能量守恒定律。它从实物的质量出发,通过追踪人类对自然资源和物质的开发、利用及遗弃过程,研究可持续发展问题,即通过对自然资源和物质的开采、生产、转移、分配、消耗、循环、废弃等过程的分析,揭示物质在特定区域内的流动特征和转化效率,找出环境压力的直接来源,进而提出相应的减少环境压力的解决方案。主要用于研究、评价工业生产过程中所投入的原材料的资源效率,找出提高资源效率的途径。因此,材料流理论是研究资源效率的一种有效工具。

众所周知,材料的生产往往要消耗大量的资源。当生产效率一定时,除有效产品外,大量的废弃物被排放到环境中去,造成了环境的污染。因此,对材料的生产和使用而言,资源消耗是源头,环境污染是末尾。也就是说,材料的生产和使用与资源和环境有密不可分的关系。从资源和环境角度分析,典型的材料流的循环过程示意见图4-1。从材料的采矿开始,包括生产加工、储运、销售、使用直至废弃,每一个环节都排放出大量的废弃物给环境。以钢铁材料为例,经过采选、储运、炼铁等步骤,最后平均8t矿石可炼成1t钢。再经过轧制、车、钳、刨、铣等金属加工,最后得到约700kg的金属制品。这些金属制品按质量计算,能被有效使用的不到500kg。即使这些被有效使用的金属制品,也有一定的服役寿命,最后都被废弃而排放进入环境,由环境来承担吸收、消纳和分解的任务。而在这样的情况下,当形成环境过量承载的一种现象时,就认为形成了环境污染。

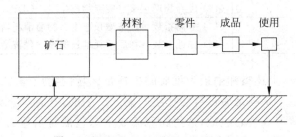

图 4-1 典型的材料流循环过程示意图

治理环境污染,寻找污染源的产生处和定量分析污染物量的大小是很重要的一步。定量了解现有的工艺过程的环境负担性,分析新工艺、新技术是否为环境友好型工艺或技术,需要一种基础的方法和理论,材料流理论就是有效的工具之一。可以说,材料流分析是实施可持续发展的决策依据,在工业生产中具有重要的用途。

4.2.2 材料流分析的研究框架和主要指标

从研究的层次上划分,材料流分析包括经济系统材料流分析、产业部门材料流分析和产品生命周期评价三个层次。它以质量守恒定律为基本依据,将通过经济系统、产业部门和企业的物质分为输入、储存与输出三大部分,通过研究三者的关系,跟踪、定位物质利用及迁移、转化途径。综合各类文献,可得到这些指标的分类及计算公式,见表4-5。

表4-5 材料分析的指标分类及计算公式

指标分类	计算公式
物质输入指标 (material input indices)	(1) 直接物质输入=区域内物质提取+进口 (2) 区域内物质输入总量=直接物质输入量+区域内隐藏流 (3) 物质需求总量=区域内物质输入总量+进口物质的隐藏流
物质输出指标 (material output indices)	(4) 直接物质输出量=区域内物质输出量+出口 (5) 区域内物质输出总量=区域内物质输出量+区域内隐藏流 (6) 物质输出总量=区域内物质输出量+出口
物质消耗指标 (material consumption indices)	(7) 区域内物质消耗量=直接物质输入-进口 (8) 物质消耗总量=物质需求总量-出口及其隐藏流
平衡指标 (balance indices)	(9) 物资库存净增量=储存物质净增长量 (10) 物质贸易平衡=进口物质量-出口物质量
强度和效率指标 (intensity and efficiency indices)	(11) 物质消耗强度=物质消耗总量÷人口基数 物质消耗强度=物质消耗总量÷GDP (13) 物质生产力= GDP ÷国内物质消耗量 (14) 废弃物产生率=废弃物产生量÷GDP
综合指数 (comprehensive indices)	(15) 分离指数=经济增长速度-物质消耗增长速度 (16) 弹性系数=物质消耗增长速度÷经济增长速度

从输入方面看,上述指标中最为重要的指标是区域内物质输入总量。由于人类对自然环境的最根本影响是通过自然物质的输入产生的,并且每一种物质的输入必将带着巨大的隐藏流或生态包袱,这些隐藏流或生态包袱对当地的生态环境和资源造成了巨大的破坏和消耗,而进口物质流的生态包袱留在国外或研究区域外,对当地自然环境并未产生直接影响,因此,用物质输入总量来量度一个国家或地区资源利用

与自然生态的可持续性应该比用物质需求总量表示要更准确些。一般而言,物质输入总量越小,自然资源和物质的动用就越少,生态系统为人类提供服务的质量也就越好,经济系统运行的可持续性则越强;反之,物质输入总量越大,自然资源和物质的动用就越多,生态系统为人类提供服务的质量也就越差,经济系统运行的可持续性则越弱。

从输出方面看,应该以区域内物质输出总量最为重要。由于其主要由固、气、水等废弃物和区域内隐藏流组成,它们是人类对其自身环境直接输出的环境压力,也是环境污染的直接来源,因此可用区域内物质输出总量来量度一个国家或地区的环境友好程度或人与环境的和谐程度,也可指示当地环境保护与建设的可持续性。一般来讲,物质输出总量越小,输出到环境中的废弃物就越少,环境的友好程度也就越高,环境的可持续性则越强;反之,物质输出总量越大,输出到环境中的废弃物就越多,环境的友好程度也就越低,环境的可持续性则越弱。

从消耗方面看,物质消耗总量反映了人类对自然界物质的消耗程度。显然,物质消耗总量越大,意味着人类对自然界的干扰越强烈,也就越不利于资源节约型社会的建立;反之,物质消耗总量越小,意味着人类对自然界的干扰越弱,也就越有利于资源节约型社会的建立。因此,物质消耗总量指标对于可持续发展同样具有重要意义。

从物质平衡方面看,物质库存的净增量反映了一个国家或地区的物质财富的增长水平,而在物质库存的增长量中,循环利用及废弃物质的资源化回收利用有多少贡献,目前国内外对此还没有系统的研究。因此,一方面增加物质库存的净增量,另一方面改善其增量的组成结构和循环利用的比例,对于建设循环型社会具有重要的战略价值。

从强度和效率来看,物质生产力代表了一个国家或地区的资源利用效率的高低。作为物质流分析的衍生指标,物质消耗强度、物质生产力、废弃物产生率等指标有助于分析经济系统与自然环境之间的关系,最终为提高经济系统的资源生产效率和降低资源消耗强度,揭示经济系统物质结构的组成和变化情况,并为实现去物质化(dematerialization)和社会、经济、环境的可持续发展奠定理论基础。

4.2.3 材料流分析的基本方法

自20世纪90年代中期国际上流行材料流分析理论以来,为了控制环境污染,提高资源效率,各国的资源效率专家都开展了详细认真的研究,将材料流理论用于工业过程的案例分析,从而提出提高资源效率的改进方案和措施。目前,有关材料流分析理论研究在国内外已取得较大的进展。现介绍几种国际上流行的材料流分析方法和材料链理论。

1. 4倍因子理论

4倍因子理论（Factor 4）是德国 WUPPERTAL 气候、能源和环境研究所所长 von Weizsaecker 教授于 20 世纪 90 年代初首先提出来的。按 1995 年的数据，占全世界总人口 20% 的富人，每年消耗全世界 82.7% 的能源和资源。而 80% 的其他各阶层人士，每年消耗的能源和资源仅占世界总消耗量的 17.3%。为了既保持已有的高质量的生活，又努力消除贫富之间的差异，von Weizsaecker 教授根据计算得出，若能通过采取技术措施，将现有的资源和能源效率提高 4 倍，才有可能达到上述的目标。这就是 4 倍因子理论提出的依据。因此，最初建立的 4 倍因子理论主要是针对消除社会的贫富悬殊、实现各国间的健康、和平发展的一种技术目标。

经过努力和发展，von Weizsaecker 教授将 4 倍因子理论进一步科学化。随着 1995 年 von Weizsaecker 教授的专著《4 倍因子：半份消耗，倍数产出》的出版，该理论有了明确的科学含义。其意思是指在经济活动和生产过程中，通过采取各种技术措施，将能源消耗、资源消耗降低一半，同时将生产效率提高 1 倍。如式（4-1）所示：

$$R = \frac{P}{I} = \frac{2}{0.5} = 4 \tag{4-1}$$

式中：R——资源效率；

P——产品产出量；

I——原材料、能源投入量。

由此，在同样能源消耗和资源消耗的水平上，得到了 4 倍的产出。至此，4 倍因子理论才真正走向完善。

4 倍因子理论的提出，得到了世界上许多政治家、经济学家、社会学家、生态学家、环境科学家以及许多其他学者的赞同。4 倍因子理论，对有效利用资源、改善生态环境、实现社会和经济的可持续发展具有战略性的意义。von Weizsaecker 教授的《4 倍因子：半份消耗，倍数产出》这一专著出版后仅几个月，即被列为最佳畅销书。

1998 年 6 月，由德国 WUPPERTAL 气候、能源和环境研究所，世界可持续发展贸易组织以及 4 倍因子研究会联合在奥地利的 Klagenfurt 召开了主题为"资源效率——一个战略性的管理目标"的国际会议。其中一个主要议题便是讨论 4 倍因子理论应用的成功实例。

人类只有一个地球，资源不能无限制提供，环境污染必须治理。在资源消耗一半的基础上，将生产效率提高 1 倍，从而实现 4 倍增长，在技术、管理和政策方面现在即可做到。这也为我国改善生产效率和减少环境污染提供了一条可行的路子，即从资源效率角度减少原材料消耗，增加产品的有效产出，从环境保护角度减少了污染物的排放，治标又治本。所以，提高资源效率是实现社会、经济可持续发展的根本性措施。

2. 10倍因子理论

在4倍因子理论的基础上,其他一些学者陆续提出了10倍因子等有关提高资源效率、减少物质消耗的各种理论。10倍因子理论(Factor 10)是由德国 WUPPERTAL 气候、能源和环境研究所副所长 Schmidt-Bleek 教授于1994年率先提出的。与4倍因子理论类似,10倍因子理论的核心思想是,必须继续减小全球的材料流量,在一代人之内将资源效率提高10倍,才能使发达国家保持现有的生活质量,逐步缩小国与国之间的贫富差距,且可以让子孙后代能够在这个星球继续生存。

10倍因子理论是材料流理论研究进展中的一个创新。在某种意义上,10倍因子的概念与环境保护是直接相关的。Schmidt-Bleek 教授用一个方程式将环境影响、人口和一个国家的国内生产总值关联起来,见式(4-2)。他认为,到2050年,地球上的人口将在现在的基数上增加1倍,即P等于2;同时,世界各国的国内生产总值届时将增长3～6倍,取平均值为5,则2乘以5等于10。由此,对环境的影响将增加10倍。为了保持现有的生态环境水平,必须通过提高资源效率来平衡和补偿对环境的破坏。因此,必须将资源效率和能源效率提高10倍,才有可能真正实现社会、经济的可持续发展。

$$I = P \cdot \frac{GDP}{P} \cdot \frac{I}{GDP} \tag{4-2}$$

式中:I——环境影响;

P——人口;

GDP——国内生产总值。

Schmidt-Bleek 教授认为,通过采取技术措施,在20～30年之内若能将现有的资源和能源效率提高10倍,达到上述的目标是有可能的。针对生态环境日益恶化、资源短缺对全球经济的影响等一系列问题,10倍因子理论指出了资源效率对经济增长和保护环境的关键作用,以及提高资源效率的政策、组织管理和技术措施等。与此相应,欧洲许多城市竞先开展有关节约能源、减少资源消耗的生态农业、生态工业产品研究,在推行资源效率方面进行了有益的尝试。

为了实现提高资源效率10倍的目标,Schmidt-Bleek 教授于1994年在法国创建了国际 F-10 俱乐部,旨在推行10倍因子理论和实践。1997年,F-10 俱乐部向全世界发表了著名的致政府和产业领袖的1997卡诺勒斯宣言,明确提出了在一代人之内,将资源和能源的生产效率提高10倍的目标,以及实现这个目标应采取的技术措施。宣言指出,进入经济活动的所有物质或迟或早都要被消耗或排放进入环境,到头来是环保费用的持续增长。因此,要降低环保费用,首先需要降低和减少物质从自然界(即环境)流入经济活动圈,从而减少污染物排放量。通过减少污染物的处理量,最后使环保投资费用降低。

在提出10倍因子理论的同时,Schmidt-Bleek教授于1994年还出版了名为《人类需要多大的世界》的书。书中他提出了MIPS(materials input per service)的概念,即单位服务的材料消耗。对材料流理论,提出了一个具体的评价指标,由此来定量计算资源效率。自MIPS概念提出以来,联合国环境发展委员会、欧共体组织、美国、德国、日本等发达国家每年投入巨资开展材料流理论研究。通过提高资源效率,减少污染物排放量,许多国家已要求对所有工业过程都应进行材料流分析,进一步控制环境污染。其中,包括对二氧化碳排放引起的全球温室效应问题也要进行材料流分析。

3. X 因子理论

除4倍因子理论和10倍因子理论外,利用类似的观点,陆续有研究者提出了8倍因子理论、16倍因子理论、20倍因子理论等,我们统称为X因子理论,即F-X理论。其核心理念如式(4-2)所示。如果能够保证在人口不增加的情况下提高国民生产总值,并降低单位国民生产总值的资源消耗,那么根据经济发展和技术进步的程度可以使环境影响呈不同倍数的降低。

4. 极值理论

除此之外,各国的生态环境材料研究者对材料流理论都进行了潜心的研究,在提高资源效率与环境保护的关系方面都提出了一些有见地的学术思想,例如极值理论。针对投入和产出的效率问题,极值理论指出,对一定的原材料投入,有效产品的产出率越高,废弃物产生量就越小。从环境保护的角度看,就是要求得最大的产出率和最小的废物排放率。用数学方程式来表示,即式(4-3):

$$I = (P_1 + P_2 + \cdots) + (W_1 + W_2 + \cdots) = \sum P + \sum W \quad (4-3)$$

式中:I——物质总投入量;

P_1、P_2——有用产品产出量;

W_1、W_2——废物产出量。

定义

$$R = P/I \quad (4-4)$$

与

$$O = W/I \quad (4-5)$$

式中:R——资源效率,即有用产品产出量除以物质总投入量;

O——废物产出率,即废物产出量除以物质总投入量。

在式(4-4)和式(4-5)中,求$\partial P/\partial I$极大值,即$R_{max} = (\partial P/\partial I)_{max}$,则可获得最大资源效率。同时,求$\partial W/\partial I$极小值,即$O_{min} = (\partial W/\partial I)_{min}$,则可获得最小废物产出率。显然,在追求资源效率的过程中,材料流理论提供了定量分析的工具。

对经济活动中的任何一个生产过程或流通过程,若求得了最大资源效率,同时也就得到了最小的废物产出率。即在这个条件下,该过程对环境的影响最小。若要进一步降低环境污染,则需要通过技术措施,进一步提高有用产品的产出量,即进一步提高资源效率,才有可能进一步降低废物排放量。

通过材料流分析,了解物质和能源的走向。可以说,材料流理论分析是生态环境材料研究的一个有效工具。对最初和最终的物质总量,进行极值分析,使该经济活动的资源效率、环境污染状况一目了然。因此,极值理论将资源和环境之间的关系进一步简单化、定量化。而在应用极值理论时,对过程的材料流分析显得必不可少。

4.2.4 材料流分析理论的应用实践

1. 国家材料流分析

全球环境的恶化主要是经济活动引起的,而资源效率是经济活动能否实现可持续发展的关键。如何提高资源的利用效率、节约能源、减少环境污染,许多国家组织和企业都借助于材料流分析进行了改善资源效率的实践。经济系统的物质输入量和输出量是衡量该系统运行可持续性的两个简明的指标。一般而言,进入经济系统的物质输入量越少,输出到环境中的废物就越少,生态环境的质量也就越高,经济系统运行的可持续性则越强;反之,进入经济系统的物质输入量越多,输出到环境中的废物就越多,生态环境的质量也就越差,经济系统运行的可持续性则越弱。

设在美国首都华盛顿的世界资源所1997年曾与德国WUPPERTAL气候、能源和环境研究所、日本国立环境研究所、荷兰房屋、土地规划和环境保护部等单位合作,联合发表了一份关于材料流的调查报告。列举了德国、荷兰、日本等国的材料流年度调查结果,其中德国1991年全国材料流分析结果见图4-2。由图可见,1991年德国的材料流总量为57.54亿t。其中不包括水量的取用,但在材料输出中,仅挥发进入大气的水蒸气即达6.47亿t。另外,1991年德国从大气中取用的材料量低于向大气中排放的材料量,且取用的是无污染物,而排放的主要是污染物。还有,从材料流分析的数据可见,德国每年产生的固态废弃物的数量也是惊人的。

荷兰1991年全国材料流分析结果见图4-3。图中的数据是平均每个人的年材料流量。由于荷兰人口只有德国的1/6,其材料流总量比德国少。按1991年荷兰人口1 500万人估计,当年荷兰的材料流总量约为12亿t。从环境角度看,与德国类似,荷兰1991年从大气中取用的材料总量(9.8t/人),远远低于向大气中排放的材料总量(19.4t/人)。另外,从荷兰1991年进出口的材料流分析数据也可见,其人均的进出口材料量很大,表明荷兰这个国家具有很大的来料加工能力。因此,通过对整个国家的材料流总量分析,可定量了解其资源效率以及环境污染的现状,找出制约资源效率和治理环境污染的控制因素,为制定相应对策提供依据。

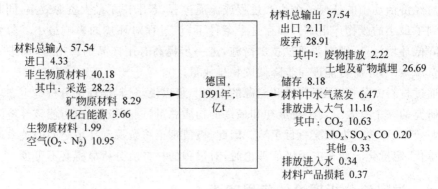

图 4-2　1991 年德国全国材料流分析示意图

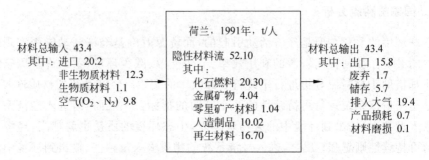

图 4-3　1991 年荷兰全国人均材料流分析示意图

日本 1990 年全国材料流分析结果见图 4-4。由图可见，当年日本进口各种材料 7.1 亿 t，出口仅 0.7 亿 t，表明日本是一个资源相对贫乏的国家，大量的原材料都依赖于进口。从环境的角度看，日本整个国家大量输入资源，1990 年其废弃物的比例约占材料总输出的 39.2%。这些废弃物又没有向海外转移，只能由日本国内的环境吸收和消纳，显然给日本的环境带来严重的负担。

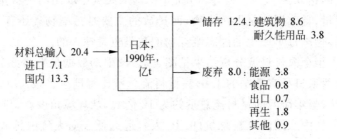

图 4-4　1990 年日本全国材料流分析示意图

另外，图 4-4 对整个日本的材料流分析没有包括大气和水等资源取用的数据以及向大气、水等环境排放污染物的数据。因此，对环境负担的了解只能从固态废弃物的数据进行大致分析。日本国立环境研究所根据此分析结果,发现建筑材料的消耗对日本的固态废弃物影响最大。强调发展日本的生态建材,并提出了几条相应的技术改进措施。目前,日本的生态建材用量居世界前列,已用全天然材料建成了好几所大型体育场馆。

利用物质流分析方法,北京大学的陈效逑等人对1985—1997年我国经济系统的物质输入与输出进行了研究,如图4-5所示。结果表明,我国固体和气体物质输入与输出总量呈相似的增长趋势,因此,经济系统的物质输入量可以在一定程度上决定物质输出量,控制经济系统的资源投入量是减少污染物排放量的一种有效途径。此外,人均物质输入与输出量的年增长率明显大于同期人口的年增长率。由此可见,随着人口的增加,自然资源消耗在加速增长,而大气与土壤环境的污染在加速恶化。不过另一方面,创造单位GDP的物质输入量和输出量(包括水的消耗量和污水排放量)均呈下降的趋势,也反映出我国经济系统的资源利用效率明显提高。

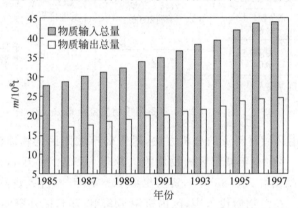

图4-5　中国经济系统固体和气体的物质输入总量和物质输出总量

据此,可以确定出我国分步实施可持续发展的物质输入量指标,并根据输入量与输出量之间的统计关系,估计出物质输出量的大致范围,从而为决策者制定我国可持续发展的近、中、远期资源与生态环境目标和实施方案,提供定量的参考指标。

2. 区域材料流分析

除对整个国家的材料流总量进行分析外,德国的WUPPERTAL研究所采用材料流分析方法,自1993年来对德国一些城市和地区也开展了材料流研究。发现某些产品的生产和运输对这些城市和地区的环境影响较大。根据材料流的研究结果,提出了几条相应的改进措施,使其环境质量得到了进一步的改善。

区域物质流分析是物质流分析研究的一个层面,其主要研究对象是一个城市或地区经济系统的物质流向和物质输入、输出量,通过跟踪分析这些情况,为政府对经济和环境问题的宏观调控提供技术支持。相对国家物质流分析,我国区域物质流分析尚未普遍开展。贵阳市是我国第一个循环经济建设试点城市,徐一剑等人为给贵阳市循环经济建设规划编制奠定基础,采用物质流分析工具,对贵阳市的经济增长方式进行初步分析。以 2000 年为例,如图 4-6 所示,贵阳市的资源投入量为 23.50Mt,中间消耗 20.00Mt,出口 3.50Mt,向环境排放 3.25Mt 污染物质。资源投入量中,本地采掘 22.41Mt,进口 1.09Mt,分别占 95.4% 和 4.6%。出口量占资源投入量的 14.9%,物质逆差量为 2.16Mt。结果表明,目前贵阳市的社会经济发展主要依赖本地资源,进口少,出口大;大量开采本地不可更新资源,大量出口矿产资源及初级加工产品,同时产生大量的污染物,对环境造成巨大压力。

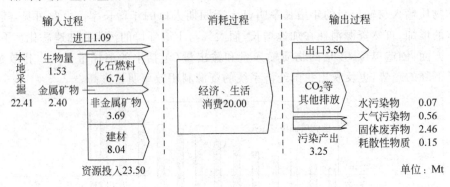

图 4-6 2000 年贵阳市物质流全景

王军等人运用区域材料流的分析方法,对青岛市城阳区的物质流全景进行了分析,如图 4-7 所示。2004 年城阳区的物质投入总量为 900.14 万 t,自然资源投入量为 893.9 万 t,库存纯增 726.88 万 t,贸易出口 158.48 万 t,进入自然界 0.37 万 t,最终填埋 7.66 万 t。在总物质投入中,区内资源 148.40 万 t,区外资源 744.99 万 t(含半成品 130.32 万 t),循环利用量 6.75 万 t,分别占物质投入总量的 16.49%、82.76% 和 0.75%,进口资源所占物质投入总量的比例很高,说明城阳区资源匮乏,主要依靠区外进口。2004 年城阳区资源循环利用率仅为 0.75%,生活垃圾的再利用

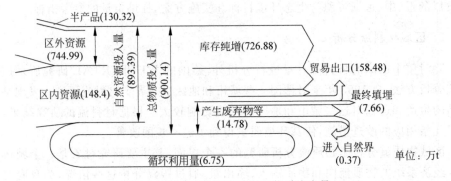

图 4-7 2004 年青岛市城阳区物质流全景

和再资源化程度较低,直接影响到全区的资源循环利用水平。因此,在全区宣传推广垃圾分类回收,逐步提高垃圾循环利用率应当是今后区政府面临的一项重要任务。

3. 产业部门材料流分析

自1996年以来,我国也开展了有关材料流理论的研究。曾用材料流分析方法研究了矿产资源效率、涂料生产过程对环境的影响。图4-8是我国一个钢铁企业的材料流分析示意图。利用物质流理论分析方法,计算得出该材料生产的总资源效率为30.7%。

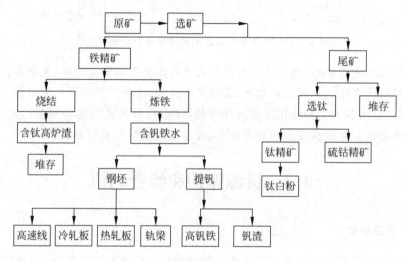

图4-8 我国某钢铁企业材料流分析示意图

基于材料流分析方法,陈永梅等人对北京市1990—2002年新建和拆除的住宅建筑的物质流进行了分析,如图4-9所示。结果表明:北京市住宅建设活动的直接物质投入已经达到了 $7\,253.7 \times 10^4$ t/a,物质产出达到了 $4\,137.8 \times 10^4$ t/a;万元产值的物质投入量和物质产出量在1993年后基本保持不变;住宅建设活动的能耗已经占到北京市总能耗的15%,而这其中,生产建筑材料的能源消耗就占到了89%。据此,改进建材的生产工艺,加强建筑垃圾的再循环利用是北京市住宅建设行业减少能源消耗和实现可持续发展的主要可选途径。

不过,总的来看,我国对量大面广的工业生产过程尚未进行全面的材料流理论分析。在基础研究方面,有关极值理论、线性规划理论等数学物理方法在材料流分析中的应用,还亟待加强。关于我国的材料流理论研究,应瞄准对国民经济发展起重要作用的工业生产行业,通过材料流理论分析,建立适合我国国情的材料流理论分析方法。通过对具体工业部门的案例分析,为实施清洁生产工艺提供理论数据的支持,提高工业生产的资源效率,改善环境影响,从源头控制工业生产的环境污染。同时,开展区域性的材料流分析研究,对量大面广的工业生产过程,用材料流方法分析其资源

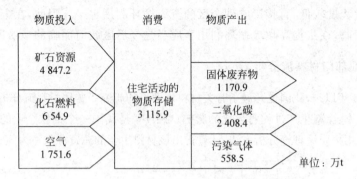

图 4-9 2002 年北京市住宅建设活动的物质流全景

效率及其对环境的影响,通过技术措施在宏观尺度上提高资源效率,从而降低环境负荷。选择有代表性的一些工业领域,研究工业过程、工业产品的材料流过程。通过材料流分析,给出各工艺和使用环节对环境的影响,找出环境污染的控制因素,为生态设计提供依据。对提高我国的资源效率,改善环境质量有重要意义。

4.3 资源保护和综合利用

1. 资源保护

通常的资源保护有广义和狭义两方面的理解。广义的资源保护指人类在维护自然的生态系统及其综合体过程中对开采和利用资源采取的平衡观念和行动。狭义的资源保护一般指对资源进行有效的利用和综合利用,提高资源效率。通过上面对资源的分析可知,提高资源效率,减少环境污染,一方面节约利用自然资源,通过技术革新,改造旧的生产工艺,提高单位资源利用的效率,减少废物排放;另一方面可以发展替代资源,包括生产中的替代和消费中的替代,通过保护有限的资源,加强资源综合利用;第三是延长产品的生命周期。使用寿命的延长,意味着同种产品的原材料消耗降低,产生的废物减少;另外还要注重废弃物的回收利用,变废物为资源,使有限的资源得到充分利用,同样也可减轻材料生产过程中的环境负担性。

关于资源保护,从管理上说,要注意经济、社会和生态效益相结合,不能只注意环境影响而阻碍经济的发展。还要开发与保护相适应,不能只保护而不开发利用,那样失去了拥有资源的意义。另外,资源保护要注意当前与长远相结合,在现有的技术水平上,尽量提高资源效率。资源保护还要注意因地制宜,平衡发展,以及统筹兼顾,综合利用。把资源的规划和设计工作做在前面,最终使现有的资源能够得到充分利用。

资源保护的措施主要有评价、管理、利用和监督等几个方面。资源评价包括对资源价值、开采价值、开采目的等方面进行综合评价,最后根据资源效率来决定资源利用的意义。资源管理包括对资源使用过程中的资源回采率、贫化率、加工回收率等方面进行综合管理，以保证资源效率。资源监督主要是保证资源利用过程中的经济效益、社会效益和环境效益要统一，而不是矛盾和对立。资源利用包括资源的开采技术、分选水平和资源的综合利用水平等方面。从资源效率的角度，特别要注意提高资源加工水平、拓宽资源用途、加强资源的再回收利用程度等。

2. 一次资源的综合利用

将某一生产过程中排出的废弃物直接作为下一生产过程的原料而加以利用叫一次资源的综合利用。从材料与环境的角度看，我国目前的一次资源综合利用主要集中在三个方面，即矿业废弃物的综合利用，冶金废弃物的综合利用，化工废弃物的综合利用。由于我国几种主要原材料包括钢铁、水泥、玻璃等产量都居世界第一，故材料相关行业是固体废弃物的产出大户，每年材料生产加工行业排放的固体废弃物就达18亿t之多，占整个工业固体废弃物排放量的一半以上。因此，抓好我国的材料行业的废弃物综合利用，对减缓环境污染，提高资源效率有重要作用。随着科学技术的发展，关于废弃物的综合利用已越来越普遍，技术加工水平越来越高。不但提高了资源的利用效率，也减小了环境的负担性。然而，相对来说，固体废弃物的利用在我国还远远不够，利用效率较低，利用面也开发得不够。

3. 二次资源的综合利用

所谓二次资源综合利用指将某种废物经过加工处理使其重新变为资源的过程，也称为废弃资源的再生利用。目前是全世界环境材料研究的一个热点。通过二次资源的综合利用，使物质的生产真正完成了生产、消费、废物排放、加工处理，再回到生产的完全循环过程。

与一次资源综合利用不同的是，二次资源利用是将已经排放进入环境成为污染物的物质进行加工、处理，使之再次成为原料。其意义、技术、成本等与一次资源综合利用有本质的区别。所以，在实施二次资源综合利用时，需对处理技术、经济性、环境影响、资源本身和能源消耗等进行综合考虑。

从技术上分，二次资源综合利用可分为物理法、化学法、生物法等。其中物理法包括收集、运输、分选、破碎、精制等技术过程。在处理过程中不改变物质的性能，保持废物收集时的原形，或改变原形但不改变物质的物理性质。前者如回收空罐、空瓶、家用电器中有用零件，通常采用分选、清洗并对回收的废物料进行简易修补或净化操作后再利用。后者如回收的金属、玻璃、纸张、塑料等造材，多采用破碎、分离、水洗后根据各材质的物性通过机械、物理的方法分选收集回收，经过破碎、风力、浮选、溶解、分选等技术处理，它们可作为再生资源作简单再循坏。物理法处理成本较低，但所用物料再循环利用时性能下降，品质变差，如废塑料简单再生而成的制品质量不如全新制品。化学法是通过改变废物性质的一种回收利用方法。化学法主要有热分解、燃烧发电等处理过程。如利用废旧塑料生产汽油,以及垃圾发电等。生物法主要是利用发酵过程对废弃物进行生物处理,从而进行再生利用。国际零排放组织目前主要通过生物处理技术对生活废弃物进行处理,培植食用菌和蘑菇,每年创造可观的经济效益。

阅读及参考文献

4-1 张吾乐.综合利用资源,促进经济和社会可持续发展.中国资源综合利用发展战略论文集.北京,1997.1~7

4-2 宋瑞祥.矿产资源综合利用与经济社会可持续发展.中国资源综合利用发展战略论文集.北京,1997.8~15

4-3 刘江龙.环境材料导论.北京:冶金工业出版社,1999

4-4 山本良一.环境材料.王天民译.北京:化学工业出版社,1997

4-5 翁端,余晓军.环境材料研究的一些进展.材料导报,2000,14(11):19~22

4-6 Weng D,Wu X,Yu X,Ding H,Li H. Environmental Impact Assessment of Materials and Ecomaterials Development. Proc. of 2000 Gordon Research Conference on Industrial Ecology, New London,USA,2000.26~30

4-7 Suren Erkman.工业生态学.徐兴元译.北京:经济日报出版社,1999

4-8 F. Schmidt-Bleek.人类需要多大的世界.吴晓东,翁端译.北京:清华大学出版社,2003

4-9 Arnulf Grubler.技术与全球性变化.吴晓东,赵宏生,翁端译.北京:清华大学出版社,2003

4-10 Bouman M,Heijungs R, van der Voet E, et al. Material flows and economic models: An analytical comparison of SFA, LCA and partial equilibrium models. Ecological Economics, 2000,32(2):195~216

4-11 黄和平,毕军,张炳,等.物质流分析研究述评.生态学报,2007,27(1):368~379

4-12 陈效述,等.中国经济系统的物质输入与输出分析.北京大学学报(自然科学版),2003,39(4):538~547

4-13 徐一剑,张天柱,石磊,陈吉宁.贵阳市物质流分析.清华大学学报(自然科学版),2004,44(12):1688

4-14 王军,周燕,宋志文.区域物质流分析实践.环境与可持续发展,2006,6:44~46

4-15 陈永梅,张天柱.北京住宅建设活动的物质流分析.建筑科学与工程学报,2005,22(3):80~83

4-16 http://www.chimeb.edu.cn

4-17 http://www.mat-info.com.cn

思 考 题

4-1 分析材料的环境影响要应用 LCA 方法,分析资源效率要用到材料流理论。两种方法都是基于物质不灭和能量守恒原理建立起来的,试分析一下两者的异同之处。

4-2 从如何提高材料生产及使用的资源效率的角度,综述物质流分析方法的研究现状及发展趋势。

4-3 在10倍因子理论中,强调只有将资源和能源效率提高10倍,才能消除由于人口增长及经济规模扩大给环境带来的负面影响。在材料工业中要达到这一目标,你认为科学技术、管理和人才等因素各占多大比重,用数据说明最重要的影响因素是什么。

4-4 选择一个你所熟悉的材料产品或过程,用物质流方法进行资源效率分析,并就如何提高资源效率提出具体的技术措施。

4-5 分析一下哪些产品或资源在短期内是一种补充产品,而从长远看可能是一种替代品?

第 5 章

材料的生态设计

材料在生产、使用和废弃过程中均对环境造成影响,为了从根本上解决环境污染的问题,必须从材料或产品的生产技术的设计阶段就考虑到环境影响的因素。事实上,大多数的环境污染在产品设计时就已经决定了。因此,在防止污染的步骤中,设计显得至关重要,只有设计关把好了,后续的产品生产和制造过程,以及材料使用过程对环境的影响就会减小到最低程度。国外曾有过统计,通过适当的工艺设计,可以减少或避免 90% 的环境污染。

本章主要介绍材料的生态设计,包括生态平衡与材料设计,材料产业的可持续发展等。从保护生态环境、实现社会、经济可持续发展的角度,阐述设计对材料发展的作用,以及从被动的末端控制转向主动的初始端控制。

5.1 材料产业的可持续发展

5.1.1 可持续发展概述

文明是人类在改造世界活动中所创造的物质成果和精神成果的总和。在历史长河中,人类创造了无与伦比的文明。进入 20 世纪以来,一系列暴露出来的生态环境问题表明,人类破坏其赖以生存的自然环境的历史可能同人类文明史一样古老。表 5-1 是 20 世纪全球十大环境问题的总结。可见无论是大气污染、水污染、水土流失、土地荒漠化、酸雨、危险性废物污染等,各式各样的环境问题几乎都是人类文明进程中的伴生物。

表 5-2 给出了人类文明发展几个阶段的梗概。在狩猎文明时期,生产力水平很低,人类对自然的破坏较小。进入农业文明后,人类已经能够利用自身的力量去影响和改变局部地区的自然生态系统,但对自然的破坏作用尚未达到造成全球环境问题的程度。18 世纪的工业革命使一部分人自认为已经能够彻底摆脱自然的束缚,征服

大自然,把自然环境同人类社会分割开来。直到威胁人类生存和发展的环境问题不断地在全球显现,人类终于认识到,环境问题也是一个涉及人类社会文明的问题,也是一个发展的问题。必须善待自然,走可持续发展之路。

表 5-1 20世纪全球十大环境问题

1	全球气候变暖	6	土地荒漠化
2	臭氧层的耗损与破坏	7	大气污染
3	生物多样性减少	8	水体污染
4	酸雨蔓延	9	海洋污染
5	森林锐减	10	危险性废物越境转移

表 5-2 人类文明发展的阶段特征

发展形式	狩猎文明	农业文明	工业文明	后工业文明
时间	B.C. 200万年~B.C. 1万年	B.C. 1万年~18世纪	18世纪~今天	今天~
态度	依赖自然	改造自然	征服自然	善待自然
环境问题	不明显	水土流失	全球公害	预防
对策	听天由命	牧童经济	环境保护	可持续发展

传统的发展一般指经济领域的活动,其目标是产值和利润的增长、物质和财富的增加。但是,由于人类赖以生存和发展的资源和环境遭到越来越严重的破坏,使人类认识到把经济、社会和环境割裂开来,只顾谋求自身的、局部的、暂时的经济性,带来的只是他人的、全局的、后代的不经济性甚至灾难。伴随着对发展目标的全面认识,以及面对一些棘手的全球问题如人口增长、资源短缺和环境污染等,人类认识到传统的经济活动存在着生态边界条件的约束,从而产生了可持续发展的思想。亦即人类在文明进化过程中从实践中产生了可持续发展的思想。

"可持续发展(sustainable development)"的概念最先是在 1972 年在斯德哥尔摩举行的联合国人类环境研讨会上正式讨论的。1987 年,世界环境与发展委员会出版《我们共同的未来》报告,将可持续发展定义为:"既能满足当代人的需要,又不对后代人满足其需要的能力构成危害的发展。"它系统阐述了可持续发展的思想。1992 年 6 月,联合国在里约热内卢召开的"环境与发展大会",通过了以可持续发展为核心的《里约环境与发展宣言》、《21 世纪议程》等文件。随后,中国政府编制了《中国 21 世纪人口、资源、环境与发展白皮书》,首次把可持续发展战略纳入我国经济和社会发展的长远规划。1997 年的中共"十五大"把可持续发展战略确定为我国"现代化建设中必须实施"的战略。

换句话说,可持续发展就是指经济、社会、资源和环境保护协调发展,它们是一个密不可分的系统,既要达到发展经济的目的,又要保护好人类赖以生存的大气、淡水、海洋、土地和森林等自然资源与环境,使子孙后代能够永续发展和安居乐业。也就是江泽民同志指出的:"所谓可持续发展,就是既要考虑当前发展的需要,又要考虑未来发展的需要,不要以牺牲后代人的利益为代价来满足当代人的利益"。可持续发展与环境保护既有联系,又不等同。环境保护是可持续发展的重要方面。可持续发展的核心是发展,但要求在严格控制人口、提高人口素质和保护环境、资源永续利用的前提下进行经济和社会的发展。过去我们关心的是发展给环境带来的影响,现在是如何把生态与经济紧密联系起来,互为因果,以较低的资源消耗和环境代价获取较高的经济发展水平。走可持续发展的道路,是世界和中国未来长期的发展目标。

  关于可持续发展的定义,不同领域有不同的理解。生态学认为,可持续发展是"保护和加强环境系统的生产和更新能力",其含义为可持续发展是不超越环境、系统更新能力的发展。社会学认为,可持续发展是"在生存于不超出维持生态系统涵容能力之情况下,改善人类的生活品质"。经济学认为,"在保持自然资源的质量及其所提供服务的前提下,使经济发展的净利益增加到最大限度"叫可持续发展。科技领域认为,可持续发展就是"转向更清洁、更有效的技术——尽可能接近'零排放'或'密封式',工艺方法——尽可能减少能源和其他自然资源的消耗"。总之,可持续发展就是建立在社会、经济、人口、资源、环境相互协调和共同发展的基础上的一种发展。以上不管哪一种定义,其基本思想和要点都是不否定经济增长,但要重新审视如何实现经济增长;经济发展要以自然资源为基础,同环境承载能力相协调;社会发展要以提高生活质量为目标,同社会进步相适应;另外,要承认并要求体现环境和资源的价值,亦即环境也是一种经济意义上的成本。因此,可持续发展的实质是在生产过程中尽量做到少投入、多产出;在消费过程尽量做到多利用、少排放。其最终目标是实现经济效益,社会效益,环境效益的统一。

5.1.2 材料产业的可持续发展

  从资源和环境角度分析,材料的提取、制备、生产、使用和废弃过程是一个典型的资源消耗和环境污染过程。也就是说,材料一方面推动着人类社会的物质文明,而另一方面又消耗大量的资源和能源。同时在生产、使用和废弃过程中向环境排放大量的污染物,恶化人类赖以生存的空间。这些污染物既包括直接排放的废气、废水和工业固体废弃物,也包括给环境带来的全球温室效应、区域人体健康影响、噪声、电磁波污染、放射性污染、光污染等。统计表明,材料产业是资源、能源的主要消耗者和环境污染的主要责任者之一。随着地球上人类生态环境的恶化,保护地球,提倡绿色技术及绿色产品的呼声日益高涨。对材料科学工作者来说,有效地利用有限的资源,减少材料对环境的负担性,在材料的生产、使用和废弃过程中保持资源平衡、能量平衡和环境平衡,是一项义不容辞的责任。另一方面,21世纪是可持续发展的世纪。社会、经济的可持续发展要求以自然资源为基础,与环境承载能力相协调。研究环境与材料的关系,实现材料的可持续发展,是历史发展的必然,也是材料科学的一种进步。

如图 5-1 所示,影响材料的可持续发展有许多因素,主要有材料的环境影响评价,投入的资源和能源利用效率,工艺过程的环境负担性,以及产品的环境设计等。总之,在保证材料使用性能的前提下,应尽可能节约资源和能源,减少对环境的污染。同时,改变只管生产和使用,而不顾废弃后资源再生利用及环境污染的观念。不仅讲经济效益,还要讲环境效益和社会效益。

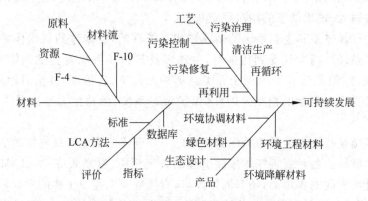

图 5-1 影响材料可持续发展的一些因素

由图 5-1 还可看出,材料产业可持续发展的方向主要是将传统的高投入、高消耗、高污染通过技术革新和改造,转变成为低投入、低消耗、低污染的材料生产和使用过程,最终走向可持续发展。具体地说,用资源节约型产品替代资源消耗型产品;用环境协调型工艺替换环境损害型工艺;采用技术先进的生产过程,淘汰技术落后的生产过程;采用现代的科学管理和经营方式,扬弃粗放的经营管理方式,等等。

总之,实现材料可持续发展的关键在于,在开发新材料,满足其需要的使用性能以及可接受的经济性能的同时,注意材料的环境性能,包括降低资源和能源消耗,减小环境污染,并提高其循环再利用率。另外,材料科学技术的发展也使人类有能力考虑材料设计、生产、使用、废弃、回收等全过程的环境问题。在这个意义上,研究环境材料,考虑材料的环境性能等技术措施是关键和基础。因此,国外也将环境材料的研究称为材料产业未来的战略。

实现材料的可持续发展,既有技术方面的内容,还要从思想观念、政府作用、法律法规、管理监督、技术开发、国际合作等方面综合考虑,协调实施。目前主要有:加强资源再生利用研究,特别是废物再生循环利用的研究和应用,以提高资源效率;在生产过程中采用清洁生产的工艺,向零排放和零污染方向努力;加强环境管理,特别是 ISO 14000 国际环境管理标准的推进,有助于可持续发展战略的实施。

5.2 材料的生态设计

5.2.1 生态平衡

生物体(生产者、消费者、分解者)与环境相互作用形成的一种机能系统叫生态系统。在生态系统内部，生产者、消费者、分解者和非生物环境之间，在一定时间内保持能量与物质输入、输出动态的相对稳定状态。

地球的气候体系和生态系统的循环是相互依存的，且地球的气候体系决定了生物圈的边界条件。当大气受到污染时，生物圈及其循环系统就会受到影响。另外，人类属于地球，但地球并不单属于人类。那种先污染、后治理，甚至只污染、不治理的认识早已受到大自然的报复。因此，保护生态系统、保持生态平衡是人类的最高原则。

生态平衡是目前人类最为关注的问题之一。现代工业生产最直接的危害就是对生态平衡的破坏。各种有害气体排放引起的大气污染、温室效应、臭氧层破坏，各种有害液体排放引起的水污染，还有固体废料，直接危及人类及生物的生存和发展。另外，全球范围内的物种正以惊人的速度减少，导致生态循环的不平衡，对生物圈也是一种损害。

本质上，环境材料就是研究材料与环境的关系，在材料生产和使用过程中保持生态平衡。其实质就是保持资源平衡、能源平衡和环境平衡。对材料工业而言，生态平衡不仅要求在材料生产和使用中尽量减少有害气体、液体、固体的产生和排放，而且要求尽量提高材料的再循环利用率，将有害物质转化为有用材料。设计对材料的环境性能改善有举足轻重的作用。对材料产品的改进相对简单，从而对环境的改善也不会很明显。随着对产品的重新设计、对产品的某些功能进行创新、一直到对产品的系统进行创新，对技术的要求越来越高，相应地，对环境的改善作用也越来越明显。据统计，无论是保护环境还是污染环境，设计对环境的贡献可达90%。

为了保持生态平衡，早在20世纪70年代，一些从事工艺技术的有识之士就提出生态设计的概念。当时叫"为环境而设计"或"环保设计"，其目的就是在传统的经济活动中保持生态平衡。在工业过程中，传统的设计主要考虑产品的使用性能和成本。没有满意的使用性能，任何产品在市场上就没有竞争力。而成本设计主要是为了谋求最大的利润，这是经济活动的根本。进入20世纪80年代后，全球范围内的环保概念使得设计师开始考虑设计的第三个要素，即产品或工艺的环境性能。

把保持生物圈的生态平衡纳入材料产品设计的范畴，把可持续发展作为设计的终极目标。这时的设计概念如图5-2所示。这样，通过技术设计、成本设计和生态设计，把性能、利润和环境等目标融为一体，使产品和工艺与环境协调起来，首先实现经济活动的可持续发展,最终实现人类社会的可持续发展。其中,产品和工艺的技术设计主要考虑材料的使用和服务性能,其依据不同的加工过程和专利技术进行工艺设计。材料产品不同,其技术设计也千变万化。而成本设计只需遵循经济学原理,追求利润的最大化,但前提是该产品的性能要有竞争力。考虑资源和环境的因素,材料的生态设计主要遵循在材料制造和使用过程中,追求资源和能源消耗最小化、污染物排放最小化以及废弃物再生循环利用率最大化等原则。

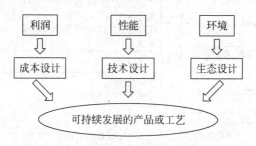

图 5-2　现代设计内容及目标示意图

5.2.2　生态设计的理念、原则及要素

生态设计的基本思想是在设计阶段就将环境因素和预防污染的措施纳入产品设计之中,将环境性能作为产品的设计目标和出发点,力求使产品对环境的影响降到最小。对工业设计而言,生态设计的核心是"3R",即 Reduce、Recycle 和 Reuse,不仅要减少物质和能源的消耗,减少有害物质的排放,而且要使产品及零部件能够方便的分类回收并再生循环或重新利用。减少材料的用量主要靠设计时采用高强度、长寿命以及其他性能优异的新材料来实现。加强材料的回收和再利用,是提高资源效率的有效措施。对某些材料,特别是一次性包装材料,可采用可降解材料,减少对环境的影响。对那些既不能再回收利用,也不能降解的材料,可以采取废物处理的方式进行处理,从而尽量减少对环境的污染。

在材料生产和使用过程中,材料的生态设计目标主要考虑四个要素,即先进性、经济性、协调性以及舒适性。对材料产品而言,先进性是要充分发挥材料的优异性能,满足各行各业对材料产品的要求。经济性即考虑材料产品的成本,能够保证制造商的利润,维持经济活动的运转。协调性就是要保证在材料的生产和使用过程中与环境尽可能协调,维持生态平衡。舒适性是指材料产品能够提高生活质量,使人类生活环境更加繁荣、舒适。

根据材料产品的生命周期,生态设计的内容主要包括生态产品设计的材料选择与管理、产品的可拆卸性设计和产品的可回收性设计等。除此之外,产品的包装以及工艺技术的设计也在产品生态设计的过程中有着举足轻重的作用。具体见

图 5-3。在材料选择与管理方面,不能把含有有害成分与无害成分的材料混放在一起,对于达到生命周期的产品,有用部分要充分回收利用,不可用部分要用一定的工艺方法进行处理,使其对环境的影响降到最低;在产品的可回收性设计方面,要综合考虑材料的回收可能性、回收价值的大小、回收的处理方法等;在产品的可拆卸性设计方面,要使所设计的结构易于拆卸,维护方便,并在产品报废后能够重新回收利用。

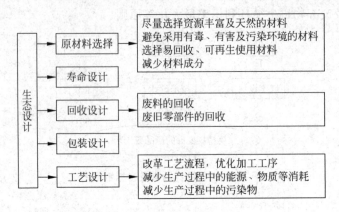

图 5-3　生态设计的主要内容

但在生态设计的过程中,还应注意以下原则:

(1) 设计者应首先考虑所有材料、能量的输入和输出,尽可能为无害而努力;
(2) 预防废弃物的产生比废弃物的后处理和清除更重要;
(3) 后处理过程应该设计为能源、材料消耗最省;
(4) 产品、过程和系统的设计必须考虑所有被投入的能量与物质的综合利用;
(5) 产品、过程和系统的设计应该使物质、能量、空间和时间都能达到最高效率;
(6) 产品、流程和系统在使用能量和材料时,应该是"出口拉动"而非"入口推动";
(7) 在考虑再循环、再利用的效果时,所有过程都应该被认为是一种投资;
(8) 产品的耐久性是一个设计目标,但不是永久性;
(9) 如果在技术方案中含有不必要的成本或投资,这个方案需要重新考虑;
(10) 为了便于回收,应尽量减少产品所含材料成分的多样性;
(11) 产品、过程和系统应该考虑服役后的影响;
(12) 尽可能使所投入的材料和能源能够再回收利用。

总之,材料的生态设计是实现材料可持续发展的重要途径。工业生态学及资源效率理论、物质流分析方法等是实现生态设计的技术支撑。通过生态设计,人类才有可能从被动的末端控制转变到主动的始端控制。而材料的再生设计对提高资源效率,减少环境污染更具有积极主动的意义。

5.2.3 生态设计的方法

简言之,生态设计是在产品的生命周期内,着重考虑产品的环境性能,在满足环境目标要求的同时,保证产品应有的功能、质量和使用寿命等。生态设计是面向产品的整个生命周期,是从摇篮到再生的系统设计,是在根本上防止环境污染、节约资源和能源的一种重要系统过程。目前的生态设计方法主要有系统设计、模块化设计、长寿命设计以及再生设计等。

(1) 系统设计

生态设计要求设计人员在产品开发设计过程中要有系统的观点,充分掌握设计的全盘性及相互联系及制约的细节。其设计思想是整体性、综合性和最优化。其特点是采用物料和功能循环的思想,扩大了产品的生命周期,有利于维护生态系统平衡,提高资源效率,减少废弃物数量及处理成本。

(2) 模块化设计

模块化设计指对一定范围内的不同功能、不同性能、不同规格的产品进行分析,划分并设计出一系列功能模块。通过模块的选择和组合可以组装成不同产品,以满足市场需求。同时,模块化设计也有利于产品使用后的拆卸,继续利用一些可用的模块。其特点典型地体现在拆卸技术和回收技术等方面。目前,模块化设计已广泛应用于汽车、家电、计算机、复印机,以及许多工业机器行业。

(3) 长寿命设计

按照 LCA 理论,产品的寿命越长,其环境负担性越小。因此,长寿命设计目前在工业产品设计中也比较流行。特别是对一些影响到人身安全的产品,长寿命设计更是首选的设计原则,以确保产品能够长周期安全地使用。

(4) 再生设计

由于材料的生产过程每一步都有大量废弃物产生,因此在材料的生态设计中,一个重要的内容是有关废弃物的再生设计。再生设计即是在进行产品设计时,充分考虑产品零部件及材料的回收的可能性,回收价值的大小,回收处理方法,回收处理结构工艺性等与回收有关的一系列问题,以达到零部件及材料资源和能源的充分有效利用,环境污染最小的一种设计的思想和方法。再生设计内容很丰富,是目前生态设计的一个热点,下面专门论述。

材料再生设计的要点一般包括把上一个过程的废弃物作为下一个过程的原料,建立利用废弃物作为资源的观念。在技术可能的条件下,考虑最经济的再生循环利用率。减少一次污染,把污染物尽量在过程内部消化,控制排出循环过程以外的污染物总量。对那些不得不排出循环过程以外的污染物,应设计污染处理流程,对污染物进行治理,努力避免二次污染等。

随着科学技术的发展,加上环保控制和经济成本的考虑,目前关于材料再生设计的认识已很普遍。尤其是材料生产企业很重视废弃物的再生设计和利用。从生产和使用的角度看,有关材料再生设计的内容主要有四个方面:一是对某种废弃物的直接再利用;二是对某些零部件的回收再利用;三是将某种废弃物作为原料再利用;四是有关材料生产过程中的能源回收再利用。

直接再利用是指将某种不用的物品或材料不进行再加工或处理,直接作为产品使用。最常见的例子是建筑物拆卸时砖瓦的重新利用,以及钢铁构件拆卸时的结构材料再利用等。零部件的回收再利用目前是较普遍的一种再生利用方案。其要点是将废弃物中的一部分零件取出,在其他系统上继续发挥其结构或功能的作用。典型的例子是施乐复印机公司的"再造"战略,即将所有的复印机设计成可装配机器,一台复印机坏了,其许多零部件可以装配到其他复印机上去再重新利用。自1995年开始,施乐复印机公司每年靠这种"再造"战略创造了上亿美元的利润。在再生设计中,将废弃物作为原料再利用是较成熟的一种废物再利用思想。例如将废旧塑料再加工,做成器件或生产汽、柴油等;废旧钢材重新回炉冶炼、加工成成品钢,以及炼钢过程的钢渣用于生产水泥或建筑瓷砖等。一般说来,材料每循环利用一次,其性能有所下降。这种现象称为材料的循环性能损耗行为,其主要原因是在再生利用过程中引入了大量的杂质。去除这些杂质明显需增加成本,从经济性角度考虑一般采取降级使用的设计技术,即高级别材料再回收,用于低一级材料设计和使用利用。如工业上的高级塑料构件回收再利用后,一般做成民用塑料容器或管件制品;高级钢材经回收利用后加工成普通钢材使用等。

在材料的生产过程中,关于能源回收再利用的技术一直也是生态设计要考虑的方面。特别是在钢铁、水泥等高能耗的材料加工行业,能源回收再利用的意义尤其重要和明显。例如,炼钢过程中的废热再利用、废汽再循环,水泥生产中的余热循环利用等。现在钢铁生产中许多附加设备主要目的就是降低单位产量的能耗,用于热能利用回收以达到节能降耗的目的。

5.3 生态设计案例分析

5.3.1 Ecosystems Brand 的家具设计

Ecosystems Brand 是欧洲的一家家具设计公司。该公司的经营理念一直是致力于绿色环保型家具的设计与制造。所有产品从设计到生产到最终到消费者手中,没有废料产生,是一个全循环过程,并且通过过程生态设计使整个产品的加工甚至运输过程的能源消耗降到最低。其基本设计思路如图 5-4 所示,即:绿色原材料(竹子、棕榈等)——自动化加工(节能省力)——扁平化运输(运输消耗最小化)——无工具组装——易拆分实现分类全回收。

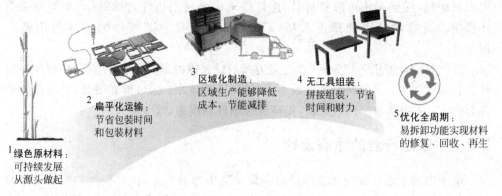

图 5-4　Ecosystems Brand 的生态家具设计理念
（图片及信息来源：http://www.ecosystemsbrand.com）

该公司目前推出的大部分产品都是按照上述设计理念进行生产和销售的。从上述流程不难看出，该设计的关键在于家具材料的合理运用。例如，系列号为 Tandem 1 的椅子组合产品是一款可无限拓展的家具，如图 5-5 所示。它的主体采用各种木材

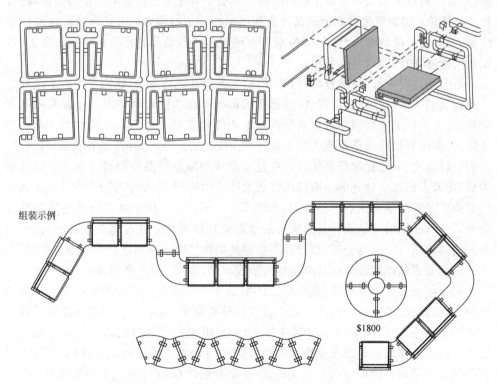

图 5-5　Tandem 1 椅子组合的设计装配图
（图片及信息来源：http://www.ecosystemsbrand.com）

和天然面料,座垫采用可降解材料,连接件采用金属铝构件,拆卸后均非常便于循环利用。当家具结束使用寿命后,EcoSystems将负责其构件的循环利用或者回收。

总结其设计原则可以发现,该公司遵循的设计原则是:①原料生态化,减少材料种类和二次加工;②原材料消耗最小化,提高资源效率;③可拆卸设计,方便运输和分类回收;④提供统一回收途径,提高资源循环利用率,减少废弃物。

5.3.2 家电行业的生态设计

电子电器工业已经成为规模最大和最具竞争力的产业,由此衍生的大量电子垃圾也给环境带来巨大压力。日本由于自然资源缺乏,在生态设计和循环利用方面投入了大量的人力、物力,积累了许多成功经验。在电子电器的生产和回收方面,日本早在2001年就制定了相关的法律法规,使废弃家电中的资源得到再生利用,形成了一套电子电器产品循环利用的模式。以家电行业为例,其主要的政策运行模式是:①提出把"电子废物处理厂"看作生产新资源的"再生原料生产厂"的全新理念;②编制《家电产品再生利用性评价手册(导则)》,积极引导家电生产者采用生态设计,进行新产品评价;③制定废弃家电产品再生利用指标并适时调整;④废弃家电处理信息反馈,为实施环境和谐设计(DfE)探索出一种切实可行的模式;⑤成功地实现了"从家电到家电"的封闭式再生利用。

而上述过程中,产品本身材料和结构的生态设计尤为重要,这决定了产品废弃之后回收利用的可行性和难易程度,进而直接影响产品的回收利用率。随着家用电器的普及,人们对于家电的要求在满足其基本功能的基础上也开始有了新的变化。个性化、人性化和智能化逐步成为家电发展的主流趋势。与此同时,以节约和易回收为目的的轻便化、节能化和模块化设计更是逐渐成为家电产品重要设计理念。以冰箱为例,随着人们对个性化的不断追求以及家庭结构的转变,小型冰箱的设计越来越受到消费者尤其是单身消费者的欢迎,如图5-6左图所示。由于冰箱的使用需要持续耗电,因此,冰箱的节能设计是这类产品生态设计的重点。在冰箱的设计中,对开门和关门的使用过程进行分析,设计在不妨碍使用的情况下尽可能减少热空气的进入,多开门抽屉式的冰箱设计就具有这样的节能效果,如图5-6右图所示。

对于电视和显示器而言,集中化设计则是这类产品生态设计考虑的重点。所谓集中化,就是指"通过对产品之间的关联进行分析研究,从而对产品的功能和形式进行压缩和集中,以达到节约空间和材料、便于使用和携带等作用的一种设计理念"。也即一方面要体现在设计家电所体现的节约空间和便于携带的优点,例如笔记本电脑的设计就是对台式电脑的集中化设计,平板电视是CRT电视的集中化设计;另一方面是考虑联系产品之间的功能性关联,对其进行压缩和集中设计,在节约空间和材料的同时,增加产品的附加值。

第5章 材料的生态设计

图 5-6　冰箱的小型化设计和节能设计
（图片来源：吴伟锋.家用电器生态设计研究.江南大学硕士学位论文,2008）

考虑到产品在使用过程中可能会需要维修和升级，在产品的结构和材料设计上，还需保持产品具有良好的维修性和易更换性。模块化设计和可拆卸设计由此应运而生，这样的设计不但易于安装和维修，同时在报废后也容易被分类回收，成本和能耗会随着某些部件的拆卸而降低，减少了回收时的能耗。为了减少在回收利用阶段所用的时间、成本以及能源，产品在设计就应该充分考虑一个层次和模块设计结构，模块可以彼此分离和再制造。在同一模块中，要尽量使用同一种材料，或者保证不同的材料可易于分离成相匹配的材料组。图 5-7 就是一个概念型可拆卸咖啡壶的模块分析。

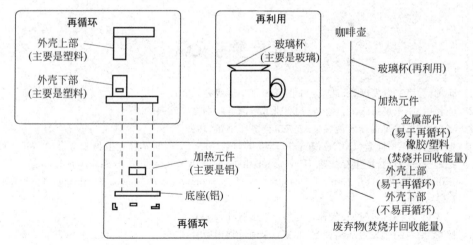

图 5-7　可拆卸咖啡壶的生态设计
（图片和信息来源：T. E. Graedel. 产业生态学. 第 2 版. 施涵译.
北京：清华大学出版社,2004：p171）

此外，和 Ecosystems Brand 的家具设计案例相似，除了上述设计思路，原料的无害化和可循环性选择也非常重要。设计师应该在家电设计初期就充分考虑其零件材料的回收可能性、回收价值大小、回收处理方法（再生、降解等）和结构工艺性等一系列有关回收的问题，以达到零件材料资源、能源的最大利用，并对环境污染最小的设计思想和方法。著名的 DAB 收音机厂商 Pure Digital 推出了一款具有环保概念的收音机 EVOKE-1S（图 5-8）。环保设计体现在，EVOKE-1S 机壳由枫木和樱桃木制成，其待机耗电仅 1W，机身外覆采用水性涂料，而外包装至少 70％为可回收的材料，就连说明书都是用 100％再生纸印刷的。

图 5-8　环保收音机

（图片来源：吴伟锋.家用电器生态设计研究.江南大学硕士学位论文，2008）

阅读及参考文献

5-1　张坤民.可持续发展论.北京：中国环境科学出版社，1997

5-2　王伟中.中国可持续发展态势分析.北京：商务印书馆，1999

5-3　王伟中.地方可持续发展导论.北京：商务印书馆，1999

5-4　世界自然保护同盟（INCN），联合国环境规划署（UN-EP），世界野生生物基金会（WWF）.保护地球——可持续生存战略（Caring for the Earth：A Strategy for Sustainable Living）

5-5　Edivard B Barbier. Natural Resources and Economic Development. Cambridge University Press，2005

5-6　王天民.生态环境材料.天津：天津大学出版社，2000

5-7　陈耀邦.可持续发展战略读本.北京：中国计划出版社，1996

5-8　埃尔克曼.工业生态学.徐兴元译.北京：经济日报出版社，1999

5-9　Allenby B R. Industrial ecology：policy framework and implementation. New Jersey，USA：Prentice Hall，1999

5-10　张吾乐.综合利用资源，促进经济和社会可持续发展.中国资源综合利用发展战略论文集.北

京,1997.1~7

5-11 宋瑞祥.矿产资源综合利用与经济社会可持续发展.中国资源综合利用发展战略论文集.北京,1997.8~15
5-12 刘江龙.环境材料导论.北京:冶金工业出版社,1999
5-13 山本良一.环境材料.王天民译.北京:化学工业出版社,1997
5-14 翁端,余晓军.环境材料研究的一些进展.材料导报,2000,14(11):19~22
5-15 http://www.chimeb.edu.cn
5-16 http://www.mat-info.com.cn
5-17 Weng D, Wu X, Yu X, Ding H, Li H. Environmental Impact Assessment of Materials and Ecomaterials Development'. Proc. of 2000 Gordon Research Conference on Industrial Ecology. New London, USA, 2000. 26~30
5-18 http://news.xinhuanet.com/ziliao/2002-08/21/content_533048.htm
5-19 http://www.ecosystemsbrand.com/
5-20 日本家电生态设计和循环利用的运行机制.中国资源综合利用,2010,28(3):62
5-21 吴伟锋.家用电器生态设计研究.江南大学硕士学位论文,2008
5-22 黄厚石,孙海燕.设计原理.南京:东南大学出版社,2005

思 考 题

5-1 根据你对可持续发展的理解,考虑如何实现(1)金属材料,(2)高分子材料,(3)无机非金属材料(选一种)的可持续发展,并提出几项可具体实施的技术措施。

5-2 用数据论证,为什么说设计给环境带来90%的贡献。

5-3 你认为材料的生态设计应该从哪几个角度考虑?应包括哪些内容?请按重要性进行排序。

5-4 有两种材料:钢和碳-塑复合材料。通常复合材料成本较高,加工和使用性能也较好。钢比复合材料重,制造过程需要更多的能量,但与复合材料不同的是,在汽车报废后钢可以回收利用。设想你是一名汽车设计师,你可以从上述两种材料中选择一种做汽车的引擎盖,你将选哪种?为什么?

5-5 作为一名材料工程师,你的公司需要你去开发一种新材料,你将如何考虑这种新材料的环境性能?

5-6 从环保的角度分析一下,再生设计是属于末端治理还是始端治理?

第6章

材料的环境友好加工及制备

前一章介绍了有关材料生态设计的一些概念、方法和理论。对任何一种材料,在成分设计的基础上,其加工制备技术也很关键。许多材料的成分看上去没有什么异常之处,但通过特殊的加工工艺,可以使材料产生神奇的性能。因此,在环境材料研究中,除材料的生态设计需要重视外,对材料的环境友好加工和制备工艺也需要认真考虑。从工艺的角度,降低环境负担性,改善生态条件。在把好设计关的前提下,使后续的产品生产和制造过程,以及材料使用过程对环境的影响降到最低程度。

本章主要介绍材料的环境友好加工及制备工艺。包括降低材料环境负担性的一些加工制备技术,如避害技术、控制技术、补救修复技术以及再循环利用技术。另外,还介绍一个在材料生产过程中很重要的概念,即清洁生产技术,包括清洁生产理论、实施清洁生产的目的、要点、内容和清洁生产的具体实践,以及与清洁生产有关的材料环境化改造的工艺技术等。

6.1 降低材料环境负担性的技术

人类社会正努力使以"大量生产、大量消费和大量废弃"为基本特征的传统经济社会,向"最优生产、最优消费和最少废弃"的现代可持续发展的"生态循环型经济社会"转变。建立生态循环型的经济社会,有四项技术最为重要,即尽可能减少破坏环境的物质排出量的技术,最大限度减少资源和能源投入量的技术,能够长期使用的产品的制造技术,以及材料循环利用技术。

对于材料产业,为了遏制污染,减轻材料的环境负担,应着重发展材料的环境友好加工和制备技术。这些工艺技术包括为避免环境污染而采取的避害趋利技术;对不得不排放污染物的某些工艺过程为尽量减少环境污染而采取的污染控制技术;对已造成污染的生产过程而采取的环境补救和修复技术;以及未排放到环境以前的再循环利用技术等。下面简而述之。

6.1.1 避害技术

在某些工业生产过程中,由于原料或工艺的要求,需引入一些对环境和人体有毒有害的物质,在这种情况下,为减轻环境污染,一般可采取趋利避害技术。即通过改变生产方式、技术更新和工艺置换来减少有害物的产生,改善环境,减小污染。其目标是希望将污染控制在生产过程内部,尽量减少这些有害物向外部环境的排放。

在材料生产中,或作为原料、或是由于工艺的要求,许多过程都不可避免地引入一些有害物质。不但在生产中造成污染,恶化劳动条件,其转化为产品后对人体健康和环境都将造成长期的影响。因此,在材料生产中使用各种原料和辅料时,也应尽量以无害、低害代替有害、高害,减少有害物的产生。表 6-1 列出了一些常见的毒性较大的化学品。一般情况下,这些物质都具有剧毒,不易降解或易产生生物积累等特点。例如,卤代烃广泛应用于塑料、电绝缘体、农药、木材防腐剂等多种产品中。而许多卤代烃的化学性质极端稳定和脂溶性高,水溶性低。化学性质极端稳定意味着这类物质几乎永不消失,脂溶性高意味着易被有机体吸收,水溶性低意味着难于排出,特别容易产生生物积累。此外,重金属离子也是非常有害的一类化工原料,由于重金属离子极易与蛋白质分子结合,破坏蛋白质与其他金属离子如铁、锌类离子的平衡,使某些蛋白质如酶类、DNA 等失去活性,导致生物体中毒。

表 6-1 一些常见的毒性较大的化学品

苯类	甲苯类	氯仿	镉及其化合物
二氯甲烷	二甲苯类	甲基酮类	铬及其化合物
四氯乙烯	三氯乙烷	镍及其化合物	铅及其化合物
四氯化碳	三氯乙烯	氰及其化合物	汞及其化合物

需要注意的是,避害技术不是将产生的废物重新利用,而是通过无害原料替代原有的有害原料,或者通过工艺优化革新将有害物留在生产过程内部进行处理,或将有害物在进入环境之前转化为无害物,在排放到环境以前进行消化从而达到减少或避免污染环境的一类技术。目前材料的生产、加工行业都已研究出不少较为成熟的有害物替代和避害技术,包括用无害原材料代替有害原材料,以及用环境友好的生产工艺代替污染较严重的生产工艺等。

1. 用无害材料替代有害材料

一般来说,原材料是产品生产的第一步,原料路线的选择与生产过程中污染物的产生密切相关。目前还有不少产品采用了高污染的原料路线,如中小型聚氯乙烯生产采用电石(乙炔)为原料,产生大量电石渣废料,不仅对环境造成威胁,也为末端治理留下很重的负担。生产一种产品采用什么原料路线是由很多因素决定的,包括资源、技术、经济等。但以牺牲环境为代价,或者需要很高的废物处理费用来弥补原料路线的不足,是不适宜的。通过技术更新,可以用对环境无害的原料代替对环境有害的原料,从而减小对环境的污染。

在材料的表面处理中,无氰电镀是较典型的环境避害技术。在镀锌、铜、镉、锡、银等电镀工艺中,都要用到氰化物作为络合剂。氰化物是剧毒物质,且用量又大,在镀槽表面易散发出剧毒的氰化氢气体,危害人体健康并污染环境。经过技术研究,现在电镀中已广泛采用无氰电镀技术,用对环境和人体无害的物质代替氰化氢作为络合剂,从而消除了氰化物的危害。

涂料起到材料表面保护和装饰的重要作用。近年来,为防止铅及其化合物对人体的危害,在涂料行业中已广泛使用无铅涂料。即用锌钡白或钛白粉代替铅白粉,作为表面涂料的白色添加剂,用氧化铁红代替铅丹用于防锈底漆,等等。

类似的以无毒材料代替有毒材料例子很多,如在印刷行业中用无铅合金或塑料代替印刷字模用的含铅合金;用玻璃纤维、泡沫聚乙烯代替石棉,作为隔热材料;化学工业中用二氯苯代替苯,作为合成偶氮染料的原料;用不含铬的溶液代替含铬的溶液,对铝合金进行化学浸洗;等等。

2. 用环境友好的生产工艺代替污染较重点生产工艺

原料确定之后,所采用的生产工艺技术路线就成为决定有害物产生的重要因素。在材料的生产加工中,应尽量选择那些不产生有害物质或在生产过程中能将有害物质消灭或回收利用的工艺路线。通过改变生产方式,主要是技术更新和工艺置换,采用环境友好的生产过程,保护环境,实现避害,如图 6-1 所示。

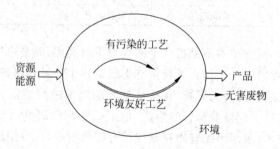

图 6-1 避害技术处理示意图

技术更新是应用不同的原理设计新的生产工艺,代替传统的污染严重的工艺。由于人类对环境问题的重视,近 20 年来也涌现出许多新工艺技术来改善环境、减小污染。如以前苯胺的生产主要采用铁粉还原硝基苯的工艺路线,生产过程产生大量铁泥废渣及废水,其中含有对人体危害极大的硝基苯和氨基苯。现在采用流态化技术,改用氢气催化还原,使生产过程连续化,大大减少了生产中有害物对人及环境的污染。不过一般来说,工艺的改动对技术的依赖程度较大,一个新的生产工艺,往往需要很长的时间,亦需投入大量的人力物力,才能开发完成。

除改变整个生产工艺的方式外,对一个生产工艺中的一个工序或生产设备进行技术改造,或工艺置换也可改善环境,减少污染物的产生。实践中多采用改动设备,改变作业方法或改变生产工序等,以达到不产生或少产生有害物。如在金属制造及表面涂装行业中,经常要对工件进行表面化学清洗处理,而化学清洗过程往往会产生酸碱废液,以及重金属离子等有害物。因此,对不同金属和生产工艺,可以采取不同的环境友好表面处理工艺,以减少直至避免污染物的产生。如对黄铜材料,可采用内装玻璃磨料或钢球的震动装置,代替硝酸酸洗的工艺;对钛及其合金,可采用机械刮膜的方法,代替化学清洗去除钛的表面氧化层;采用丝和碳化物的机械抛光方法,代替碱洗处理;等等。

6.1.2 污染控制技术

当工业过程产生的废弃物既不能重新再生循环利用,也不能通过工艺更新减少有害物的产生,同时也不能在该工艺过程内部进行消化处理时,为了维持生产过程的继续进行,不得不向环境排放一定量的污染物。所谓污染控制技术是指对向环境排放的污染物,在排放到环境以前进行处理的工艺过程和技术。一般包括减少有害物排放的分离处理,无害化转化处理,以及有害物收集储存等。其技术原理示意图如图 6-2 所示。其核心还是将有害物在进入环境之前转化为无害物,尽量减小对环境的损害。

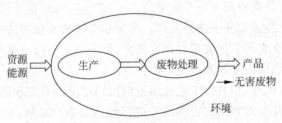

图 6-2　污染物排放控制原理示意图

表 6-2 是一些材料的生产过程对环境的影响。由表可见,工业废弃物对环境的影响主要是消耗资源;有毒、有害物质的排放;以及土地占用和退化。特别是工业废弃物中的有毒、有害物质如果直接排放,进入环境,会对环境造成极大的破坏。为了防治环境污染和保护人群健康及生态平衡,各国制定了大气、水及土壤环境质量标准和废气、废水、废渣的排放标准。工业"三废"在进入环境之前,必须进行处理,以达标排放。

表 6-2 一些材料生产过程对环境的影响

材料	大气	水	土壤/土地
纸 纸浆	排放含 SO_2、NO_x、CH_4、CO_2、CO、H_2S、硫醇、氯化物、二噁英等的废气	1. 水资源消耗; 2. 排放悬浮性固体物、有机物、有机氯、二噁英	
水泥 玻璃 陶瓷	排放含砷、钒、铅、铬、硅、碱、氟化物粉尘,以及 NO_x、CO_2、SO_2、CO 等的废气	排放含油和重金属离子的废水	1. 矿物资源及土地消耗; 2. 排放固体废弃物
金属及矿物开采	排放各种粉尘及有害气体	排放含金属离子及有毒化学品的废水	1. 矿物资源及土地消耗; 2. 土地退化
钢铁	1. 排放含铅、砷、镉、铬、铜、汞、镍、硒、锌等的颗粒物和粉尘,以及含有机物、酸雾、H_2S、碳氢化合物等的废气; 2. 紫外线辐射	1. 水资源消耗; 2. 排放含无机物、有机物、油、悬浮性固体物、金属离子的废水	1. 矿物资源及土地消耗; 2. 排放固体废弃物
有色金属	排放含铝、砷、镉、铜、锌、汞、镍、铅、镁、锰、炭黑、气溶胶、SiO_2 等的颗粒和粉尘,以及含 SO_2、NO_x、CO、H_2S、氯化物、氟化物、有机物等的废气	排放含重金属离子及有害化学品的废水	1. 排放固体废弃物; 2. 土地退化

减少有害物排放的分离处理方法是将生产过程产生的废弃物进行分离,将有害物和无害物分开,回收利用有用成分,直接排放无害物,对有害成分进行处理后再排放。典型的污染物分离处理方法是成分分离处理工艺,特别是单相多组分共存体系,可按其不同成分的离子或分子进行分离。如采用电磁快速加热法回收金属——塑料复合体系,利用交变磁场中金属部件产生的热,使金属与高分子聚合物之间的粘合剂失去作用,达到分别回收金属和废塑料的目的。

除成分分离方法外,相分离工艺技术也可以用于减少有害物的体积或资源回收。在镀铬生产工艺中,可将雾化的镀铬废液进行收集并液化处理,经过滤后,再用隔膜电解或脱水,即可再作为镀铬液使用。沉淀铬渣中的 6 价铬为有害物,经处理可制成带磁的 FeO 和 CrO,可作电磁块的原料。

环保中通常提到的"三废"包括气、液、固三种形态废弃物,是可以相互转化的。如废气中的 NO_x、SO_2 升到空中,经转化并溶于雨水降落形成液态的酸雨;废水中的溶解态物质,经沉淀处理后分离出的污泥又成为固态废渣;废渣中的可溶性成分被雨水淋滤进入局部蓄水区致使该区域水质变为废水,三种状态如此循环转换。控制治理时要综合考虑,确保将有害物在进入环境之前彻底转化为无害物。

无害化转化处理指对一些污染物进行物理或化学转化处理,使有害物变成无害物再向环境排放，消除有害物对环境的影响。物理转化除上述的分离处理外，还包括沉淀、过滤、吸附、吸收等处理技术。化学转化则主要包括氧化、还原、催化及生物处理等。

有害物收集储存处理，目前在工业"三废"处理中应用较普遍。如工业废气排放前，应先进行除尘，将固体颗粒物收集脱除，再根据废气成分及环保要求进行其他处理。废水、废渣处理前先进行清污分流、减量化和回收有用组分等预处理，然后用化学或生物方法将有害物转化为无害物。

为防止有害物质未经处理就进入环境，关键在于工艺生产流程的密封程度，包括设备本身的密闭状况及保证投料、出料、物料输送等过程中有害物不能逸出。如橡胶加工中的塑炼和混炼，是在开炼机和密炼机中进行的，如不密闭，则散发出大量有毒气体和烟尘。一些生产设备，如破碎机、电镀机、清洗槽等，均可采用密闭的方法。此外加强防范意识，杜绝生产过程中的跑、冒、滴、漏现象，也是很重要的方面。

6.1.3 再循环利用技术

对材料加工过程，再循环利用技术努力使生产中产生的废料在未排放到环境以前尽量重新利用，其技术途径包括资源再生化技术、废物回收再利用技术以及能源回收再利用技术等。其中最重要的途径是资源再生化技术，使废弃物重新变为资源，对替代不可再生的一次性矿物资源具有重要意义。

传统的工业，基本上是一个非封闭系统，即在输入端输入原材料和能量，经过工业加工，在输出端输出产品，同时产生气、液、固体废弃物。而再循环技术追求工业生产的输出端尽量输出成品，工业废料则在某个适当层次返回输入端，整个过程不产生废物，资源得到最大程度的利用，且对环境的影响最小。其目标在于解决自然资源的合理利用和环境保护问题。如图 6-3 所示，把产品的生产过程和消费过程看成一个整体。对环境而言，再循环利用技术的原理则是尽量增加废弃产品的再循环利用率，减少污染物对环境的排放。即把从原料—工业生产—使用—废弃物这一传统的开环模式变为原料—工业生产—使用—废弃物——次资源或原料—工业生产—产品—废品—二次资源这种闭环系统，使原料资源在生产、消费过程中多次循环。在图 6-3 中，双箭头所示的过程都有回收利用资源的必要。

废弃物的再循环利用可在工业、社会等不同层次进行。例如，对一个具体的工业生产过程，可以在同一工艺流程内进行，即现场循环，如溶剂的回收利用，钢渣的重熔等。同时，再循环也可以在不同的生产部门之间进行，即将一个生产部门的废料作为另一生产部门的资源，如利用尾矿制造墙体材料，用炼钢高炉的余热发电等。社会层次上的再循环利用意味着可以在社会生产的大范围内进行废弃物的重新利用，如将各种报废的工业产品重新变为工业原料，亦可以将消费领域的废弃物转入生产领域进行再利用。

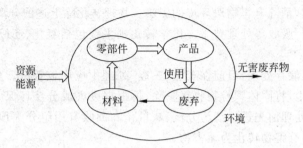

图 6-3 再循环利用技术原理示意图

1. 资源再生回收利用

资源再生化技术既包括将废弃物的直接回收利用,也包括废弃物的再生加工使用等。而资源回收技术一般指将某种废弃物不经过加工过程,直接进行再生利用。从经济成本方面看,对生产过程中每一步工艺过程产生的废弃物,应该首先考虑在该工艺过程内部进行回收和循环利用,即现场循环,既提高资源利用率,也减轻末端治理的负担。

对废弃物进行再生利用,从资源意义上理解,其实是发展"第二矿业",因生产材料的原料通常直接取自各种矿物,而许多矿物资源是不可再生的。目前,发达国家已将再生资源的开发利用视为第二矿业,掀起了"二次物料工业革命"的热潮,形成了一个新兴的工业体系。废弃物的再利用不但要求不同部门、不同行业的合作,还要求开发新的工艺过程,以适应新的原料形式,提高利用效率。以高分子材料为例,有硫化橡胶的固相剪切挤出法,带涂层材料的多层夹心注塑法,热裂解和催化裂解等回收加工技术。

在废弃物循环再利用过程中,还有一个在循环利用时保持产品的性能问题。众所周知,影响材料性能主要有材料的成分和加工工艺。当材料中含有一些不需要的杂质时,往往会影响材料的性能。特别是利用回收到的废弃物生产材料,在循环利用时其材料产品的性能就会退化。传统工业中,产品设计往往只从经济和使用性能出发,而没有考虑产品的回收利用问题。这给废品的回收利用带来很大困难。表 6-3 是一些产品含金属元素的示例。可见用再生原料生产材料时,如果无法分离出可重新用于加工的较纯的原料,如何保持材料产品具有满意的性能是需要考虑的一个问题。

表 6-3 一些产品含金属元素的示例

产品	金 属 元 素
汽车	Ni、Cr、W、Mo、Mn、V、Sr、Sb、Pd、Ti、Be、In、Te、Ba
彩电	Ni、Cr、Mn、Nb、Sr、Sb、Ta、Ge、Ga、B、In、Ba、Bi、Re
电器	Ni、Cr、Sr、Sb、Ta、Pb、Ti、Be、Ga、B、In、Ba、Re、Bi
光学仪器	Nb、Sr、Ta、Ge、Ga、Be、Rb、Zr、Te、Cs

所以，在资源回收再利用时，材料生产技术的开发和革新起着举足轻重的作用。如对废旧汽车保险杠材料的回收利用，日本采用一种特殊的改性剂与废旧汽车保险杠碎粒在双螺杆挤出机中进行反应性共混，改性剂可破坏涂料分子醚键，使涂料的三维结构变成线性结构，并增加涂料与PP的粘和性和相容性。用这种方法回收的塑料保险杠材料的性能与新材料相当，并可用常规加工方法制成新的汽车保险杠。

当再生材料用于原用途的处理代价太大或技术不成熟时，可根据废弃物材料的性质和需要开发其他利用途径，如作为另一种产品的原材料降级使用。例如，制造汽车用的钢板必须用杂质极低的钢材，从废旧汽车回收的钢铁经电炉重熔后，可用于生产建筑用的钢筋材料。目前在日本，钢铁工业中电炉炼钢的废铁配比已达95%，转炉炼钢的废铁配比仅约5%，主要原因是转炉炼钢过程中杂质去除比较困难。

建筑材料是国民经济中量大面广的材料之一。利用各种固体废弃物如尾矿、钢渣、燃料灰渣生产建材是资源回收利用的一个主要方面。如占工业固体废弃物一大类的粉煤灰，十年来已研究成功综合利用技术200多项。既可用于生产水泥和各种新型墙体材料，也可用于生产高质量保温耐火材料，特别是高等级公路和建筑工程的粉煤灰综合利用技术取得了重大突破。

对一些有机废料，可用于制备化学助剂。如将废塑料进行预处理后，粉碎为直径为$40\mu m$左右的颗粒，可以代替煤炭作为炼铁的还原剂。在氮气气氛中于600℃将废弃的酚醛树脂炭化，所得产物可作为热塑性塑料的填料使用。炼锌的副产品镉，可用作聚氯乙烯的稳定剂，生产建筑用门窗材料。尽管镉是一种有毒元素，在这种形态下使用相当稳定，不会危害环境。另外，还有一种资源回收利用技术是将有机废弃物还原为原材料进行加工使用。例如，将有机废弃材料通过水解、热分解或解聚等化学反应，分解成原始材料的单体或还原到石油状态以便再生利用。如将塑料包装材料的混合物放在煤的分馏装置中热分解，可得到制造塑料的原料。

复合材料是兼具钢铁、陶瓷和高分子特性的一种新型材料，可以在广泛领域中代替木材、钢铁、塑料、陶瓷等。在过去的十年里，关于复合材料的回收利用，一直是环境材料研究的一个重点。解决复合材料废弃物的回收利用，可根据尾矿渣、煤矸石、粉煤灰、废橡胶、废塑料和非金属等废弃物资源的不同特性，通过不同废弃物之间复合机理和复合工艺的研究，开发废弃物聚合物基、硅酸盐基和金属基复合材料系列产品。不仅可以大幅度消耗不同类型废弃物，而且还有很强的市场竞争力。

2．能源回收利用

对生产过程中产生的余热进行综合利用，一直是工业界的一个重要任务。回收能源不仅可以得到直接经济效益，而且可以减少煤耗和烧煤引起的二氧化硫污染，是增效减污的重要举措。表6-4是一些工业部门的能源回收利用举例。

表 6-4　一些工业部门能源回收利用举例

工业部门	可利用能源	用途举例
钢铁工业	高炉焦炉煤气	发电、供暖
	高炉余压余热	发电、供暖
电力工业	冷却水余热	养鱼、塑料大棚、供暖
化学工业	炭黑厂尾气	发电、供暖
石油工业	油田伴生气	发电、供暖

能源回收利用的一个重要途径是垃圾焚烧发电技术。从废弃物中分拣出可燃性废物,经破碎以增大比表面积后,进行焚烧处理并回收能量。焚烧是有机物的深度氧化过程,回收的热能可用于供热或发电。新建的垃圾焚化厂类似火力发电厂,集焚烧、发电、公害防治等工程于一体。

对有机废弃物进行化学处理,从中提取油分,燃气也是一种能源回收利用技术。由于塑料填埋时不能降解,有些塑料燃烧时其中的氮、硫、磷、卤素等可燃物也会因氧化而造成新的环境污染问题。这时可将废旧塑料在密闭条件下加热进行气化生产出煤气,或分馏为油品回收。为了提高废塑料油化的反应效率和油的回收率,目前世界上正在开发一种超临界水油化工艺,利用高温高压的超临界水将塑料分解为油分、煤气,从而实现无污染回收利用。

图 6-4 是一个典型的资源和能源回收再利用工艺过程举例。该生产过程的工艺主要包括反应和蒸馏过程,其中反应过程主要有废弃催化剂的再生处理,蒸馏过程有废品、废热再回收利用技术等。从该工艺过程内部看,蒸馏的废热可以回收再利用,废品经处理后可部分回收再利用。排放进入环境的有废气、部分失效催化剂以及部分废弃物等。按照再循环利用的原理,应将这几部分排放的废弃物采用先进技术进行回收利用,至少处理成对环境无害的废弃物再进行排放。因此,可对废气进行处理,对废品以及废弃催化剂进行回收利用。特别是废催化剂中含有很多重金属以及稀有金属,回收意义重大。对废弃物可进行综合利用,作为生产另一种产品的原料。

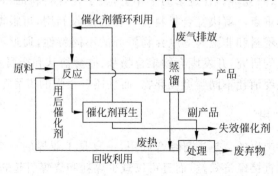

图 6-4　某生产过程再循环工艺原理示意图

6.1.4 补救修复技术

对一个具体的工艺生产过程,上面介绍的避免有害物产生的避害技术、污染物控制技术以及废弃物再生循环利用技术都是希望将污染控制在该生产过程内部。当某一生产过程经过上述处理后,仍有一些污染物不得不向环境排放,在这种情况下只有对污染的环境采取补救修复技术。广义上对环境的补救修复包括对由于过去污染物排放的积累造成的环境污染的补救和修复,和由于正在进行的生产过程对环境造成的污染的补救修复处理。后一种情况相当于把污染控制过程移至生产过程外面进行,这样可对几个生产工艺过程用一种污染处理工艺进行同时处理,相当于一个独立的环境污染处理系统。详细的技术原理如图 6-5 所示。显然,污染物的产生和排放有时难以避免,需要对它们进行必要的处置和处理,使其对环境的危害降至最低。

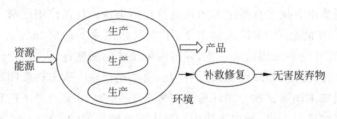

图 6-5 环境污染的补救修复处理示意图

例如核工业产生的废水、废气、废渣及受到放射性污染的各类废弃物,经过充分的缩减后,所剩的放射性物质仍很难通过化学或生物的方法稳定下来。它们一旦生成,就会对环境产生影响。为了尽量减少放射性物质对人类和自然界的危害,一般将其固化后深埋,与环境隔离。随着核分离技术和反应堆技术的发展,从高放射性废液中分离出长寿命的放射性元素并通过反应堆使其转变为其他无危害或危害小的放射性元素的技术可行性日趋成熟。

针对积累下来的生态环境问题,如全球气候变暖、臭氧层耗竭、大面积的酸雨污染、淡水资源的枯竭及污染、生物多样性锐减、土壤退化及沙漠化加速、森林锐减等,都与人类社会工业化进程有紧密关系。恢复这些失衡的生态系统,改善环境条件,需要大量的新技术支持和长期细致的工作,因这些环境问题的实质在于人类经济活动索取资源的速度超过了资源本身及其替代品的再生速度并且向环境排放废弃物的数量超过了环境自净能力。所以,一方面对现有的环境污染进行治理,将已进入环境的有害物转化为无害物,恢复失衡的生态系统;另一方面需对正在运行的生产过程进行控制,既包括对系统内的污染物进行总量控制,也包括对排放出来的污染物进行治理。

对材料行业,可采取的环境补救修复措施有:对生产过程推行清洁生产,节能降耗,减少排污量和污染物的毒性;建立一种高效生产和污染源削减并使废物循环回收利用的生产闭合圈,实现可持续发展。同时,开发固体废弃物的综合利用技术,降低材料的环境负担性;开发环境净化材料、环境修复材料等功能材料,改善地球的生态环境。

6.2 清洁生产技术

在环境友好型加工技术中,清洁生产是一个重要内容。清洁生产既是一种提高资源效率、减小环境污染的工业生产模式,也是一种环境保护和可持续发展的概念,还是一种对生产过程与产品采取整体预防和组织管理的环境策略。清洁生产的出现是人类工业生产迅速发展的历史必然,是一项迅速发展中的新生事物,是人类对工业化大生产所制造出有损于自然生态和人类自身污染这种负面作用逐渐认识所作出的反应和行动。20世纪70年代末期以来,不少发达国家的政府和各大企业集团(公司)都纷纷研究开发和采用清洁工艺,开辟污染预防的新途径,大力推行清洁产品,把推行清洁生产作为经济和环境协调发展的一项战略措施。欧洲许多国家甚至把清洁生产作为一项基本国策。联合国环境规划署于1992年10月召开了巴黎清洁生产部长级会议和高级研讨会议,指出清洁生产是实现持续发展的关键因素,它既能避免排放废物带来的风险和处理、处置费用的增长,还会因提高资源利用率、降低产品成本而获得巨大的经济效益。因此,会议制定并通过了推行清洁生产的计划与行动措施。后续联合国环境规划署和工业发展组织的一系列活动,有力地在全世界范围内推行清洁生产,对我国推行清洁生产也是极大的促进。

6.2.1 定义

清洁生产(cleaner production)在不同的发展阶段或者不同的国家有不同的叫法,例如"废物减量化"、"无废工艺"、"污染预防"等。但其基本内涵是一致的,即通过产品设计、原料选择、工艺改革、生产过程管理和物料内部循环利用等环节的科学化与合理化,使工业生产最终产生的污染物最少的一种工业生产方法和管理思路。

联合国环境规划署与环境规划中心(UNEPIE/PAC)对清洁生产给出的定义是,清洁生产是一种新的创造性的思想,该思想将整体预防的环境战略持续应用于生产过程、产品和服务中,以增加生态效率和减少人类及环境的风险。其中,对生产过程,要求节约原材料与能源,淘汰有毒原材料,减降所有废弃物的数量与毒性;对产品,要求减少从原材料提炼到产品最终处置的全生命周期的不利影响;对服务,要求将环境因素纳入设计与所提供的服务中。美国环保局的定义是,清洁生产是在可能的最大限度内减少生产厂地所产生的废物量,它包括通过源削减、提高能源效率,在生产中重复使用投入的原料以及降低水消耗量来合理利用资源。《中国21世纪议程》给出的定义是,清洁生产是指既可满足人们的需要又可合理使用自然资源和能源并保护环境的实用生产方法和措施,其实质是一种物料和能耗最少的人类生产活动的规划和管理,将废物减量化、资源化和无害化,或消灭于生产过程之中。综上,清洁生产包括清洁的生产过程和清洁的产品两方面的内容。即不仅要实现生产过程的无污染或少污染,而且生产出来的产品在使用和最终报废处理过程中也不对环境造成损害。

从方法上理解,清洁生产是在可能的最大限度内减少生产过程所产生的废物量,包括提高能源效率、合理利用资源、改进生产工艺、产品设计更新、原材料替代、促进生产的科学管理、维护、培训及仓储控制等。但清洁生产不包括废弃物的厂外再生利用、有害毒性处理和转移等末端处理过程。

从管理上理解,清洁生产是指将综合预防的环境管理策略持续地应用于生产过程、产品和服务中,以提高生产效率和降低对人类及环境的危害。对生产过程而言,清洁生产包括节约材料和能源,淘汰有毒原材料,减少废物排放并避免其有害毒性。对产品而言,清洁生产旨在降低产品在整个生命周期中,即降低从原材料的开采到产品的最终处置对人类及环境的有害影响。对服务而言,清洁生产指将预防性环境管理战略结合到服务的设计和提供活动中,减少产品最终报废处理过程对环境的影响。

从概念上理解,清洁生产是指既可满足人类的需要、又可合理使用自然资源和能源、并保护环境的一种生产方法和措施,其实质是一种物料和能耗最少的人类生产活动规划和管理,将废弃物减量化、资源化和无害化,或消灭于生产过程之中,是一种对人类和环境无害的可持续发展的生产活动。

因此,清洁生产的中心思想是用减少或避免产生污染等始端防止技术代替传统的末端治理污染的技术,节约原材料和能源,淘汰有害材料,减少污染物和废弃物的排放,避免废弃物排放对人类和环境的有害性。

应该指出,在清洁生产的概念中不但含有技术方面的可行性,还包括经济方面的可盈利性和社会方面的可持续发展性。在环境方面可直接表现出减少或消除污染。在经济方面可表现出节约资源能源、降低生产成本、提高产品质量、增加产品的市场竞争力。在技术方面,所谓的清洁生产过程和产品是和现有的工业和产品相比较而言的,推行清洁生产本身就是一个不断完善的过程,始终需要新技术的支持,不断开发新技术,改进新工艺,提出更新的目标,达到更高的水平。

6.2.2 清洁生产的理论基础

围绕提高资源效率,减少环境污染,有关清洁生产的理论基础主要包括废物与资源转化理论、生产过程最优化理论以及社会化大生产理论等。

清洁生产的废物与资源转化理论是以物质不灭定律和能量守恒定律为基础的。在生产过程中,所有的物料都遵循物质平衡原则。生产过程中产生的废物越多,则原料亦即资源消耗越大。也就是说,所有的废物都是由原料转化而来的。清洁生产可使废物产生量最小化,也就等于使原料得到了最有效的利用。所以,提高资源效率是清洁生产的一个重要内容。此外,资源和废物是一个相对的概念,一个生产过程所产生的废物可作为另一个生产过程的原料,使废物再生循环利用,从另一方面体现了废物与资源转化理论。

由废物与资源转化理论可引出生产过程最优化理论。当目标锁定在提高资源效率时,将废物转化为另一个生产过程的资源是一条途径。在该生产过程内部使物料消耗最少,产品产出率最高是更积极的选择。即投入原料最少,而使产品的产出率达到最大,这就是生产过程最优化理论的核心。这个理论与前面介绍的资源效率理论追求的目标是一致的。根据最优化生产理论,在很多情况下,废物产生量最小化可表示为目标函数,求其在约束条件下的最优解。具体的应用可根据具体的生产过程的要求、工艺路线、原料和产品的物理化学性质、废物排放的环境标准等因素进行数学量化处理和求解。

清洁生产的社会化大生产理论是根据马克思主义的经济学原理建立的。社会化大生产理论的核心是用最少的劳动消耗,生产出最多的满足社会需要的产品,这也是经济活动的最高准则。当今世界的社会化、集约化的大生产和科学进步,为清洁生产提供了必要条件。因此,有利于社会化大生产和科学进步的工业政策,特别是有利于经济增长方式由粗放型向集约型转变的技术经济政策等,都能为推行清洁生产提供发展的条件。

清洁生产推行 20 年来,全球范围的成功案例表明,上述清洁生产的理论基础起到了重要作用。如关于废物与资源转化理论,目前已普遍发展为资源效率理论,建立了 4 倍因子增长理论、10 倍因子增长理论等新概念、新理论。关于社会化大生产理论的应用,近几年全球范围内跨国公司的兼并潮流,证明了马克思 100 多年前建立的经济学理论具有杰出的远见和指导意义。随着科学技术和社会的不断发展和进步,关于清洁生产的理论将会得到不断的完善和发展。

6.2.3 清洁生产的主要内容

按照清洁生产的定义,围绕清洁生产的实施目标,清洁生产的内容主要包括清洁能源和资源、清洁工艺、清洁设备、清洁产品、清洁服务、清洁管理以及清洁审计等。图 6-6 是清洁生产内容的框架示意图。

清洁能源指在生产过程中实现最少的能量消耗;对化石能源要实现清洁燃烧;开发低污染的新能源如核能、可控聚变能或再生能源如太阳能、水能、风能、地热等;以及有关能源的有效利用技术与节能措施等。从能源利用的途径使生产的驱动过程

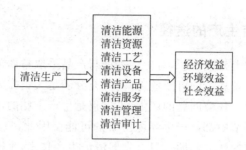

图 6-6　清洁生产内容框架示意图

对环境影响较小。

清洁资源要求在生产过程中实现最少的原材料消耗；用无毒材料代替有毒材料，减少有害物料的投放，从源头控制，避免最终对环境的毒性影响。同时，优化原材料的使用，提高材料的使用效率也是一项重要内容。

清洁的生产工艺是清洁生产思想产生的最初动力之一。清洁的生产工艺流程要求在原料加工、使用、废弃等过程中无污染或少污染，少排放或无排放；尽量实现物料自循环，以及高效率的安全生产过程；并且生产过程中实施无毒排放或无毒附产品。

清洁的生产设备最主要的是良好的密闭生产系统，消除生产过程中的跑、冒、滴、漏等。主要内容是改进生产设备，优先采用不产生或少产生废物和污染的设备，提高设备效率，改进设备的运行条件等。另外，生产过程中不产生对环境有害的噪声也要靠设备条件来满足与维持。

清洁的产品包括调整产品结构，发展清洁产品，用对环境和人体无害的产品取代有毒有害的产品，使产品具有令人满意的使用性能、可接受的经济成本和适当的寿命；对人无毒，对环境无害、易回收再生等性能。

清洁的服务指在产品的售后服务过程中建立环境意识，通过维护、保修、更换等一系列环节减少对环境的影响。同时，建立废品回收系统，发展回收、提纯工艺，提高废物回收利用率等也是清洁服务的内容。

清洁管理包括实施现代化管理，提高生产效率，优化生产组织，控制原料消耗，岗位技术培训，培养环境意识，监督规范执行情况等，从而加强生产全过程管理，通过管理途径保障生产效率和环境保护各项措施的实现。

清洁审计是环境影响评价和分析的一种方法，主要通过对一个生产过程的检查评价，了解该生产过程的工艺条件，特别是有毒有害物料及其他废弃物的产生和排放情况，经过对技术、经济和环境的可行性分析，判断现有生产工艺对环境的影响以及筛选新的生产工艺提供环境影响定量的数据。

但不管怎样，由图 6-6 可见，清洁生产的所有内容都围绕一个核心，即在工艺过程中减少环境污染，创造经济效益、环境效益和社会效益的统一，最后实现可持续发展的工业生产。

6.2.4 实现清洁生产的途径

清洁生产从本质上来说,就是对生产过程与产品采取整体预防的环境策略,减少或者消除它们对人类及环境的可能危害,同时充分满足人类需要,使社会经济效益最大化的一种生产模式。环境问题的产生,不仅仅是生产末端的污染排放问题,在整个生产过程及其各个环节中都会产生环境污染的可能。因此,只对生产末端进行污染控制远不能解决现有的环境问题。只有发展清洁生产技术,生产绿色产品,推行生产全过程的清洁控制,才能建立节能、降耗、节水、节地的资源节约型经济,实现生产方式的变革,加速可持续发展生产模式的全面转换,以尽可能小的环境代价和最小能源、资源消耗,获得最大的经济发展效益。

实现清洁生产的具体措施包括:不断改进设计,使用清洁的能源和原料,采用先进的工艺技术与设备,改善管理,综合利用,从源头削减污染、提高资源利用效率,减少或者避免生产、服务和产品使用过程中污染物的产生和排放等。总结起来有两个要点,一是提高物料转化过程的资源效率,即从原料投放到废弃物排出整个过程的有效产出;二是组织生产过程的环境意识,即从产品开发到市场售后服务,都要关注产品的生产和使用对环境的影响。

在生产过程中,开发清洁生产新工艺,减少直至消除废物和污染的产生与排放,促进工业产品的生产与消费过程与环境过程相容等,减少整个工业活动对人类和环境的危害,对实现清洁生产具有重要意义。具体内容包括:减少废弃物排放;采用无废、低废的清洁工艺;通过工艺技术改革、设备改进和优化工艺操作控制,对工艺过程的污染源进行削减;实现污染排放的过程控制等。

开发先进材料与先进生产工艺流程是节约资源与减少环境污染的一种主要途径。研究及开发环境友好产品和工艺,进行落后产品的变更和替代,对量大面广的传统材料产业的生产等过程进行环境协调性改造,从根本上提高资源、能源效率,减少和消除污染(零排放工程和绿色工程),这是材料产业环境协调性发展的治本之道,是实现清洁生产最主要的途径。以优化过的煤的综合利用过程为例,其流程示意图如图 6-7 所示。从该综合利用流程来看,有效地利用自然资源,将废弃物中有价值资源再生回收,并在生产流程内部得到循环利用,是提高资源效率、实现清洁生产的一个重要途径。将煤使用过程中的物质和能量转化过程结合起来考虑,使生产过程中的动力过程和各种工艺过程结合成一个一体化的工业过程,从而有效地提高了煤燃烧过程中的资源效率。此外,开发和应用原材料改变和有毒原材料替代的技术,以减少有害废物的毒性和数量,资源的综合利用,短缺资源的代用,以及节能、省料、节水等,都是实现清洁生产的重要手段。

长期以来,我国传统的经济增长方式,以粗放型外延发展为主,通过高投入、高消耗、高污染实现了经济的较高增长。导致经济效益低,原材料及能源消耗大,环境污

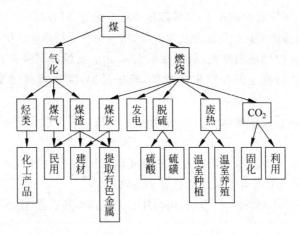

图 6-7 煤燃烧过程中的综合利用示意图

染越来越严重,制约了经济的良性发展,也影响了人民群众的身体健康。而且,主要技术经济指标大大落后于发达国家,据估计,我国总能源利用率只有33%左右,矿产资源利用率仅40%~50%,社会最终产品的产出效率仅占原料投入量的20%~30%。我国每年缺水约500亿 m^3,但工业单位产品用水量却高出发达国家5~10倍。这种状况,对于人均资源占有量远低于世界水平的我国来说,更是值得重视的问题。

要克服我国工业生产中存在的问题,既实现经济的持续增长,又与环境保持和谐,唯一的出路就是在工业生产过程中推行清洁生产,特别是要采取一些有效的措施如:

(1) 进一步提高全民的清洁生产意识。充分发挥宣传媒介的作用,采取多种方式,广泛开展宣传,使企业、政府各部门及社会各界对清洁生产有更深刻的认识。企业作为清洁生产的主体,需不断提高经济与环境持续发展的环境意识,树立生产全过程中污染预防的积极思想。

(2) 加快清洁生产法规建设。从世界范围来看,在国家层次上采取措施推行清洁生产,立法是其中一项重要措施。联合国环境规划署工业与环境中心,在第三次国际清洁生产高级研讨会的总结报告中指出:"各国政府在提供必要的框架和刺激工业界对清洁生产的需求方面能发挥战略作用。特别是根据本国情况采取的各种政策手段,如适当的立法、有效的执法、经济刺激、自愿协议、示范项目及信息与促进计划等,可为推行清洁生产提供积极的实施途径。"加强清洁生产立法,对完善我国的环境保护法制,实现经济效益、社会效益和环境效益的统一,保障经济和社会的可持续发展具有十分重大的意义,同时也是我国推行清洁生产的时代要求。

(3) 资金支持是推行清洁生产的一个重要措施。一方面,需要企业将清洁生产纳入自有资金使用安排决策中,树立长期发展的观念,逐步形成资金使用的良性循环。另一方面,在国家宏观调控下,需要制定银行金融等部门对清洁生产贷款的优惠政策以及税收、电力等相关部门的配套优惠政策,切实为企业清洁生产提供坚强后盾。

(4) 建立企业内外部监督机制,改变目前部分企业领导只顾自己在任期间的短期功绩的意识,从而真正避免吃祖宗的饭,断子孙路,实现可持续发展的先进生产方式。

(5) 实施产品环境标志认证工作,引导全社会树立可持续消费观念,鼓励企业实行清洁生产。

(6) 积极开展清洁技术和装备方面的研究,并提供清洁生产技术、信息的咨询服务,促进企业的清洁生产走上依靠科技进步的轨道。

(7) 积极开展国际交流与合作,利用国外的先进技术和工艺,推进我国清洁生产。

6.3 清洁生产技术的实践

6.3.1 钢铁工业清洁生产技术

钢铁工业是国民经济发展的重要支柱性产业,涉及面广,关联度高,消费拉动大,在经济建设、社会发展、财政税收、国防军工以及稳定就业等方面发挥着重要作用。改革开放以来,我国钢铁行业取得了举世瞩目的成绩。我国钢产量新中国成立初期只有 15.8 万 t,如果把新中国成立以来每 5 000 万 t 钢的年产量视为一个台阶,我国迈上第一个台阶用时 37 年(1949—1986),第二个台阶用时 10 年(1986—1996),第三个台阶用时 5 年(1996—2001),第四个台阶用时 2 年(2001—2003),而之后的几个台阶中间均各只用了 1 年,而截至 2009 年,我国粗钢年产量已经达到 5.68 亿 t,连续 14 年居世界第一。我国粗钢产量占全球钢产量的份额,也由 1993 年的 12.3% 提高到 2009 年的 46.6%,提高了 34.3 个百分点,规模以上钢铁企业完成工业增加值占全国 GDP 的 4%,直接从事钢铁生产的就业人数 358 万。但作为典型的"两高一资"型原材料产业,钢铁产业在经历了多年高速增长后,给资源和环境带来的压力是巨大的,钢铁工业在当今社会也必须从人类总体的、当代和后代需求统一的角度去考虑自身的协调发展,即实现可持续发展。

按联合国环境规划署的定义,清洁生产应包括生产过程和产品这两大方面,钢铁行业也不例外。钢铁行业的清洁生产大致可归结为 5 个环节,即钢铁产品设计,产品制造原材料准备,产品的制造过程,排放物无害化资源化处理,产品的使用、再使用和回收。

在清洁生产概念的指导下,钢铁产品设计主要是在保证使用性能的前提下充分考虑制造、使用和回收利用的生产周期全过程中的无害化和生态化要素。钢铁产品制造的原材料准备主要包括能源、水、金属和非金属矿物以及和钢铁生产相关的其他原材料的生态化设计。例如,采用清洁能源,开拓新的水资源来源与避免浪费,矿产资源有用成分的富集和综合利用,尾矿的无害处理与再资源化处理等。

钢铁产品的制造过程如图 6-8 所示,主要包括炉外处理、冶炼、成型和加工四个工序。清洁生产对该过程的要求关键在于高效率、高质量合格率、低消耗和低排放。如何能够达到这一要求,则主要依靠流程优化和可靠、先进的工艺技术及装备,大批先进技术、装备的开发与应用程度。例如,炼铁环节采用高煤比、高风温、高顶压、高煤气利用率、高富氧等的关键生产工艺技术;炼钢、轧钢环节采用热送热装、加热炉蓄热式燃烧技术等节能生产工艺等。太原钢铁公司采用蓄热式燃烧技术改造轧钢加热炉、推进连铸坯的热装热送等节能措施,就使轧钢加热炉能耗下降 40% 以上。济南钢铁公司研究并移植了多溢流复合型斜孔塔板和以热导油为热介质替代蒸汽加热两项核心技术,成功开发出了无蒸汽高效蒸氨新工艺,提高了蒸氨塔的效率,改变了传统蒸氨生产中存在的能耗高、效率低、污染大、设备腐蚀严重的现象。

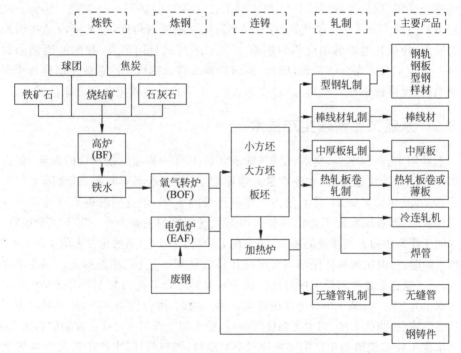

图 6-8 钢铁生产工艺流程

(图片来源:http://www.zz91.com/cn/zImg/2009/2/23/1113382119_1.jpg)

钢铁生产中的排放物无害化、资源化处理就是通常人们所说的环保或环境治理。主要内容有钢铁生产排出的大量气体、粉尘、水、炉渣和其他废液、废物的无害化和资源化。例如,采用转炉煤气回收技术、烟气净化技术、余热回收利用技术,另外,超大高炉系统工艺技术、大型焦炉高效能源转换技术等也在国内部分大型钢铁公司有所应用。太原钢铁公司仅在余能余热利用上,通过发展高炉炉顶煤气压差发电技术,就实现了40%蒸汽回收,吨铁发电已达到40kW·h,每年可节约动力煤约12 168万t。首钢改造焦化工艺集成了大规模处理废塑料的新技术,既可解决白色污染,又可提高焦炭质量,降低炼焦成本。宝钢在所有粉尘发生点均设有吸尘器,在输送原燃料的皮带机系统上均设有密封罩和洒水装置,吸尘口通向各收尘系统,除尘器捕集的矿料和燃料粉尘,分别送烧结或焦化配料用。

钢铁产品的使用、再使用和回收主要是合理使用并充分关注再加工后更好的应用性能。钢材是最能100%回收的材料,利用废钢炼钢具有铁矿石不可比拟的优势。从环境保护方面,用废钢炼钢比用铁矿石炼钢要减少水污染76%、节水40%、减少采矿废弃物97%、减少气体污染86%。如果我国电炉短流程炼钢工艺从目前的粗钢生产总量的17%上升到50%,每年可节能3 800万t标煤,占我国钢铁工业整个能耗的13%,其吨钢综合能耗将接近国际先进国家水平。另外,从投资方面看,用"废钢—电炉炼钢—轧钢"的短流程的废钢炼钢轧钢工艺比传统的矿石—高烧炉—转炉—轧钢工艺节约投资1/5~1/3(视产品不同而异);从资源利用角度,土地资源是我国最宝贵的资源,短流程电炉炼钢可节约用地70%。不过就目前而言,我国的废钢回收和利用方面并未得到充分的重视,因此,迫切需要政府和钢铁生产企业主动地逐步调整产业结构,促进废钢回收利用、鼓励废钢进口,以早日使钢铁工业建成绿色产业。

6.3.2 水泥工业清洁生产技术

近些年来,我国电力、交通、能源、城乡安居工程等基础设施建设的发展,促进了我国水泥工业的快速进步,水泥产量大幅度增长,技术水平不断提高,全国水泥年总产量到2009年已突破16亿t,约占世界总产量的60%,但这同时也给环境带来巨大的负担。目前,我国水泥工业仍是粉尘污染大气环境的主要产业。据不完全统计,我国水泥工业每年向大气排放的粉尘、烟尘在1 300万t以上,虽然比过去的1 800万t有了较大的改进,但比国家环保部门要求的年排放量650万t仍相距甚远。而在能耗方面,水泥工业也是能源消耗大户,目前,我国水泥的综合电耗约为110kW·h/t,而国际先进水平为85~90kW·h/t,仍存在较大差距。因此,推行清洁生产,加大对水泥厂环境污染预防、控制的力度,减少资源能源消耗,是水泥工业实现可持续发展的必由之路。

水泥工业实现清洁生产的实施途径有:原料、燃料替代,生产工艺及装备的更新或优化,水泥新产品的设计与开发等。

1) 原料、燃料替代

作为替代原料使用的废弃物要求有适宜的化学成分和物理特性,可以用于替代或部分替代水泥生产某个或多个原料组分,并且对水泥生产工艺、产品质量及环境保护都不会产生不利的影响。用作水泥工业的燃料应有较高的热值,同时,化学成分和物理特性应该对生产工艺过程特别是窑系统、产品质量及环境保护都不会产生不利的影响。目前普遍使用有机废液替代或部分替代水泥生产燃料,应小心选择废液的物理及化学特性,例如维持产品品质,例如不能利用水泥窑处理碱含量高的废液。水泥工艺特点决定了水泥窑具备大量处置废弃物的能力,而水泥生产过程需要消耗大量能源和资源。例如,每吨水泥熟料的生料消耗量 1.5~1.6t,水泥熟料占水泥产量的比例 65%,石灰石占生料的 80%,硅铝质和铁质原料约占 20%,因此,原料替代和燃料替代大有可为,市场前景广阔。

2) 生产工艺及装备的更新或优化

目前在水泥工业运用比较常见的清洁生产技术有:

(1) 发展大型新型干法水泥生产工艺。新型干法水泥生产工艺是国际上普遍采用的生产形式,兴建新型干法水泥生产线、增加新型干法生产水泥的比重,是水泥工业降低能耗的重要途径。同时,在水泥工业积极推动企业规模化,生产设备趋向大型化、生产过程向自动化和智能化发展。

(2) 纯低温余热发电技术的运用,充分利用窑炉预热器和箅冷机的排风余热。该项技术使能源回收水平可达 35~40kW·h/t 熟料。

(3) 采用低阻高效的多级预热器系统和控流式新型箅冷机以及多通道喷煤管的应用,都能有效地降低水泥熟料的生产热耗。

(4) 用高效粉磨机取代低效的球磨机,降低粉磨电耗。粉磨是水泥生产中主要的耗电工序,约占综合耗电量 70%。我国水泥企业原来大多是采用低效的球磨机,效率只有 3%~5%,以大磨机取代小磨机,淘汰直径小于 1.83m 的小型球磨机;改进粉磨工艺流程,增添预破碎机、选粉机;用耐磨钢球、耐磨衬板及节能型衬板等,都能达到明显的节能降耗效益。

3) 产品设计

实践证明,优化水泥熟料的矿物组成、烧成温度、烧成速度及冷却速度,优化水泥的颗粒分布,优化水泥中掺入的混合材品种、数量,既能够有效提高水泥的综合性能,也是实现清洁生产的另一种途径。

综上,可以对上述技术体系的综合收益进行一个总结,如图 6-9 所示。

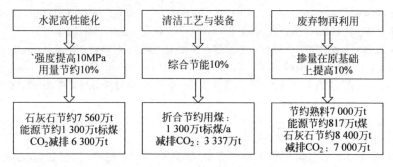

图 6-9 技术体系综合收益分析

清洁生产是一项系统工程。实施清洁生产的主体是企业，只有把企业的节约资源能源、技术改造、环境保护、企业管理等各个方面的问题有机地结合起来，才能达到可持续发展的目的。清洁生产工作是一项利国利民的事业，实施清洁生产，可以促进水泥工业可持续发展，增加企业的经济效益、环境效益和社会效益。

阅读及参考文献

6-1　王天民. 生态环境材料. 天津：天津大学出版社，2000
6-2　陈耀邦. 可持续发展战略读本. 北京：中国计划出版社，1996
6-3　刘江龙. 环境材料导论. 北京：冶金工业出版社，1999
6-4　张坤民. 可持续发展论. 北京：中国环境科学出版社，1997
6-5　王伟中. 中国可持续发展态势分析. 北京：商务印书馆，1999
6-6　王伟中. 地方可持续发展导论. 北京：商务印书馆，1999
6-7　http://www.chimeb.edu.cn
6-8　http://www.mat-info.com.cn
6-9　埃尔克曼著. 工业生态学. 徐兴元译. 北京：经济日报出版社，1999
6-10　曲格平. 清洁生产是时代的要求. 中国清洁生产，1999，2(1)：1～5
6-11　解振华. 清洁生产——中国工业发展的最佳选择. 世界环境，1996，52(3)：3～5
6-12　秦天保. 试论我国清洁生产政策导向的确定. 中国清洁生产，1999，2(2)：9～12
6-13　赵巍. 清洁生产与环境管理体系在可持续发展中的作用. 中国清洁生产，1998；1(1)：11～16
6-14　梁伯庆. 化工清洁生产的机会和潜力. 中国清洁生产，1998，1(1)：12～15
6-15　Allenby B R. Industrial ecology: policy framework and implementation. New Jersey, USA: Prentice Hall, 1999
6-16　翁端，余晓军. 环境材料研究的一些进展. 材料导报，2000，14(11)：19～22
6-17　Duan WENG. Corrosion Protection of Metals by Phosphate Coatings and Ecologically Beneficial Alternatives-Properties and Mechanisms. Dissertation ETH Zurich, No. 11 262, 1995
6-18　Zuo T, Weng D. Resource Efficiency in China. Proc. Intern. Conf. on Resource Efficiency—A Strategic Management Goal, Klagenfurt, Austria, 1998. 46～49
6-19　http://www.chinacp.com/CN/CleanProductionDetail.aspx?tp=International&id=61
6-20　http://www.chinavalue.net/wiki/showcontent.aspx?titleid=26920
6-21　国家发展和改革委员会. 钢铁产业发展政策指南. 北京：经济科学出版社，2005
6-22　苏天森. 中国钢铁工业的清洁生产. 炼钢，2003，19(2)：1～6
6-23　张艳丽，杨帆. 钢铁企业清洁生产促进节能减排的实践. 环境科学与管理，2009，34(5)：183～185
6-24　国务院国资委业绩考核局. 6户中央企业开展创建资源节约型企业活动的调研报告. http://www.sasac.gov.cn/gzjg/yjkh/200507010143.htm
6-25　炼钢用进口矿石与废钢优劣对比分析. http://www.cjtr.com.cn/news/view.asp?id=1849，2005-08-27

6-26　http://www1.cei.gov.cn/daily/doc/SXM0A/200810161937.htm
6-27　何捷,萧瑛,陈鹏,谢大川. 浅谈在水泥企业实施清洁生产. 中国建材科技,2009,(4):13～15
6-28　朱郁. 清洁生产与水泥工业. 建材发展导向,2009,4:22～24

思 考 题

6-1　在统计意义上,生态设计对环境的贡献可达90%,则生态加工对环境的贡献只有10%。分析一下这10%主要体现在哪些方面？为什么？

6-2　在工业生产过程中,现在流行一种现场组织生产的观念,可明显减少污染物的产生量及其后处理负担。试用资源效率方法分析一下为什么现场组装的生产方式可减缓环境污染。

6-3　简述材料生态加工技术的发展趋势。

6-4　当一个生产工艺路线确定之后,理论上污染物的产生量也基本确定。在这种情况下,请考虑一下如何减少污染物的排放量。

6-5　举例分析无机-有机复合材料、无机-金属复合材料或有机-金属复合材料再循环利用的可行性。

6-6　调查某个地区废旧计算机的产生量,从资源综合利用的角度提出废旧电子器件材料再循环利用的技术途径。

6-7　对一个地区进行调查,简述城市垃圾的综合处理技术研究现状。

6-8　调查一个化工行业、钢铁行业、水泥行业或瓷砖的生产过程,分析固态废弃物再循环利用的现状及发展趋势。

6-9　调查一个具体的工业过程,通过物质流分析,用数据说明清洁生产的重要性。

第 7 章

材料工业生态学

工业生态学(industrial ecology, IE)又称产业生态学,是对开放系统的运作规律通过人工过程进行干预和改变。在一般的开放系统中资源和资金经过一系列的运作,最终结果是变成废物垃圾;而工业生态学所研究的就是如何把开放系统变成循环的封闭系统,使废物转化为新的资源并加入新一轮的系统运行过程中。

7.1 工业生态学的起源

工业生态学最早可以追溯到 1955 年,20 世纪 90 年代初期得到快速发展。1989 年,通用汽车研究实验室的罗伯特·弗罗斯彻(Robert Frosch)和尼古拉斯·格罗皮乌斯(Nicholas E. Gallopoulous)在《科学美国人》(Scientific American)杂志上发表了题为《可持续工业发展战略》的文章,提出了工业生态学的概念,标志着工业生态学的诞生。他们认为工业系统应效仿自然系统,建立类似于自然生态系统的工业生态系统,各个工业企业之间相互依存、相互联系,从而形成一个复合的整体,运用一体化的生产方式代替简单的传统生产方式,减少工业对环境的影响。

早在 1989 年之前,工业生态学还存在几个起源点:废物交换、工业代谢、工业共生等。早在 1900 年前后,英国就出现了"废物交换俱乐部"。工业代谢的研究大致出现于 1970 年前后,当时正是环境公害事件在西方工业化国家密集爆发的时期,人们对于工业物质尤其是危险废物的危害开始警觉,开展系统研究是自然的事情。对于工业代谢的研究,欧洲的发展较早,丹麦、荷兰、法国等都开展过较为系统的研究。而针对工业共生的研究,主要集中体现于西方对于丹麦卡伦堡工业体系的观察。

工业生态学这一专有名词最早是由哈利·泽维·伊万(Harry Zvi Evan)在 1973 年波兰华沙召开的一次欧洲经济理事会的小型研讨会上提出的。1974 年,伊万在《国际劳工回顾》(International Labour Review)杂志上发表了相关文章,把工业生态学定义为对工业运行的系统化分析,并且引入了技术、环境、自然资源、生物医学、机构和法律事务以及社会经济学因素的诸多新参数。

欧洲在1990年前贡献较多,美国则在近现代工业生态学的研究中发挥了重要作用。1991年年底,美国科学院召开了关于工业生态学的专题研讨会;1994年前后,美国可持续发展委员会推动了生态工业园区的建设试点工作;1995年,国际工业生态学学会前两任主席 Thomas E. Graedel 和 Braden R. Allenby 合著出版了工业生态学方面的教科书;1997年,由耶鲁大学出版第一份业内杂志 Journal of Industrial Ecology;2000年1月,纽约科学学会酝酿成立工业生态学学会,并于2001年2月正式对会员开放,对工业生态学的发展做出了系统而且持续的贡献。

近年来,工业生态学领域的科学理论发展也相当迅速,《工业生态学期刊》(Journal of Industrial Ecology,1997年)、《国际工业生态学学会》(International Society for Industrial Ecology,2001年)以及《工业生态学发展》(Progress in Industrial Ecology,2004年)等学术期刊的创立及发展使工业生态学在国际科学界占有重要的地位。

7.2 工业生态学的基本原理

在环境材料学科里,材料的可持续发展是一个努力的目标,而工业生态学为实现这个目标提供了一种途径。

工业生态学是为解决现存的一些工业过程与可持续发展的目标相矛盾而提出的一种工业代谢理论。其准确定义到目前尚未统一,一般认为工业生态学是一种提高资源效率和促进环境保护的系统原理。这种系统原理旨在通过连续不断的技术、文化和经济的革新和进化,为人类社会保持一个可持续的生存环境提供一种优化的手段。

工业生态学的目标是通过分析自然界的生物循环系统,将生物圈的循环原理用于工业过程,把现有的工业体系通过工业生态学的途径,转化为可持续发展的体系,最终实现人类社会的可持续发展。

工业生态学认为,任何一个工业系统与其周围的环境不是相互隔绝的,而是相互联系的,存在着物质和能量的交换。这种系统的观点使人类不断优化从原材料、成品材料到零部件、产品,一直到使用、废弃和再循环的物质循环总过程。在这里系统包括材料的提炼、制造、使用、废弃到再循环;系统的范畴包括材料、产品、工业部门,直到国家和地区;优化的内容包括资源、能源,甚至资本等。

如图7-1所示,在上亿年的地球生命进化过程中,大致有三级生态系统。在一级生态系统中,其代谢特征是无限的资源投入(包括能源)和无限的废物排放,系统内只有物质的单向流动,见图7-1(a)。这种生态系统在人类远古时期是到处可见,比比皆是。因为当时的人口总量和密度较小,大自然完全可以提供人类所需的资源并容纳

(a) 一级生态系统(系统内物质单向流动)

(b) 二级生态系统(系统内有物质的循环流动)

能源 ⇨

(c) 三级生态系统(系统内形成物质的闭路循环)

图 7-1　生物进化的几种生态系统示意图

所有的废物排放。在二级生态系统中,其代谢特征就变成有限资源投入和有限废物排放,系统内已有物质的循环流动,见图 7-1(b)。这种生态系统在工业革命以后才有,而且除资源的提供变得有限外,日益加剧的环境问题使得排放也不像往日那样随意了,环境对各种废物的消纳能力日趋饱和。显然,二级生态系统的资源和环境效益要优于一级生态系统。按照生态学的理论,人类进化最理想的代谢应该是三级生态系统,见图 7-1(c)。在三级生态系统中,系统内已形成物质的闭路循环,没有资源和废物的区别,一切生物过程进化成以完全循环的方式进行。对一个生物体来说是需要排出的废料,对另一个生物体来说却是资源。整个生态系统仅需要诸如太阳能一类的外部能源输入即可。

基于对人类进化的生态系统分析,工业生态学在工业过程中引入了生物进化的生态系统原理,用生态学的方法来分析工业过程,用自然界的运行规则来改造工业系统,使之像地球生命进化一样,与环境相容,生生不息、良性循环。

图 7-2 是理想的工业生态系统示意图。典型的工业生态系统包括材料、制造、消费、废弃等过程。系统只有有限的资源和能源输入,类似于自然界的三级生态系统,一切过程都在系统内以完全循环的方式进行。对一个生产过程来说是废弃物,对另一生产过程则是资源或原材料,整个系统只需要输入必需的能源和少量的资源即可。

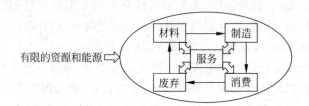

图 7-2　理想的工业生态系统示意图

在这里,工业生态学认为可以采用技术来代替资源,重复物质和能源的最优化交换,以完成工业的生态循环过程。

图 7-3 是工业生态学的理论框架示意图。通过协调技术系统、自然系统和文化系统三个子系统的相互作用,工业生态学用非物质化来评价经济行为,用生态学方法来分析工业过程,把一些传统的、与生态环境不相容的工业过程转化为与环境相容、与可持续发展目标相一致的系统和过程。

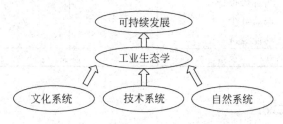

图 7-3 工业生态学理论框架示意图

工业生态学倡导现代工业体系应向三级生态系统转换,这种转换称作工业过程的生态结构重组。通常,转换包括三个层次:宏观层次是改善整体经济的物质和能源效率;中间层次是重新审视产品与制造过程,减少废物的排放量;微观层次是设计最简洁的工艺,优化工艺过程,提高生产效率。转换的战略包括四个方面:一是将废弃物作为资源重新利用,力争达到零排放;二是封闭物质循环系统并尽量减少消耗性排放;三是工业产品和经济活动的非物质化,降低资源和能源的输入量;四是能源脱碳,减小全球温室效应。

7.3 工业生态学的研究方法

工业生态学是一门新兴的综合、交叉学科,通过研究人类工业系统和自然环境之间的相互作用、相互关系,仿照自然生态系统的物质流动方式重新规划工业生产、消费和废物处置系统,从而为人类工业社会与自然环境的协调发展提供全新的理论分析框架和具体可行的实践方法。

工业生态学具有分析和实践功能,能够在技术、教育、制度三个维度上进行系统转换。其系统分析方法包括工业代谢(industrial metabolism,IM)、生命周期评价(life cycle assessment,LCA)、投入产出分析(input output analysis,IOA)、生态工业评价指标(eco industry indicator,EII)等;实践形式包括为环境设计(design for environment,DfE)、产业共生(industrial symbiosis,IS)、功能经济(functional economy,FE)等。以功能分类为纵坐标,空间尺度为横坐标,可以构建如表 7-1 所示的工业生态学框架。

表 7-1 工业生态学的框架

		企业	企业群落	地区
分析	工业代谢	✓	✓	✓
	生命周期评价	✓	✓	✓
	投入产出分析	✓	✓	✓
	生态工业评价指标	✓	✓	✓
实践	为环境设计	✓		
	产业共生		✓	
	功能经济			✓
		技术	制度	教育

7.3.1 工业代谢

工业代谢(IM)是根据质量守恒原理,对物质从最初的开采,到在工业生产、产品消费系统的使用,直至变成最终的废弃物这一全过程进行跟踪。它通过建立物质衡算表,测量或估算物质流动与储存的数量及它们的物理和化学的状态,描绘其行进路线和动力学机制。其研究对象可以针对某种物质(如镉、铅、硫、碳等),也可针对于特定产品或对象相联系的物质流和能量流(如电子芯片、城市家庭等)。

目前的研究焦点主要集中于工业系统、区域和全球原料与能源流向的量化;原料与能源流动的环境影响以及减少环境影响的理论、技术方法。工业代谢研究的难点在于能否获取适当的数据和对代谢过程了解的深度,对大量检测报表、年鉴、行业数据等数据源的数据提取分析处理。工业代谢并不能涵盖研究对象的整个生命周期,其强调描述其代谢过程中物质、能量的流动和变化,并不关注其对环境的影响,因此只相当于生命周期评价的清单分析阶段。

工业代谢研究采用三种基本分析方法:质量平衡方法(mass balance)、输入-输出分析方法(input-output analysis,IOA)、生命周期分析与评价。近年来一些学者提出了研究原料与能量流动更具体的新方法,如采用原料流动分析方法、熵分析方法等分析塑料及钢材的原料与能量流动。然而,目前主要原料与能源流动分析研究方法局限于物质、能量在各个生产环节的流通,较少考虑物质、能量的转化问题,由此难以进行定量分析研究,如何进行定量化分析是今后一个富有吸引力和挑战性的问题。

7.3.2 生命周期评价

生命周期评价(life cycle assessment,LCA)通过识别和量化所用的能量、原材料以及废物排放来评价与产品及其行动有关的环境责任,从而得到这些能量和材料应用以及排放物对环境的影响,并对改善环境的各种方案做出评估。评价包括产品的整个生命周期,即从获取原材料、生产、使用直至最终处置的全过程。国际环境毒理学与化学学会(SETAC)出版的报告"Code of Practice"将 LCA 分为四个有机组成:目的与范围的确定、清单分析、影响评价、改善评价。目前,LCA 标准化的数据库正在建立和完善阶段。

目前,LCA 主要采用两种评价方法:SETAC-EPA 分析方法,经济输入和输出生命周期评价模式(economic input-output life-cycle assessment model,EIO-LCA)。在具体实施 LCA 研究过程的难点较多:在清单分析阶段,与工业代谢类似,由于数据缺乏及方法执行代价高,难于确定要进行评价的系统边界;在影响评价阶段,尚无较统一的标准将对环境的首要影响与其他影响严格区分,因而不能对这些影响建立严谨的数学模型,做出恰当的评估。

针对这些数据量要求大、耗时耗财等不足之处,目前的研究学者开发了各种简化的 LCA 研究方法,如定性评估矩阵法、计算机辅助 LCA 等。评估矩阵可更科学、更合理地反映环境危害的主要阶段以及各种因素造成的环境影响,开放式的计算机辅助 LCA 软件开发和基于网络的材料环境影响数据库的建立极大地推动了 LCA 的推广和实施。

7.3.3 投入产出分析

投入产出分析(input output analysis,IOA)是一种分析特定经济系统内各个部分间投入与产出间数量依存关系的原理和方法。其通过平衡方程,借用数学模型分析初始投入、中间投入、总投入,中间产品、最终产品、总产出之间的关系。其中涉及的投入是进行一项活动的消耗,如生产过程的消耗包括本系统内各部门产品的消耗(中间投入)和初始投入要素的消耗(最初投入);产出则是指进行一项活动的结果,如生产活动的结果是为本系统各部分生产的产品(物质产品和劳务)。该研究方法实用性较强,能够分析错综复杂的生产或整个国民经济活动。

投入产出分析是通过编制投入产出表来实现的,能够从生产消耗和分配使用两个方面同时反映产品在部门之间的运动过程,并同时反映产品的价值形成过程和使用价值的运动过程。投入产出表主要包括实物和价值两种形式,其中实物表按实物单位计量,价值表是按纯部门编制。

投入产出分析所利用的数学模型范围较广,主要有静态投入产出模型、固定资产模型、生产能力模型、投资模型、劳动模型以及研究人口、环境保护等专门问题的模型。除上面所说的静态模型外,还有动态模型、优化模型等。

整体性是投入产出分析最重要的特点,其过程关注了构成整个经济结构的每个个体的相互关系,从国民经济是一个有机整体的观点出发,综合研究各个具体部门之间的数量关系(技术经济联系),因此成为工业生态学的一个重要的分析方法,可应用于对各种不同尺度、不同拓扑结构的工业经济系统的分析之中,例如进行经济分析、政策模拟、计划论证和经济预测。同时,其数学方法和电子计算技术相结合的特点也为电子计算机在经济管理中的应用开辟了途径。

7.3.4 生态工业评价指标

生态工业评价指标(eco industry indicator,EII)是用以衡量工业生态系统资源和能源转化效率的量,如产品与废物比,物质或能量的循环率和损失率等,其核心环节是评价指标系统的制定。制定评价指标不仅要考察行业内部,而且要考察不同行业之间的物质、能量使用情况,揭示它们的相互关系,并能够预测出它们对社会和环境的影响。该分析方法的主要目的是通过不同的评价指标,指出不同行业和部门间提高资源使用效率的瓶颈和潜力,推动它们之间的物质和能量的交换。

生态工业评价指标的研究结果可以融入 LCA 的影响评估阶段。关于 EII 的研究和应用目前还不够,需要设计出一些更好的指标,以能适应工业经济系统的多样性,并能在更深的层次上将这种多样性统一起来,揭示出系统运行的物理实质。

7.3.5 为环境设计

设计阶段是产品生命周期的第一阶段,而产品性能的 70%～80% 是由设计阶段决定的。传统的设计方法是以人为中心,以需求和解决问题为出发点,从而忽略了产品生产和使用过程中的资源和能源消耗以及对生态环境的影响。为环境设计则是尽可能在早期产品设计阶段考虑环境因素,使产品在整个生命周期中,包括设计、选材、生产、包装、运输、使用及报废处理,都必须综合考虑其对资源和环境的影响,与自然环境相协调,尽量减少对环境的不良影响。

为环境设计(design for environment,DfE)最早是在 1992 年由美国环境保护局为企业在设计和重新设计产品与工艺时创建的生态设计方法。与传统设计方法相比,为环境设计是将绿色产品的要求作为设计的一部分,从可持续发展的高度审视产品的整个生命周期,提倡无废物、可回收设计技术,将 3R(Reduce,Reuse,Recycle)直接引入产品研发阶段。

除产品的设计环节之外,为环境设计在产品材料选择上也有特殊的要求,需优先选用储量丰富、可再生材料和回收材料,以提高资源利用率,实现制造业可持续发展;尽量选用低能耗、少污染的材料;尽量选用无毒、无害和低辐射特性的材料。

在产品结构设计上,为环境设计的要求是将产品设计得易回收、易拆分、易于再利用。产品的生命周期终结后,应及时回收利用与处理,否则将造成资源浪费和环境污染。因此,为环境设计必须要建立在 LCA 的基础之上,是一项贯穿于产品整个生命周期的多层次、多方位的系统工程(图 7-4),同时也依赖于绿色材料技术的发展和支持。

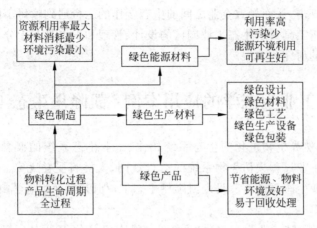

图 7-4 为环境设计的绿色制造体系结构

为环境设计需要发展新的设计方法和设计工具(如设计模板、信息系统等),研究产品生命周期设计的基本框架、设计策略和设计要求,在组织和管理层面上如何适应环境设计等。与此同时,为环境设计的研究方法在许多电子和汽车制造企业已经得到快速发展,并且已开始尝试将其应用到生产中。

由为环境设计的方式衍生出一系列面向特定目标的概念,如为拆解设计(DfD)、为再循环设计(DfR)、为节能设计(DfES)、为可维护设计(DfM)等。

7.3.6 产业共生

产业共生(industrial symbiosis,IS)是工业生态学在区域层面的应用,它通过组织间的协同效应,将隐藏在废物流或副产品中的资源重新利用。系统地建立和实施产业共生本身就属于创新活动,尽管这需要大量的时间和资源。而且要实施大范围的产业共生,就必须对产业系统进行大规模的重组,这需要合作团体间的相互借鉴和学习。

生态工业园区是一个区域性的产业共生系统,最直观地体现了工业生态学的产业共生思想。部分联合企业,其内部的下属公司大多已具有密切的物料、能源、资金、信息的联系,即已形成以企业为核心的生态工业园区。而对于以众多小型企业为主的工业园区,可根据企业特点组成企业群落,同时适当扩大与园区外其他企业的联系,在一个更大的范围内构成共生系统。世界范围内的生态工业园区项目已经有很多,我国已经注意到生态工业园区对于解决国内众多工业园区的污染问题具有重要意义,在广西贵港率先建设了国内第一家生态工业示范园区。

随着生态工业园建设热潮的兴起,生态工业园的规划设计与运行成为生态工业园研究的主要方向。生态工业园区的成功实施需要解决诸多技术、资金、组织和制度上的困难。由于缺乏有效的信息交流机制和沟通平台,使得企业之间的信任度和合作积极性受到打击,从而导致企业之间的生态合作的运行遇到障碍。因此,定量的生态工业园区分析工具对于生态工业园区的设计、管理和发展具有十分重要的意义,目前仍需进一步的研究和发展。

7.4 工业生态学的应用案例:凯隆堡生态工业园

目前,与自然界生物进化的生态系统相比,工业生态系统的概念不一定完美无缺,但是,如果工业过程模仿生物系统的运行规则,人类将受益无穷。世界上第一个投入运行的工业生态系统——丹麦凯隆堡生态工业园是工业生态学概念的一个成功实践。

图 7-5 是凯隆堡工业生态系统示意图。凯隆堡是位于丹麦首都哥本哈根以西 100 千米的一个小城镇,由于临海并拥有不冻港口,20 世纪 50 年代开始建造了一个炼油厂和一个火力发电厂。到 20 世纪 90 年代初,从环保的角度看,凯隆堡的工业基本形成了一个自我循环的生态工业体系,受到全世界的瞩目。表 7-2 是凯隆堡生态工业园的效益总结。相对来说,大多数数据都是来自二手的总结和报道。因为直接的经济数据包括投资和效益属于企业行为,而地方提供的环境数据并不能囊括所有的环境影响。

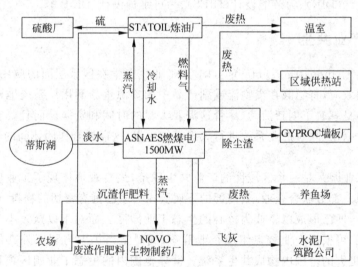

图 7-5 凯隆堡工业生态系统示意图

受凯隆堡生态工业园的启示,全世界从 20 世纪 90 年代开始提倡开发生态工业园,到 1997 年,仅美国就有 15 个类似凯隆堡的生态工业园。无论如何,凯隆堡生态工业园为工业生态学的发展提供了一个成功的案例。

表 7-2 凯隆堡生态工业园的经济效益和环境效益举例

环境效益	减少资源消耗	石油：45 000t/a 煤炭：15 000t/a 水：600 000m³/a
	废物重新利用	炉灰：130 000t/a 硫：4 500t/a 石膏：9 000t/a 氮：1 440t/a 磷：600t/a
	减小温室效应	CO_2：175 000t/a SO_2：10 200t/a
经济效益	投入产出统计	总投资：6 000 万美元/20a 总效益：20 000 万美元/20a 投资回收率：小于 5 年

由以上分析可见，在环境材料研究中，利用工业生态学的原理，追求资源和能源的循环利用，减少废物排放，达到生物进化的生态循环境界，最终实现材料的可持续发展。

阅读及参考文献

7-1 苏伦·埃尔克曼. 工业生态学. 徐兴元译. 经济日报出版社，1999
7-2 http：//en. wikipedia. org/wiki/Industrial_ecology
7-3 Allenby B R, Richards D J. The Greening of Industrial Ecosystems. Washington DC：National Academy Press，1994. http：//www. nap. edu/openbook
7-4 格雷德尔 T E，艾伦比 B R. 产业生态学. 施涵译. 北京：清华大学出版社，2004
7-5 山本良一著. 战略环境经营：生态设计——范例 100. 王天民译. 北京：化学工业出版社，2003
7-6 王寿兵，吴峰，刘晶茹. 产业生态学. 北京：化学工业出版社，2006
7-7 李有润，胡山鹰，等. 工业生态学及生态工业的研究现状及展望. 中国科学基金，2003，(2)：208～210
7-8 石磊. 工业生态学的内涵与发展. 生态学报，2008，(7)：3356～3364
7-9 李同升，韦亚权. 工业生态学研究现状与展望. 生态学报，2005，(4)：869～877
7-10 杜存纲，车安宁，周美瑛. 工业生态学和绿色工业. 科学·经济·社会，2000，(1)：43～46
7-11 陈定江，李有润，沈静珠，胡山鹰. 工业生态学的系统分析方法与实践. 化学工程，2004，(4)：53～57
7-12 李好云，徐胜田，周丽娟. 工业生态学及其应用. 再生资源研究，2001，(1)：22～26
7-13 王兆华，尹建华. 工业生态学与循环经济理论：一个研究综述. 科学管理研究，2007，(1)：25～28
7-14 刘兵，周丽娟. 工业生态学及其应用. 云南环境科学，2001，(3)：10～13
7-15 邹晶. 卡伦堡工业共生体系：工业生态学实践者. 世界环境，2005，(3)：36～42

7-16 李有润,胡山鹰,沈静珠,陈定江. 工业生态学及生态工业的研究现状及展望. 中国科学基金,2003,(4):18~20

7-17 李艳双,王军花. 基于工业生态学的循环经济研究. 河北省首届社会科学学术年会论文专辑,2007. 201~202

思 考 题

7-1 简述工业生态学的发展历程。

7-2 工业生态学的实质是将自然界生态自循环的概念引入工业生产过程,实现工业的良性循环。结合材料工业的特点,分析材料生产在理想的生态工业过程中的地位和作用。

7-3 工业生态学家认为在社会向可持续化发展的过程中,一些工业部门会壮大,而另一些会衰退。你认为哪些部门会壮大或衰退呢?为什么?

7-4 从自己的专业角度看工业生态学。

7-5 选取身边的为环境设计的案例,分析其绿色制造的过程。

7-6 请列举实际生产中应用工业生态学理论研究方法的其他案例。

第8章 环境治理材料

从本章开始,后面的章节将主要介绍材料科学与技术在环境保护方面的应用。从材料的功能和本身性质来看,环境材料主要包括环境工程材料、环境友好材料和环境功能材料。环境工程材料,主要包括对废弃物污染控制和处理,如大气污染、水污染、固体废弃物污染的环境净化材料,和对已被破坏的环境,如土地沙漠化、臭氧层空洞等进行生态化治理或预防的环境修复材料,以及用于替代有毒有害元素的环境替代材料等。鉴于目前大气、水及固体污染对环境已经造成的极大压力,环境治理材料是当前环境工程材料的主要研究内容。

本章主要介绍以大气污染治理材料和水污染治理材料为代表的环境治理材料的分类、性能、研究现状及其在环境保护中的应用等。

8.1 大气污染治理材料

8.1.1 大气污染及其控制技术

按照国际标准化组织(ISO)的定义,"大气污染通常是指由于人类活动或自然过程引起某些物质进入大气中,呈现出足够的浓度,达到足够的时间,并因此危害了人体的舒适、健康和福利或造成了环境污染的现象"。大气污染物目前已知约有100多种。有自然因素(如森林火灾、火山爆发等)和人为因素两种,且以后者为主,其中人为因素按人类的社会活动功能可分为生活污染源、工业污染源以及交通运输污染源。在我国大气环境中,具有普遍影响的污染物,其最主要的来源是燃料燃烧和工业排放的尾气。对大气环境质量影响较大的污染物有总悬浮微粒物、飘尘、二氧化硫、氮氧化物、一氧化碳和光化学氧化剂等。主要污染过程由污染源排放、大气传播、人与物受害这三个环节所构成。

大气中的污染物,一般不可能集中统一处理。通常是在充分利用大气的自净作用和植物净化的前提下,对污染物采取预防控制的方法,将污染物控制在进入大气之前,从而保证大气环境的质量。从物理化学原理看,大气污染控制技术主要是利用大气中各成分之间不同的物理化学性质,如溶解度、吸附饱和度、露点、泡点、选择性化学反应等,借助分子间和分子内的相互作用力来进行分离或转化。分离法基本上属于物理过程,是利用外力等物理作用将污染物从大气中分离出来,如过滤等。转化法则是典型的化学处理过程,是利用化学反应将大气中的有害物转化为无害物,然后再用其他方法进行处理,例如燃烧、化学吸收、催化转化等。对于烟尘、雾滴之类的颗粒状污染物,可利用其质量较大的特点,用各种除尘除雾设备使之从废气中分离出来。对于气态污染物,根据其不同的理化性质,用冷凝、吸收、吸附、燃烧、催化转化等技术进行处理。

当然,无论是哪一种方法,都要借助于一定的材料介质才能实现。根据各种处理方法的工艺需要,在环境工程材料里,相应地有过滤体材料、吸附剂、吸收剂以及催化剂等材料介质。可以说,环境治理材料是环境净化处理的主体,是大气污染治理的关键技术之一。

8.1.2 过滤材料

气体污染物去除中所使用的典型的过滤体材料按照过滤原理分类主要包括多孔型过滤材料、纤维型过滤材料以及复合型过滤材料等。按照使用的原材料材质分类则包括金属基过滤材料、陶瓷基过滤材料、塑料基过滤材料等。

在工业除尘领域,袋式除尘器可能是目前使用最广的一种除尘技术,其中,纤维型滤料是最重要的过滤材料。在袋式除尘装置中,根据不同地区、不同行业、不同企业的需求,以及废气的构成特点,其滤料的选择也不尽相同。袋式除尘器的常用纤维包括涤纶、丙纶、丙烯腈均聚体(亚克力)纤维、PPS(聚苯硫醚)纤维、P84(聚酰亚胺)纤维、间位芳香族聚酰胺纤维、PTFE(聚四氟乙烯)纤维、玻璃纤维以及陶瓷基纤维等。其中,除玻璃纤维和陶瓷基纤维外的纤维种类主要适用于室温和低温(<200℃)除尘,由于其在这个温度范围内其化学性质非常稳定,因此具有很好的耐酸耐碱腐蚀性能,且柔韧性非常好,不易磨损和断裂。玻璃纤维尽管拉伸断裂强度高、拉伸断裂伸长率小,但其最突出的特点是热稳定性和尺寸稳定性好,可于中温条件下,即260℃(中碱)或280℃(无碱)的条件下长期使用,瞬间温度可达300℃。280℃时其收缩率为0。陶瓷基纤维主要用于超高温条件下的气体除尘,例如玄武岩纤维可在760℃下长期使用,且耐酸碱腐蚀性能好,集尘效率可以高达99%~99.5%,尤其对直径0.5mm以下的尘粒,效果更为明显。对烟气含尘量浓度适应性强,处理烟尘量大,运行维护方便,易于清灰。高硅氧耐火纤维是一种耐高温无机纤维,其二氧化硅(SiO_2)含量高于96%,化学性能稳定,具有耐高温、耐烧蚀等优良的性能。软化点接近1 700℃,可在900℃下长期使用。1 450℃条件下可工作10min,1 600℃条件下工

作 15s 仍能保持状态完好。

我国的滤料和袋式除尘技术是同步发展的。20 世纪 70 年代开发了玻璃纤维机织滤料、208 涤纶绒布、729 聚酯机织滤料。80 年代初,随着非织造布的发展,又研制成功了合成纤维针刺毡,使袋式除尘器的除尘效果提高了一个数量级;之后,又研制成功了芳砜纶针刺毡滤料,可耐温 210℃,并应用于钢铁、有色、炭黑等工业的高温烟气处理;防静电、耐高温、抗腐蚀、防油防水等合成纤维针刺毡产品的开发和生产基本满足了除尘的需求。90 年代后期,我国又开发了聚四氟乙烯微孔覆膜滤料,实现了表面过滤,达到高效低阻的效果。目前我国已能生产玻纤机织布、常温化纤针刺毡、防静电针刺毡、防油防水针刺毡、耐高温耐腐蚀针刺毡、各种玻纤滤料及聚四氟乙烯覆膜滤料等。同时,布袋缝制技术水平也有了长足的进步,有的已达到国外先进水平。

但目前,我国过滤用纤维材料的研制仍处于初级阶段,国产的能用于布袋除尘的高档合成纤维较少,多数依赖进口。目前用于高炉煤气净化的国产耐高温滤料品种较少,使用纤维的品种只集中在玻璃纤维和间位芳纶两种原料上。在我国水泥、电力、钢铁、垃圾焚烧等行业除尘应用的 P84(聚酰亚胺)纤维全球只有奥地利的 1 家公司生产,价格昂贵。PPS(聚苯硫醚)纤维过去只有日本两家公司生产,2007 年美国也有 1 家公司开始生产,国内现已能批量生产,使 PPS 纤维价格略有下降。PTFE 纤维过去只有奥地利和日本的两家公司批量生产,价位很高,目前国内已有公司生产该产品,在垃圾焚烧炉袋式除尘器和火电厂燃煤锅炉袋式除尘器上都有应用,并取得了良好的业绩。高端滤料市场不管是火电厂用的 PPS 滤料,还是水泥厂用的 P84 滤料、玻纤覆膜滤料,垃圾焚烧炉用的 P84 滤料、PTFE 滤料、玻纤覆膜滤料等附加值比较高的滤料,主要还是为美国和欧洲一些国家的滤料公司所垄断,在新建的大型项目上更是如此。

多孔型过滤材料通常用于空气净化(如防毒面具中的多孔活性炭),以及风机、压缩机、发动机等排气的后处理。不同孔径的多孔材料制作的过滤器在该方面发挥着不同的作用,例如采用孔径 60~80μm 的陶瓷过滤器可进行石化行业中干气过滤;40~60μm 的陶瓷过滤器用在处理高温烟气,如化铁炉、PFBC 燃煤锅炉排放烟气除尘净化,工作温度可达 800℃,3μm 以上尘埃粒子去除效率高于 99%;孔径 20μm 的可进行制药、啤酒等酿造行业发酵用无菌空气处理。如利用堇青石或 SiC 陶瓷制作成蜂窝壁流式的过滤体,则可以用来净化柴油车尾气中不完全燃烧的碳颗粒,其结构如图 8-1 所示。陶瓷基滤材料都存在一个致命的弱点,即容易受到颗粒物表面吸附的氧化物化学侵蚀,而生成热膨胀系数不同的产物,导致再生时的高温过程产生微裂纹,在

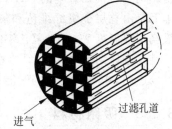

图 8-1　壁流式蜂窝过滤材料

900℃以上的高温下会造成堇青石材料的彻底破坏。SiC也有此类问题。

金属在材料的强度、韧性、导热性等方面有陶瓷无可比拟的优势。Fe-Cr-Al是一种耐热耐蚀高性能合金,具有热容小、升温快的特点,有利于排气快速起燃,且抗机械振动和高温冲击性能好。用它制造的壁流式蜂窝体,和同等尺寸的堇青石蜂窝体相比,壁厚可减少1/3,大大减少背压损失,已成功地应用在制造净化汽车尾气的三元催化剂载体。但由于构成金属蜂窝体的箔片表面平滑,不是多孔材料,因此在柴油车微粒捕集器方面应用较少。目前研究较多的结构形式主要是泡沫合金以及金属丝网和金属纤维毡。泡沫合金是一种具有三维网络骨架的材料,最早用于制造碱性电池的电极。日本住友电工公司将这种泡沫合金用于制备微粒过滤体已有数年。图8-2是他们生产的Celmet泡沫合金的显微结构,金属骨架厚度50～100μm,孔径150～400μm,孔隙率＞90％。最早采用泡沫镍作为过滤材料,然而镍的抗蚀性差,为改善在高温环境和含硫气氛中的抗蚀性,采用耐热耐蚀的Ni-Cr-Al和Fe-Cr-Al高温合金。由于合金表面生成了牢固结构的α-Al_2O_3,在800℃的高温下静置200h基本不受侵蚀。这种泡沫合金具有高的热导率,可兼作热再生装置的辐射加热器,热度分布均匀,再生时过滤体不会开裂与熔化。用泡沫合金制造的过滤体的捕集效率与蜂窝陶瓷过滤体相当,且使用泡沫合金还具有以下优点:①具有大孔径和薄骨架结构,泡沫合金表面容易被熔融铝液浸透并覆盖,退火处理后得到保护层;②由于Celmet骨架的机械强度高,可大大改善过滤材料的抗振性能;③应用粉末冶金技术制造泡沫合金,可以降低生产成本。目前泡沫合金已取得较大进展,并成功应用于部分大型客车。

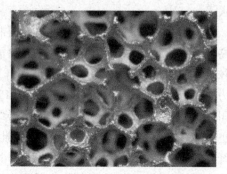

图8-2 Celmet泡沫合金的微观结构

然而,无论是陶瓷基过滤材料还是金属基过滤材料,都有各自不可避免的缺陷,因此研究者们也把目标瞄准复合基增强过滤材料,目前研究与应用主要集中在纤维毡结构上。例如日本的NHK spring公司发明了一种新型过滤材料,这种过滤体的单元是由叠层金属纤维毡和氧化铝纤维毡组成。金属纤维毡材料是Fe-18Cr-3Al,最高耐热温度1100℃,氧化铝纤维毡材料是$70Al_2O_3$-$30SiO_2$,最高耐热温度1400℃。从排气进口到出口,叠层纤维毡的密度越来越细,保证了微粒的均匀捕获,过滤效率可以达到80％～90％,同时能起到消声器的作用。

8.1.3 吸附材料

常见的吸附材料包括活性炭(焦)、活性炭纤维、沸石分子筛以及活性氧化铝等具有多孔结构或者超大比表面积的材料。

活性炭颗粒（GAC）是一种含碳量高，具有耐酸、耐碱、疏水性的多孔物质，是一种应用范围很广的吸附剂。它是以高含碳量的碳氢化合物为原料，经高温炭化、活化制成的产物。不同的活性炭具有不同的物理性质，同时兼有一定的催化活性。活性炭的吸附性能和催化性能取决于其孔隙结构和表面化学特性，表面化学特性主要决定于活性炭表面的含氧、含氮基团。不过一般工业脱硫中主要用到这类材料的吸附性质。活性炭有大的比表面积、发达的孔结构且孔径分布范围比较广，能吸附各种物质，只是选择性吸附较差；活性炭还具有丰富的表面基团及高效的原位脱氧能力，因此同时有催化还原性能，既可作载体制得高分散的催化体系，又可作还原剂参与反应，降低反应温度。例如当 SO_2 或 H_2S 单独存在时，活性炭对 SO_2 或 H_2S 的吸附是单纯的物理吸附；当有氧气和水蒸气等其他气体存在时，成为伴有化学反应发生的化学吸附，吸附量显著增大。活性炭本身具有非极性、疏水性、较高的化学稳定性和热稳定性，可进一步进行活化和改性。常用的改性剂为金属氧化物及其盐，如 ZnO、CuO、Fe_2O_3、CaO、Na_2CO_3、K_2CO_3 等，可以起到提高催化氧化能力的作用。

活性炭纤维（ACF）是由有机纤维经炭化、活化而得到的。与 GAC 相比，ACF 具有独特的结构和性能，比表面积更大，吸附脱附速度更快，微孔孔径小，孔径分布窄而均匀（微孔范围为 5～14nm），吸附容量大，如果用在烟气脱硫中，可以实现室温下可将烟气中 SO_2 连续不断地脱除而无碳的损失。ACF 大量的微孔都开口于纤维的表面，这不仅使 ACF 具有较大的比表面积和吸附容量，也是造成其吸附和解吸速度较 GAC 快得多的主要原因。在相同条件下，ACF 对模拟烟气中的 SO_2 的平衡吸附量比活性炭大 5～6 倍。活性炭纤维表面也含有一系列活性官能团，如羟基、羰基、羧基、内脂基等含氧官能团，有的活性炭纤维还含有胺基、亚胺基以及巯基、磺酸基等含氮官能团，这些含氮官能团对含氮、硫化合物具有吸附亲和力，对氮、硫化合物表现出独特的吸附能力。较高的含氮量是 ACF 呈现高脱硫活性的重要因素，因此，通常由油页岩制备的 ACF 脱硫活性明显高于煤焦油沥青 ACF。聚丙烯腈活性炭纤维（PAN-ACF）也显现出较大的脱硫活性。

沸石分子筛具有选择吸附效能，它具有蜂窝状的结构，晶体内的晶穴和孔道互相沟通，孔穴的体积占沸石晶体体积的 50% 以上，并且孔径大小均匀固定，与通常分子的大小相当。分子筛空腔的直径一般在 6～15Å（$1Å=10^{-10}m$）之间，孔径在 3～10Å 之间。只有那些直径比较小的分子才能通过沸石孔道被分子筛吸附，而构型庞大的分子由于不能进入沸石孔道，则不能被分子筛吸附。硅胶、活性氧化铝和活性炭没有均匀的孔径，孔径分布范围十分宽广，因而没有筛分性能。沸石对于极性分子和不饱和分子有很高的亲和力，在低分压、低浓度、高温等十分苛刻的条件下都具有优良的吸附性能。对具有极性的气体分子（SO_2、H_2S、NH_3 和 NO 等）表现出良好的吸附能力，高硅类沸石在热和酸性环境中比活性炭（焦）稳定性好，在 350℃ 下主要以物理法

吸附烟气中的 SO_2；当温度高于 500℃，化学吸附起主要作用。

活性氧化铝本身不具备很让人满意的气体吸附性质，其吸附量虽然大，但并不稳定，吸附的气体很容易再次逸出。由于其比表面积大，对上载的其他活性物种分散性较好，因而常被用作其他吸收剂或催化剂的载体用在气体污染物去除过程中。例如，在工业脱硫上，通常以 CuO 作吸收剂，以有活性的 Al_2O_3 为载体制备脱硫剂。利用活性氧化铝的多孔性和吸收剂的高分散性，一方面活性氧化铝大量吸附 SO_2，金属氧化物又可以与 SO_2 反应生成 $CuSO_4$，从而保证了脱硫效果。$CuSO_4$ 在空气中可在高于 700℃ 的温度下再生为 CuO，也可以采用氢气还原再生，保证吸收剂的使用寿命。

8.1.4 催化材料

出于环境保护和提高人居环境质量的需要，环保催化剂产品也在以每年 20% 的速度增长。主要包括移动源尾气净化催化材料、固定源烟气脱硫脱硝催化材料以及室内空气净化催化材料等。

1. 移动源尾气净化催化材料

移动源尾气净化催化材料的研究开发主要还是集中在全球几大汽车公司和催化剂公司，参见表 8-1。目前，基于汽车尾气净化的三效催化净化技术已经趋于成熟，主要研究方向集中于催化剂寿命的不断提高以及如何在满足高排放标准的情况下尽可能降低贵金属用量以降低成本。"十五"、"十一五"期间，我国汽油车尾气净化技术也取得了一系列突破性进展。清华大学、天津大学等通过工艺筛选和参数优化，通过 Pr、Nd、Sr 等元素改性铈锆复合氧化物，设计制备的具有良好热稳定性和大储氧容量、高储放氧速度的铈锆基储氧材料已经达到国际领先水平。结合以上基础研究成果，已有高校和企业联合开发了满足国Ⅳ排放标准的催化剂（密偶催化剂与宽空燃比三效催化剂），并完成了国Ⅳ车型的匹配试验，进行了 12~16 万 km 路试。

表 8-1 移动源尾气净化用稀土催化剂相关专利研发情况

应用领域	催化剂	国家	拥有相关专利的主要公司	专利数量
汽油车尾气净化	$PM-CeO_2/ZrO_2-Al_2O_3$ 三效催化剂	日本	丰田汽车公司	21
			本田汽车公司	10
			电装公司	8
			日产汽车公司	8
			铃木汽车公司	8
			信越公司	7
		韩国	现代汽车公司	7
	$PM/Ba/Al_2O_3$ 基 NSR 催化剂	美国	福特汽车公司	3
		日本	丰田汽车公司	2

续表

应用领域	催化剂	国家	拥有相关专利的主要公司	专利数量
柴油车尾气净化	CeO_2基碳烟催化燃烧催化剂及氧化催化剂	日本	丰田汽车公司	13
		日本	三菱汽车公司	7
		法国	雷诺汽车公司	11
		法国	雪铁龙公司	6
		德国	罗伯特·博施公司	8
		德国	巴斯夫公司	5
		美国	福特公司	8
		英国	庄信万丰催化剂公司	7
		丹麦	托普索公司	6
	SCR脱硝催化剂	德国	罗伯特·博施公司	15
		德国	巴斯夫公司	14
		美国	伊顿公司	12
		美国	福特汽车公司	12
		丹麦	托普索公司	9

现在柴油车用炭烟起燃催化剂技术尚不成熟，这类催化剂的研发是世界主要汽车公司目前的研究重点。研究表明，铈锆固溶体催化材料也用于柴油车炭烟催化燃烧，如 PM/CeO_2-ZrO_2 可将炭烟起燃温度降至300℃以下，燃烧速率快，但价格较贵。稀土钙钛矿类催化剂，如 $La_{1-x}A_xMnO_3$（A为碱金属）等，也可将炭烟的起燃温度降至300℃以下，且其抗硫性能好，但这类催化剂抗热老化性能较差，不能满足实际应用的要求。$CuO/CeO_2-Al_2O_3$ 炭烟起燃催化剂是目前研究较为集中的一类催化剂，它可使炭烟起燃温度降至300℃以下，同时热稳定性好，抗硫中毒能力高，具有较大应用潜力。柴油车 NO_x 排放控制中另一项重要技术是选择性催化还原技术(selective catalytic reduction, SCR)，成熟的SCR催化剂中几乎不含稀土元素，以稀土元素对SCR催化剂进行改性的研究起步较晚，稀土在SCR催化剂中的作用机理目前尚没有系统的研究结果报道。

NO_x 储存-还原技术(NO_x storage reduction, NSR)是一项针对机动车 NO_x 减排的新兴技术，这项"未来技术"被认为是满足未来更严格排放法规不可或缺的一项催化剂技术。机动车在贫燃条件(空燃比大于 14.6~14.7)下运行可有效降低 NO_x、CO和碳氢化合物的排放和提高燃料燃烧效率，如非直喷式贫燃型汽油机的空燃比由14.7提高到22时可节约15%的燃料，日本丰田公司和日产公司相继推出了空燃比为40~50的缸内直喷式贫燃型汽油机，在保持良好低排放特性的同时，燃料经济性较传统汽油机提高20%~30%。由于贫燃条件下尾气中有过量的氧，在此条件下 NO_x 还原效果较差。随着贫燃发动机(空燃比较高)的推广使用，传统的三效催化剂几乎不能控制 NO_x 的排放，20世纪90年代，日本丰田公司首先提出了 NO_x 储存-还原技术,即机动车交替在贫燃、富燃条件下运行,贫燃条件下将 NO_x 储存起来,在富燃条件将储存的 NO_x 还原为无害的 N_2,催化剂得以再生。汽车尾气中的 NO_x 主要为 NO,在贫燃条件下,由于较高的氧气浓度,NO 被氧化为 NO_2,并主要以硝酸盐的形式储存在催化剂的储存组分上;在富燃条件下,气氛中会存在 CO、H_2、HC 的还原性气体,以硝酸盐形式储存的 NO_x 被这些还原气体所还原释放,并进一步还原成为无害的 N_2,催化剂同时得到再生。目前,NSR 催化技术除了在日本得到较好的实际应用外,在其他国家和地区的应用还有一段距离,主要原因是尾气中的 SO_2 等毒物易使 NSR 催化剂中毒失活。NSR 作为一个新兴的催化技术,很多问题尚处于研究阶段,尤其是抗硫中毒、抗热劣化、提高催化性能及使用寿命等方面与实用化要求还有一定的差距。近年来,人们在研究 NSR 催化性能、探索其催化反应机理、开发新型抗硫 NSR 催化剂等方面做了大量工作。由于稀土元素在催化方面的重要作用,研究学者尝试在 NSR 催化剂中添加稀土元素以提高催化剂的性能。

典型的 NSR 催化剂一般由活性组分、储存组分和载体组成。活性组分通常是贵金属(如 Pt),在反应中起氧化还原作用;储存组分一般是碱金属或碱土金属的氧化物(如 BaO),为储氮的主要部分;载体主要是 γ-Al_2O_3,可以增大催化剂的比表面积,提高反应效率和催化剂的稳定性。因此,NSR 催化剂具有氧化还原和 NO_x 储存双功能。部分研究学者还尝试利用轻稀土元素 La、Ce、Pr、Nd 等替代 NSR 催化剂中的碱土金属作为储存组分。研究表明,轻稀土元素可以明显提高低温至中温阶段催化剂的储氮能力,但是和 Ba 相比,高温储氮能力还有很大的差距。

根据柴油车尾气的特点,柴油车尾气脱硝对催化材料的要求为:

(1) 低温活性好。由于柴油车尾气温度较低,柴油发动机平稳运行状态时尾气温度在 200℃ 左右,因此要求 SCR 脱硝材料具有良好的低温起燃性能。

(2) 抗硫中毒性能高。中国柴油含硫量高,柴油车尾气中含硫量高,因此特别要求 SCR 脱硝材料具有良好的抗硫中毒性能。

(3) 温度窗口宽。要求用轻型柴油车尾气净化用脱硝催化材料在 200~400℃,重型柴油车尾气净化用脱硝催化材料在 250~500℃,效率达到 85% 以上。

(4) 热稳定性好。由于柴油车运行状况复杂,重型柴油车尾气温度可高达 800℃,因此要求柴油车尾气净化用脱硝催化材料具有良好的热稳定性。

(5) 氨逃逸率低。氨逃逸是机动车尾气净化的难题,随着环保法律法规的日益严格,柴油车尾气净化要求实现氨的零逃逸,目前普遍采用的技术是在 SCR 材料之后加装氨的氧化材料,将未反应的 NH_3 氧化为 N_2。

(6) 高的 N_2 选择性。N_2 选择性决定了脱硝材料对 NH_3 的利用效率和 SCR 技术的二次污染(如 N_2O 排放)程度。

V_2O_5-WO_3/MoO_3-TiO_2 催化材料是最典型 SCR 脱硝催化剂,但温度窗口在 300~400℃,低温活性不是特别合适柴油车尾气中的 NO_x 净化。近年来,在新型催化材料,特别是以贵金属和 MnO_2 等为活性组分的低温 NH_3-SCR 催化材料的研制开发、反应机理及毒化作用机理和抗毒措施等方面都有了很大发展。最早作为活性组分被研究的物质是贵金属,主要有 Pt、Pb、Rh、Ru 等。将这些贵金属负载在 γ-Al_2O_3 等不同的载体上制成的催化材料在 NO_x 选择性还原过程中表现出很高的活性,而且使用温度较低,一般可低于 300℃。但由于贵金属催化材料成本高,因此在价格方面不具备竞争优势,而且存在以下问题:①SO_2 对贵金属催化材料的活性影响很大;②贵金属催化材料的选择性一般较差,反应过程中容易生成 N_2O,造成二次污染;③当烟气中 NO 和 NO_2 同时存在时,催化材料活性不高,一般需要先将 NO_2 还原为 NO,而这无疑将增加投资成本并使系统复杂化。因此贵金属催化材料难以在燃煤电站中应用,但在机动车尾气脱硝中依然发挥着重要的作用。

MnO_x 基 SCR 催化剂具有优良的低温 SCR 活性,是近年来涌现出来的一种新型非贵金属基低温 SCR 催化材料,在 80~200℃ 以下时即可达到 80% 以上的 NO_x 转化率。Qi 等用不同方法制备了 MnO_x-CeO_2,并对成分、焙烧温度等因素进行了筛选,发现采用柠檬酸法制备的催化剂活性较高,而且随着 Mn 含量的增加,催化剂的活性有所提高;当 Mn 与 (Mn+Ce) 的物质的量比大于 30% 时,催化剂的活性开始下降。催化剂具有较好的抗 SO_2 和 H_2O 中毒性能,在 100~150℃ 条件下 SO_2 和 H_2O 共同存在时,NO_x 的转化率仍能保持在 90% 以上;而用共沉淀法制备的 MnO_x-CeO_2 催化剂,Mn/(Mn+Ce) 的最佳物质的量比为 0.4。Qi 认为 NH_3 首先吸附在 L 酸位上,之后与氮氧化物发生反应生成 NH_2NO 等中间产物,继而分解成为氮气和水。Smirniotis 也将 Mn 负载到不同的载体上,包括 3 种不同晶型的 TiO_2、SiO_2 和 Al_2O_3,Mn 负载后活性顺序为:TiO_2(高比表面锐钛矿)>TiO_2(金红石)>TiO_2(混晶)>γ-Al_2O_3>SiO_2>TiO_2(低比表面锐钛矿)。Wu 等采用溶胶凝胶法制备了 X-Mn-Ti(X=Fe、Cu、Ni、Cr) 三元催化剂,发现加入第三种元素后,对 Mn-Ti 催化剂的活性都有一定的增强作用,在这些元素中,Fe 的增强作用最强。Wu 认为这些金属元素和 Mn 在基体的表面形成了固溶体,阻止了基体的烧结,使得 Mn 保持非晶状态,从而提高催化剂活性。

"十一五"期间,清华大学、天津大学、中科院生态环境研究中心、无锡威孚力达催化净化器有限责任公司、昆明贵研、桂林利凯特等多家高校、科研院所和企业在汽车尾气净化三效催化剂、柴油机排气净化的滤烟-催化燃烧、SCR 技术等许多领域开展的深入研究已取得了阶段性成果,并有部分成果实现了产业化应用,这为我国在国际市场争夺话语权奠定了坚实的基础。2003 年,国内新车的尾气净化催化剂市场 70% 被国外公司占领,我国从 Engelhard、Johnson Matthey、Umico、Delphei 等国外公司购买满足欧Ⅱ排放标准的三效催化剂 400 多万只,花费数十亿元。但是到 2007 年,无锡威孚力达净化器有限公司已建成年产 300 万 L 的催化剂生产线,所生产的催化剂年销售量从 2003 年的 16.2 万 L 增加到 2007 年的 92.7 万 L,并占领了约 80% 以上的国产汽车尾气催化剂市场,2007年实现产值2.4亿元,产品已成功在20多个国内主要汽车生产厂家的40余个车型中配套使用,占国内催化剂厂在国家发改委的国Ⅳ配套车型公告目录车型的90%以上,彻底打破了国外汽车尾气净化器公司在汽车尾气净化催化剂整车匹配市场上的垄断,并有部分产品已出口到国外市场。

相比于选择催化还原、直接催化分解和多元多功能催化的其他NO_x去除技术,NSR效率高、温度窗口宽、操作费用低等优点,被认为是消除贫燃发动机尾气污染极有前途的方法,但是在催化剂性能、应用及反应机理等方面,仍需要更深入的研究。目前,日本、美国和欧洲已经广泛开展了储氮还原技术的相关研究,其中日本丰田汽车公司和美国福特汽车公司在NSR催化技术领域的研究成果显著,而且日本丰田汽车公司已经占据了日本国内市场,正在开拓欧美市场;瑞士、德国、意大利和英国的科研机构在催化剂性能、反应机理等方面做了许多卓有成效的工作。我国在NSR催化剂的研发水平还处于刚刚起步阶段,与国外仍有很大差距,中国科技大学及中国科学院大连化学物理研究所等科研机构在NSR催化剂性能和结构方面作了初步研究。

2007年年底我国也已全面实施国Ⅲ机动车排放标准,其中北京市已于2008年3月1日开始实施国Ⅳ排放标准。为满足环境保护和排放法规的要求,所有新车都必须加装尾气净化装置。2003年全年国产汽车尾气净化器的产量是320万套,产值超过80亿人民币。预计到"十一五"末期,我国汽车尾气催化转化器市场将有1 000万套以上的要求,累计产值将达数百亿元。另外,目前我国年产摩托车超过2 000万辆,居世界第一,柴油车市场也在逐年扩大,因而,尾气净化器的市场前景非常广阔。

2. 固定源烟气脱硫硝催化材料

根据大气污染控制技术的原理和流程来分类,烟气脱硫方法大致分为下列三类:
(1) 用各种液体和固体物料优先吸收或吸附二氧化硫;
(2) 在气流中将二氧化硫氧化为三氧化硫,再冷凝为硫酸;
(3) 在气流中将二氧化硫还原为单质硫,再将单质硫冷凝分离出来。

早在20世纪30年代,美国就开始应用生石灰、石灰石浆料或双碱液的吸收剂技术处理含硫烟气。到60年代,日本开始采用石膏工艺进行烟气脱硫。70年代,各国开始采用活性炭、活性煤、活性氧化铝、沸石、硅胶、氧化铜以及氧化镁、亚硫酸钠等的干湿吸附方法处理含硫烟气。近年来,世界上又开发了离子交换树脂吸附二氧化硫,以及用稀土氧化物作为吸收剂或催化剂的干法脱硫。

石灰、石灰石是处理含硫烟气最早使用的干法脱硫方法之一。由于石灰石分布极广,成本低廉,在各种脱硫方法中是投资和操作费用最低的方法。在国外一些大型工业脱硫装置中,该法所占比重最大。但干法脱硫的缺点是脱硫效率不高,钙基化合物的利用率低,甚至不到50%。在一定程度上影响了该技术的推广应用。目前的改性工艺有添加易潮解盐和燃煤飞灰的再循环利用。实验结果表明,这些改性工艺可有效地提高干法脱硫的效率。

活性炭材料,尤其是活性炭纤维,由于其本身具有分散性极好的微孔活性中心和巨大的比表面积,在氧气和水蒸气存在下,可将二氧化硫连续不断地吸附转化为硫酸。活性炭纤维脱除二氧化硫的能力除与其比表面积和孔结构有关外,还与其表面的化学性质密切相关。在常规的活化剂如水蒸气、二氧化碳、氧气及它们的混合气体中制备的活性炭材料表面,除了碳元素之外,最多的元素即是氧。这些氧元素在表面上主要以含氧官能团的形式存在。当在惰性气体中高温热处理时,含氧官能团分解为碳氧化合物和水。由此导致碳表面酸碱性的变化,从而增加活性炭材料的表面活性。例如,经高温热处理后的活性炭材料,显示出更强的脱硫活性。

氧化锌和三氧化二铁是常见的中低温脱硫剂。另外,二氧化锰、氧化钙等金属氧化物用作中低温脱硫剂也有报道。氧化锡/硫化锡系列可用来进行高温脱硫。从热力学上讲,氧化铜也是一种较好的高温脱硫剂。由于同铁锌类氧化物相比可以提高脱硫温度,铜类脱硫剂的开发也成为热点之一。根据高温烟气脱硫剂的应用趋势看,目前脱硫剂的开发重点较多地集中在铁系、锰系、锌系、铜系、钙系上。结合我国的资源优势,开发并推广应用钒系复合氧化物对燃煤烟气脱硫也有一定的意义。

离子交换树脂属于新型吸附材料。目前市场上已开发出一种高分子二氧化硫吸附剂,是以价廉易得的丙烯腈、苯乙烯为原料,经致孔交联、悬浮共聚,制成多孔径珠状树脂,再经碳化处理,得到的一种网状格架且强度坚硬的吸附材料。用这种材料处理含硫烟气,在常温下每10g产品可吸附3~4g二氧化硫气体。

稀土氧化物材料在烟气脱硫过程中显示出独特的吸收和催化性能。铈的氧化物是非常有应用前景的新型吸收剂。二氧化铈吸收剂在很宽的温度范围内能和二氧化硫起反应。在适当的条件下再生时,二氧化铈吸收剂产生的废气可经化学反应转化成为元素硫。作为新型潜在的吸收剂,二氧化铈可用于同时脱除烟气中的二氧化硫和氮氧化物。其脱氮脱硫的效率都大于90%。此外,稀土氧化物还可用于化学催化反应,把二氧化硫还原成元素硫。由此从根本上控制二氧化硫所带来的污染,是一种有实现工业化前景的方法。目前,稀土氧化物用于烟气脱硫还处于实验阶段,工业应用尚未见报道。

此外人们结合生产实际,因地制宜,提出了许多以废治废、变废为宝的方法。例如,将低浓度工业二氧化硫废气综合利用,用作生产硫酸锰的原料。用这种方法,不仅可以较好地解决二氧化硫废气对环境的污染问题,还变废为宝。另外,在硫酸生产过程中,常排放出大量的二氧化硫气体。利用目前尚无直接应用价值的低品位硼矿作脱硫剂,既富集了硼矿,以贫治废,又为硫酸生产的废气治理开辟了新的途径。通过这种工艺进行吸收脱硫,可使硫酸生产的放空尾气中二氧化硫浓度低于500ppm,达到了国家的排放要求。

在固定源废气净化领域,烟气脱硝是目前控制固定源NO_x排放最有效的办法。

目前,大型燃煤电厂烟气脱硝应用最为广泛且已产业化的是选择性催化还原(SCR)技术和选择性非催化还原(SNCR)技术。在日本和德国95%的烟气脱硝装置采用SCR技术,由于该技术成熟、脱硝效率高、几乎无二次污染,也将成为我国燃煤电厂烟气脱硝和机动车尾气脱硝的首选技术。总体来说,燃煤电厂脱硝要求催化材料:①具有一定的机械性以方便材料装运、拆卸和更换;②具有高的SCR催化活性和N_2选择性以保证高的脱硝效率;③低NH_3逃逸率(小于10ppm)以减少NH_3-SCR的二次污染;④具有优良的抗碱金属中毒、硫中毒和水热老化的性能以确保催化材料的使用寿命(大于10 000个运行小时)。

SCR催化剂按SCR反应还原气体的不同大致分为两类:NH_3-SCR催化剂和HC-SCR催化剂。以NH_3为还原剂的SCR技术研究一直是SCR技术研究的重点,也是目前研究最完善、唯一能够工业化的SCR技术。SCR催化剂的分类有多种。SCR催化剂按温度窗口可以大致分为:①低温SCR催化剂,催化剂在反应温度小于200℃时具有较高的活性和选择性;②中温SCR催化剂,温度窗口大致在200~400℃,如著名的商品催化剂V_2O_5-WO_3/TiO_2;③高温SCR催化剂,温度窗口高于350℃,多为以沸石为载体的催化剂。SCR催化剂按活性组分组成可以分为:①以贵金属为活性组分的SCR催化剂;②过渡金属氧化物SCR催化剂;③固体酸SCR催化剂,如SiO_2/TiO_2固体酸。目前,主要研究和应用的SCR催化剂见表8-2。

表8-2 主要的SCR脱硝催化剂

脱硝材料	还原剂	应用领域
V_2O_5-WO_3/MoO_3-TiO_2/SiO_2/Al_2O_3 选择性催化还原(SCR)脱硝催化剂	NH_3、尿素	固定源脱硝; 重型柴油车尾气脱硝
Carbon基SCR催化剂 (负载贵金属和过渡金属氧化物等)	NH_3、尿素	固定源脱硝
Pillared clay SCR催化剂	NH_3、尿素、碳氢化合物	固定源脱硝
沸石基SCR催化剂 (负载贵金属和交换过渡金属离子)	NH_3、尿素、碳氢化合物	固定源脱硝; 轻型柴油车尾气脱硝; 重型柴油车尾气脱硝
Ag/Al_2O_3	碳氢化合物	轻型柴油车尾气脱硝; 重型柴油车尾气脱硝

SCR反应器在锅炉烟道气中一般有热段/高灰布局、热段/低灰布局和冷段布局三种不同的安装位置,示意图见图8-3。不同的安装位置对SCR催化材料的要求也不同。

(1)热段/高灰布局:将SCR反应器布置在空气预热器前温度为350℃左右的位置,此时烟气中的飞灰和SO_2均将通过材料反应器。这种布局的优点是烟气温度在商业材料V_2O_5-WO_3/TiO_2的温度窗口区,材料的NH_3-SCR活性最高,烟气不需

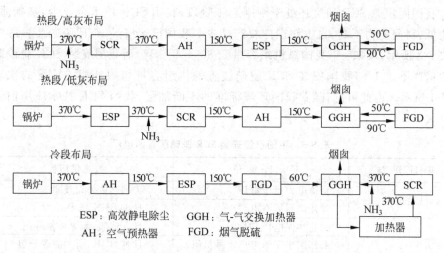

图 8-3　SCR 反应器在烟气脱硝中的常见布局

加热，能量利用率高。另一方面，这种布局使得材料在高灰高硫环境中工作，要求材料有良好的抗飞灰冲刷和抗硫抗碱金属中毒性能，且整体式材料结构设计需考虑除尘措施；材料寿命相对较短，需定期更换。此布局应用最为广泛，对中国 SCR 脱硝技术的研发具有重要借鉴意义。

(2) 热段/低灰布局：将 SCR 反应器布置在除尘器和空气预热器之间，此时烟气温度仍在 300～400℃，烟气可通过电除尘后再进入反应器以防止烟气中的飞灰对材料的污染磨损或堵塞。但这种布局带来的最大的问题是温度过高，除尘器无法正常运行（最佳运行温度 120℃左右），因此实际应用中很少采用，应用于此段布局的 SCR 脱硝材料设计可以较少考虑抗飞灰冲刷性能。

(3) 冷段布局：SCR 反应器布置在脱硫除尘装置之后，这样材料设计无需考虑灰尘堵塞、腐蚀和 SO_2 中毒的影响。材料工作寿命长，可以减少反应器的体积使得反应器布局紧凑。中国燃煤硫和灰分含量高，冷锻布局的 SCR 脱硝技术可能更适合于中国。但冷段布局时烟气温度只有 50～60℃，为使烟气在进入材料反应器之前达到所需要的反应温度，需要在烟道内加装换热器加热烟气，从而增加了能源消耗和运行费用。另外，开发具高催化活性的低温 SCR 催化材料（温度窗口 50～180℃）对于"冷段布局"用 SCR 脱硝技术也至关重要。

V_2O_5-WO_3/MoO_3-TiO_2 是目前电厂烟气脱硝广泛使用的催化剂。另外，分子筛催化剂也是目前催化剂研究领域的一个热点。分子筛催化剂具有较宽的 SCR 反应温度窗口，和高温下良好的热稳定性及低的 SO_2 氧化能力。如用铁离子交换的酸性分子筛在高达 600℃ 的温度条件下亦具有非常高的 NO_x 脱除活性。但多数分子筛催化剂的催化活性主要表现在中高温区域（大于 350℃），实际应用中的水抑制和硫中毒问题依然亟待解决。

我国固定源 SCR 研究还处于刚刚起步阶段,我国 SCR 技术企业少,基础薄弱,产能低,科研能力不高,自主知识产权产品少。我国已经安装 SCR 脱硝装置的电厂见表 8-3 所示。2006 年我国总机组容量 $2.83×10^{12}$ kW,而我国安装 SCR 脱硝装置的数量尚不足 1%,我国安装 SCR 脱硝装置的机组容量与国外相关情况的比较如图 8-4 所示。由此可见,随着我国环境标准的不断加强,我国 SCR 技术应用前景非常巨大。

表 8-3 中国已经安装 SCR 脱硝装置的电厂

项目分类	项目单位	技术供应商
已经投运	台湾电力台中电厂	美国巴威公司技术
	福建漳州后石电厂	日本 BHK 技术
在建项目	太仓环保电厂(四期)	日立造船,苏源环保分包
	浙江国华宁海电厂 4 号机组	日本 BHK,浙大能源分包
	福建嵩屿二期	上海石川岛播磨重工
	广东恒运电厂	德国 KWH 东方锅炉
	广东国华台山电厂 5 号机组	丹麦 Topsoe

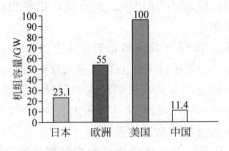

图 8-4 我国安装 SCR 脱硝装置的机组容量与世界主要国家相关情况的比较

3. 室内空气净化催化材料

室内污染物包括以下几类。

(1) 颗粒物污染:在室内空气评价中,将颗粒物量化为 PM10 和 PM2.5 两大类,即粒径在 $10\mu m$ 和 $2.5\mu m$ 以下的部分。研究表明,随着粒径的减小,颗粒物的浓度对人体健康的影响越发的明显。特别是 PM2.5 可沉积在人体的肺泡中,危害更大。

(2) 有机化合物污染:已经证实,室内空气中的 VOCs 浓度远高于室外,近年的研究表明,室内 VOCs 至少在 350 种以上,其中 20 多种为致癌物和致突变物。室内空气中 VOCs 浓度为室外的 2~7 倍。

(3) 无机化合物污染:室内环境中的无机物污染主要有 CO、NO_x、NH_3、O_3 等。室内空气中 CO、NO_x 有相当一部分来源于室外空气。NH_3 是造成室内臭味的主要物质,对人体的上呼吸道有很强的刺激性和腐蚀性。室内空气中的 NH_3 主要来源于人体的各类代谢产物以及建材中所加入的防冻剂和早强剂。

(4) 生物性污染:研究发现,室内空气中大量飘浮的微生物对人们的生活、工作产生了巨大的负面影响。微生物对人体造成的疾病有很多,概括起来可以分为过敏性反应、过敏性肺炎、湿热症等。

室内空气污染具有污染物种类繁多、浓度低、自净性差等特点,因此室内空气净化要比工业废气的催化净化困难得多,涉及在室温条件下的光催化氧化和室温催化氧化技术的耦合。

目前,室内空气净化技术主要包括:

(1) 传统吸附过滤方法。使用的净化材料包括:物理吸着型净化材料,如活性炭、沸石和陶瓷材料;化学吸着型净化材料,具有化学吸着作用或者催化反应为主的净化材料,如活性炭或沸石为载体,加入各种化学反应物质产生化学反应的净化材料;离子交换型净化材料,高分子聚合物中引入离子交换基的方法,以离子交换法净化空气,如磺醇基上的离子交换。

(2) 光催化氧化技术。以 TiO_2 为催化剂,利用光催化方法氧化降解空气中的 VOCs,是近年来日益受到重视的一项污染治理新技术。这个过程不需要其他化学助剂,反应条件温和,而且最终产物只有 CO_2 和 H_2O,不会产生二次污染,是非常具有发展潜力的研究领域。光催化氧化技术对于大部分有机物有很好的降解作用,美国环境保护署公布了 9 大类 114 种有机物被证实可以通过光催化氧化处理。该方法尤其适合于无法或难以生物降解的有毒有机物质的处理。实验证明,在紫外光照射下,光催化氧化对于小分子质量有机物在较短的时间内可达到 100% 的去除效率。

(3) 负离子净化技术。负离子被喻为空气维生素,它所产生的离子效用直接作用于人体的各项生理指标,对人体健康有很好的积极作用。负离子发生技术主要有:电晕放电、水发生和放射发生三种,其中前两种应用较为广泛。如何在负离子发生过程中降低 O_3 等二次污染物的形成是限制负离子应用的主要技术问题。

目前各种空气净化方法各有优缺点,光催化技术是长期去除污染物的有效措施。

室内空气污染的特点决定了对人居环境净化催化剂要具有广谱性、高效性和长效性。光催化空气净化技术的应用,包括做自净结构材料、洁净灯、绿色家电、光催化空气净化路面等。TiO_2 具有良好的光催化性能和效率,被认为是最有希望大规模应用于人居环境净化的光催化剂。但在波长>387nm 的光源下,TiO_2 的光催化活性大大降低。因稀土具有复杂的能级结构和光谱特性,对纳米 TiO_2 进行掺杂改性,可有效提高光催化的效率,是最具希望解决可见光利用率的技术之一。研究表明,在可见光下,利用纳米 TiO_2 的光催化与稀土催化材料的低温催化氧化复合,被认为是最有希望、可大规模应用于人居环境净化的有效方法。

我国已研制出用稀土激活无机抗菌净化剂制成的内墙涂料。研究表明,使用该涂料的房间 VOCs 浓度比不使用的低 41.67%，NH_3 的净化率为 42.96%，使用纳米 TiO_2 制成的内墙涂料在明亮的室内对 NO_2 的降解率达 80%。赵石林等研制出用电气石和纳米催化剂复合而成的 A 型纳米复合涂料，涂刷该涂料的板材可产生负离子 1 000/cm^3 以上。德国 STO 公司通过在纳米级锐钛型的 TiO_2 中掺杂稀土元素，研制出能净化室内空气的可见光催化生态漆，在涂有 STO 康乃馨生态漆的室内，几天就可以使室内总体的有害挥发性化合物甲醛、甲苯、酮等下降 80% 以上。在非紫外光存在的可见光条件下应用，当室内存在甲醛、VOC 等有害物质时，其降解速度达每小时 30% 以上，同时有抗菌作用。

在室内空气净化领域，随着光催化基础研究的不断深入，光催化空气净化设备也在不断涌现。早在 1988 年，日本京都大学和丰田三共公司合作推出了脱臭杀菌装置；1997 年年底，松下和三洋等大公司的光催化空气净化器也相继上市。目前，日本已开发出 TiO_2 光催化剂粉料、涂料等数十种产品，并已应用到空气净化器、玻璃和瓷砖等产品中。国内光催化空气净化设备的研究也很活跃。如中科院兰州化学物理研究所成功开发出了可以同时消除微量 SO_2、H_2S、NH_3 和 CH_3SH 等有恶臭气味的光催化剂和空气净化器；华东理工大学开发了由粉尘精滤器、细粉静电除尘器、活性炭与二氧化钛复合光催化除臭杀菌器以及负离子和微量臭氧发生器等部件组成的高效光催化空气净化器。经测试，该光催化空气净化器对挥发性有机物、细菌和尼古丁等空气污染物具有较高的净化效率。现今，各种净化器层出不穷，但就净化效果来说还不理想。必须综合各种净化原理的优点，完善其性能，设计出综合性较强的多重净化起作用的室内空气净化器，才能彻底提高室内空气品质。

8.2 水污染治理材料

8.2.1 水污染及其处理技术

水在自然循环过程中，进入水体的污染物超过了水体自净化能力和消纳能力，从而使水体丧失了规定的使用功能，这类现象被称之为水污染。

废水排放引起的水体污染主要有以下几种类型。

(1) 需氧型污染：废水中有机物被微生物吸收利用时，要消耗水中的溶解氧，影响水生生物的正常循环，降低水的质量。我国绝大多数水环境污染属于这种类型。

(2) 毒物型污染：废水中各种有毒物质排入水体后，导致水生生物中毒，并通过食物链危害人体健康。对生物圈来说，重金属引起的毒物型污染，其毒性危害尤其严重。

(3) 富营养型污染：氮、磷含量较高的废水排入水环境，会大量滋生藻类及其他水生植物，使水中的需氧量猛增，恶化水质。

(4) 感官型污染：废水中许多污染物能使人感到很不愉快，如颜色、臭味、泡沫、浑浊等，尤其对旅游环境有较大影响。

(5) 其他类型的水污染还有生物污染、酸碱盐污染、油类污染、热污染等。

为了表征废水水质，规定了许多污染物指标。常见的有悬浮物浓度、生化需氧量、化学需氧量、总固体浓度、重金属离子浓度、有毒物质、有机物质、细菌总数、pH值、色度和温度等。一种水质指标可能包括几种污染物；而一种污染物也可以属于几种水质指标。

20世纪以来，随着工业的大规模发展，水污染现象日益严重，已引起各界的高度重视，各种废水处理技术纷纷发展起来。按照废水处理技术来分类，常用的废水处理方法可分为三类。一类是分离处理，通过各种外力的作用，使污染物从废水中分离出来。通常在分离过程中并不改变污染物的化学性质。第二类是转化处理，通过化学或生化的作用，改变污染物的化学性质，使其转化为无害物或可分离的物质，后者再分离予以除去。第三类是稀释处理，将废水进行稀释混合，降低污染物的浓度，减少危害。

治理水污染，就是要清除水体中的污染物，使水质指标达到排放标准。现代的废水处理技术，按照废水处理的工艺过程来分类，一般可分为三级处理。一级处理主要去除废水中悬浮固体和漂浮物质，主要包括筛滤、沉淀等处理方法。同时还通过中和和均衡等预处理对废水进行调节，以便排放进入二级处理装置。通过一级处理，一般废水的生化需氧量可降低30%。二级处理主要采用各种生物处理法，利用微生物的新陈代谢作用，将水中有机物转化为无机物或细胞物质，从而去除废水中胶体和溶解状态的有机污染物。这种方法可将废水的生化需氧量降低90%以上，经过处理的水可以达到排放标准。三级处理的对象是残留的污染物和富营养物质，以及其他溶解物质。是在一级、二级处理的基础上，对难降解的有机物、磷、氮等富营养物质作进一步处理。采用的方法有混凝、过滤、离子交换、反渗透、超滤、消毒等。然而，废水中的污染物组成相当复杂，往往需要采用几种方法的组合流程，才能达到处理要求，对于某种废水，采用哪几种处理方法组合，要根据废水的水质、水量、回收其中有用物质的可能性，经过技术和经济的比较后才能决定，必要时还需进行实验。

面对日益严重的环境污染，作为材料科学工作者，有义务为改善生态条件，治理环境污染做出应有的贡献。在目前条件下，环境工程材料是属于生态环境材料的一大类，其主要目的是将材料科学与技术用于污染控制与防治。下面按照氧化还原、分离沉淀以及稀释中和等污水处理的工艺过程，介绍一些新材料科学与技术在污水治理中的应用。

8.2.2 氧化还原型水污染治理材料

氧化还原属于一种污水化学转化处理工艺。用于氧化还原处理的材料包括氧化剂、还原剂以及催化剂等。常用的氧化还原材料有活泼非金属材料如臭氧、氯气等；含氧酸盐如高氯酸盐、高锰酸盐等。常用的还原材料有活泼金属原子或离子。常用的催化剂有活性炭、粘土、金属氧化物及高能射线等。

臭氧是一种理想的环境友好型水处理剂。臭氧的氧化性很强，对水中有机污染物有较好的氧化分解作用。此外，对污水中的有害微生物，臭氧还有强烈的消毒杀菌作用。用臭氧处理难以生物降解的有机污染物，使其转化成容易降解的有机化合物，在污水处理中已开始广泛应用。例如，用臭氧分解污水中的聚羟基壬基酚，通过电子传递反应，氧化除去部分聚合物的侧链，经解聚，进而生化降解。将臭氧与活性炭吸附材料相结合，可以使废水中的芳烃降到 $0.002\mu g/L$。用臭氧处理钢铁工业中炼焦排放的活性污泥废水，可使废水中的聚环芳烃减少到 $0.02\mu g/L$，并对该废水的除色也具有很好的效果。对工业循环冷却排放的废水，在排入公共污水系统之前，用臭氧去除废水中的表面活性剂，可明显改善排出污水的水质，有效地减轻公共污水处理系统的负担。

从环境协调的角度看，利用空气中的氧或纯氧去处理废水中的有机污染物，也是一种环境友好型的污水处理方法。空气中的氧具有较强的化学氧化性，且在介质的 pH 值较低时，其氧化性增强，有利于用空气氧化法处理污水。但是，用空气中的氧进行氧化反应时活化能很高，反应速度很慢。在常温、常压、无催化剂的条件下，空气氧化法所需反应时间很长，使其应用受到限制。如能通过催化方法断开氧分子中的氧—氧键，如采用高温、高压、催化剂或 γ 射线辐射等辅助处理，则氧化反应速度将大大加快。"湿式氧化法"处理含大量有机物的污泥和高浓度有机废水，就是利用高温（$200\sim3000$℃）、高压（$30\sim150$atm）的强化空气氧化处理技术。由于高压操作难度较大，目前的空气湿式氧化法的发展方向是向低压发展。在生物处理污水流程中，有的设计了低压湿式氧化工艺，对一些用生物技术难以处理的有机污染物进行预处理。

深井湿式氧化法是新开发的一种工艺，具有占地少、能耗低、效率高、投资少等优点，尤其适于处理那些难以生物降解的有机污染物，是一种很有发展前景的污水氧化处理技术。其过程是把溶解或悬浮的有机废液和氧一起稀释、混合，装入深井，在高压和换热升温的条件下进行氧化，使废水中有机污染物进行自发的氧化燃烧，分解转化成无害物。深井湿式氧化法一般在亚临界状态下操作，由于地下环境的自然保温作用，传热换热效率较高，污染物分解反应程度比一般湿式氧化工艺要彻底。

另外，超临界水氧化处理有机污染物也是一个比较新的工艺技术。对特殊的、危害性较大的、难以分解的有机污染物，以氧为氧化剂和水为载体，在流体反应器中进行混合，经加热加压，在超临界状态下发生氧化反应，破坏污染物的有机结构，形成清洁排水。

过氧化氢也是一种较好的处理有机废水的氧化剂。过氧化氢与紫外光合并使用,可分解氧化卤代脂肪烃、有机酸等有机污染物。通过添加低剂量的过氧化氢,控制氧化程度,使废水中的有机物发生部分氧化、偶合或聚合,形成分子量适当的中间产物,改善其可生物降解性、溶解性及混凝沉淀性,然后通过生化法或混凝沉淀法去除。与深度氧化法相比,过氧化氢部分氧化法可大大节约氧化剂用量,降低处理成本。

氯系氧化剂包括氯气、次氯酸钠、漂白粉、漂白精等。通过在溶液中电离,生成次氯酸根离子,然后水解,歧化,产生氧化能力极强的活性基团,用于杀菌、分解有机污染物。氯系氧化剂的氧化性较强,且与pH值有关,在酸性溶液中其氧化性增强。氯系氧化剂还可通过光辐射或其他辐射方法来增强其氧化能力。氯系氧化剂最重要的氧化成分是二氧化氯。气态的二氧化氯极不稳定,容易爆炸,但它的水溶液相当稳定。二氧化氯在水中的溶解度大,为氯的5倍。加热、光照及某些催化剂的催化作用可促使二氧化氯溶液分解。二氧化氯遇水迅速分解,能生成多种强氧化剂如次氯酸、氯气、过氧化氢等。这些强氧化剂组合在一起,产生多种氧化能力极强的活性基团。能激发有机环上的不活泼氢,通过脱氢反应生成自由基,成为进一步氧化的诱发剂。自由基还能通过羟基取代反应,将有机芳烃环上的一些基团取代下来,从而生成不稳定的羟基取代中间体,易于开环裂解,直至完全分解为无机物。氯氧化法在废水处理中,除用于氰化物、硫化物、酚、醇、醛、油类等污染物的氧化法去除,还用于给水或废水的消毒、脱色、除臭。

高锰酸盐氧化剂也常用于污水氧化处理过程。最常用的高锰酸盐是高锰酸钾,是一种强氧化剂,其氧化性随pH值降低而增强。在有机废水处理中,高锰酸盐氧化法主要用于去除酚、氰、硫化物等有害污染物。在给水处理中,高锰酸盐可用于消灭藻类、除臭、除味、除二价铁、除二价锰等。高锰酸盐氧化法的优点是出水没异味,氧化药剂易于投配和监测,并易于利用原有水处理设备,如混凝沉淀设备、过滤设备等。反应所生成的水合二氧化锰有利于凝聚和沉淀,特别适合于对低浊度废水的处理。主要缺点是成本高,尚缺乏废水处理的运行经验。若将此法与其他处理方法,如空气暴气、氯氧化、活性炭吸附等工艺配合使用,可使处理效率提高,成本下降。

除使用氧化剂外,通过紫外线、放射线等高能射线进行光催化氧化,也是处理有机废水的一种有效方法。高能射线与污水中有机污染物的作用可分为直接作用和间接作用两种。直接作用是用高能射线直接照射水中的污染物,通过电离、激发、分解等过程,使污染物氧化分解。由于照射的效率等因素,直接作用法在污水处理中应用较少。更多的是将高能射线用于辅助增强氧化剂的化学处理过程,强化废水的氧化过程,提高氧化剂效率,减少药剂消耗量。在高能射线作用下,可提高化学氧化剂产生各种活性基的效率,通过这些活性基使氧化过程得以加强。

借助于太阳光中的3%~4%的紫外光,利用二氧化钛作载体,称之为光催化降解处理有机污染物技术。二氧化钛光催化剂用于环境保护,近年来发展很快,尤其在废水处理中得到了广泛的应用。据初步统计,全世界每年发表有关二氧化钛光催化剂的学术文章近 8 000 篇。

二氧化钛光催化的机理主要是利用其半导体的性质,在光的照射下激发产生电子和空穴,利用空穴夺取污染物分子中的电子,使污染物被分解或降解。通常,半导体的光吸收阈值 λ_g 与带宽能量 E_a 有如下关系:

$$\lambda_g(nm) = 1\,240/E_a(eV) \tag{8-1}$$

TiO_2 是一种锐钛型的半导体结构,其带宽能量约为 3.2eV。由式(8-1)计算得到波长小于 387nm 的光线(紫外光)均可激发 TiO_2 产生电子(e^-)和空穴(h^+):

$$TiO_2 \xrightarrow{h\nu} e^- + h^+ \tag{8-2}$$

一般情况下,光生空穴的电子捕获能力很强,即具有强氧化性,可夺取半导体颗粒表面被吸附物质或溶剂中的电子,使原本不吸收光的物质被活化氧化,从而达到分解有害污染物的目的。显然,二氧化钛光催化是一种环境友好型的污染治理技术,不仅价廉、无毒、稳定、使用寿命长,且不需要消耗昂贵的氧化剂,也不需要使用对人体有害的人造光源,如高压汞灯等,对开发有效利用太阳能处理有机废水的新方法,具有十分重要的意义。

二氧化钛光催化技术的使用方式主要有悬浮液式和固定式两种。悬浮液式处理有较高的降解速率,固定式则省去了处理系统中昂贵和复杂的分离和回收装置。目前,二氧化钛光催化技术已广泛应用于工业和城市污水处理,被污染的地下水的净化处理,高纯水电净化生产,重污染化工废水处理等领域。除分解废水中的有机污染物外,还可用于杀菌,除油,局部空气净化等方面。

对含有机微生物污染的废水,用生物接触氧化法进行净化处理在工业实践中也得到了广泛的应用。生物接触氧化法的工艺原理是在曝气池中置放填料,经曝气的废水流经填料层,使填料颗粒表面长满生物膜。借助于填料表面的生物絮凝作用和生物降解作用,不但可降低水的浊度,减少后续净水工艺的混凝剂用量;还可通过生物降解去除相当数量的有机物,尤其是易氯化的三卤甲烷前体物,节约净水过程中的液氯用量。实践表明,生物接触氧化法处理含微生物的污水效率高,出水水质稳定,运行成本低,容积负荷高,调试运行方便,国内已在啤酒等轻、化工行业广泛应用。在生物接触氧化处理污水的工艺中,填料的选择对污水处理的效率有很大影响。要求填料比表面积大,孔隙率大,水阻力小,性能稳定。近年来,国内外对填料的成分和结构做了许多研究工作。例如,早期大量应用的是硬塑料网状和蜂窝状填料,现已有人造纤维丝软性填料应用于工业实践中。这种结构是由纵向安设的纤维绳上绑上一束束人造纤维丝,形成巨大的生物膜支承面积。具有耐腐蚀、耐生物降解、不堵塞、造价低、体积小、重量轻、易于组装、适应性强、处理效果好等优点。

氧化还原方法除大量应用于有机废水处理外,对一些重金属离子污染的无机废水,如六价铬、汞离子等也有较高的处理效率。特别是电镀车间的含铬废水,是表面处理行业废水处理的重点。目前的处理方法除电解还原工艺外,用硫酸亚铁、二氧化硫、亚硫酸钠、亚硫酸氢钠等含硫化合物还原六价铬的化学还原法应用也普遍。甚至对一些单位有二氧化硫及硫化氢废气时,也可采用含硫尾气还原六价铬,以废治废。在采用化学还原法去除六价铬时,由于生成的硫酸铬溶解度较大,需要进一步加碱,使之生成氢氧化铬沉淀,才能从溶液中分离除去。关于药剂的选择,工业上一般多采用硫酸亚铁和石灰,因其来源较广。另外,若生产中同时有含铬废水和含氰废水需处理时,也可以互相进行氧化还原反应,以废治废,降低成本。

用氧化还原法处理含汞废水也是工业上常用的工艺。还原剂一般可选铁屑、锌粒、铝粉、铜屑和硼氢化钠、醛类、联胺等。用金属化合物还原除汞时,可将含汞废水通过金属屑滤床或与金属粉混合反应,置换出金属汞。例如,用工业铁粉去除酸性废水中的汞,在 $50 \sim 60 \, ^\circ\!C$ 溶液中,混合反应 $1 \sim 1.5h$,经过滤分离,废水中含汞量可降低 90% 以上。对含酸浓度较大的含汞废水,可采用铜屑过滤的处理工艺。如对一含废酸浓度达 30%,含汞量达 $600 \sim 700mg/L$ 的废水,采用铜屑过滤法去除汞,接触时间不低于 $40min$,含汞量可降至 $10mg/L$ 以下,除汞率达 98.5%。对废水中的有机汞,通常先用氧化剂将其转化为无机汞后,再用其他金属置换。例如,硼氢化钠在 $pH\ 9 \sim 11$ 的碱性条件下,可将汞离子还原成金属汞。据报道,每千克硼氢化钠可回收 $2kg$ 金属汞。

8.2.3 沉淀分离型水污染治理处理材料

沉淀分离方法是利用水中悬浮颗粒与水的密度不同进行污染物分离的一种废水处理方法。利用沉淀分离法,可以去除水中的砂粒,化学沉淀物,混凝处理所形成的絮凝体和生物处理的污泥。沉淀分离从理论上可分为自由沉淀、絮凝沉淀、分层沉淀和压缩沉淀等。

一般,沉淀分离处理主要在沉淀池中进行。从生态环境材料的角度,这里不讨论沉淀池的设计及建造所用的材料。仅介绍用于治理水污染的沉淀分离工艺过程用材料,即用于絮凝沉淀的絮凝剂和化学沉淀法的沉淀剂两种材料的应用。

在絮凝沉淀分离过程中,常用到的絮凝沉淀材料有混凝剂和助凝剂两大类。混凝剂是在混凝过程中投加的主要化学药剂。其混凝机理是通过形成压缩双电层、电性中和、卷带网捕以及吸附桥连等四个方面的作用完成的。

常用的混凝剂有无机多价金属盐类和有机高分子聚合物两大类。前者主要有铝盐和铁盐,后者主要有聚丙烯酰胺及其变性物。铝盐主要有硫酸铝、明矾和聚合氯化铝三种。铁盐主要有硫酸亚铁,三氯化铁以及聚合硫酸铁三种。高分子絮凝剂大多数是高聚合度的水溶性有机高分子聚合物或共聚物,相对分子质量在数万至数百万之间。其分子中含有许多能与胶粒和细微悬浮物表面上某些点位起凝聚作用的活性基团。具有代表性的常用高分子絮凝剂有非离子型,如聚丙烯酰胺、聚氧化乙烯等;阴离子型,如聚丙烯酸(PAA)、水解聚丙烯酰胺(HPAM)、聚磺基苯乙烯、聚甲基丙烯酸钠等;阳离子型,如丁基溴聚乙烯吡啶、聚二丙烯二甲基胺(PDADMA)等。

为了促进混凝效果,加速絮凝体的形成和沉降速度,在投加混凝剂的同时,一般还投加一些辅助药剂,称为助凝剂。常用的助凝剂有三类:一类是酸和碱,以调整溶液的pH值;第二类是水玻璃、活化硅酸、活性炭等物质,以增强絮凝体的密实性和沉降性能;第三类是氧化剂,促进某些金属离子的氧化,以利沉淀并破坏水中对混凝过程有干扰的有机物。例如,某种染料废水,含铬达37 000mg/L,色度达100 000倍左右。加入一定量的混凝剂和助凝剂如镁和钠硫酸盐、碳酸盐、少量硼酸盐以及黄土若干,经两级混凝沉淀后,其铬含量降至500mg/L左右,色度降至4 000倍左右。表明混凝沉淀的处理效果较好。

除絮凝沉淀外,化学沉淀也是一种常用的污水沉淀分离处理方法。主要是利用投加的化学物质与水中的污染物进行化学反应沉淀,形成难溶的固体沉淀物。然后进行固液分离,从而除去水中的污染物。通常称这类能与废水中污染物直接发生化学反应、产生沉淀的化学物质为沉淀剂。对于危害性较大的重金属废水,特别是污染物浓度较高时,化学沉淀法一种重要的污水处理方法。废水中的重金属离子,如汞、镉、铅、锌、镍、铬、铜等;碱土金属,如钙和镁离子;以及非金属化合物,如砷、氟、硫、硼等污染物,均可通过化学沉淀法去除。

化学沉淀法按所加入的沉淀剂成分可分为氢氧化物沉淀剂、硫化物沉淀剂、铬酸盐沉淀剂、碳酸盐沉淀剂、氯化物沉淀剂等几大类。

氢氧化物沉淀剂包括各种碱性物料,常用的有石灰、碳酸钠、苛性钠、石灰石、白云石等。由于氢氧化物沉淀法对重金属的去除范围广,沉淀剂的来源丰富,价格低而又不造成二次污染,因而成为一种应用最广泛的重金属废水处理方法。例如,用氢氧化物沉淀法除锌,锌离子的初始浓度为16~374mg/L,经化学沉淀处理后,锌含量平均降至3~5mg/L,最佳者降至0.08~1.6mg/L。用氢氧化物沉淀法处理含镍废水也具有较好的效果。如某废水的镍离子初始浓度为100mg/L,采用石灰处理,投加量为250mg/L,在pH9.9时,镍离子浓度降至1.5mg/L。一般情况下,用氢氧化物处理重金属离子废水,溶液的pH越高,处理效果越好。

氢氧化物沉淀法还可用来去除废水中的氟离子。当废水中含有比较单纯的氟离子时,投加石灰调pH值至10~12,即可使氟离子浓度降至10~20mg/L。若废水中还含有其他金属离子,如镁离子、铁离子和铝离子等,加石灰后,除形成氟化钙沉淀外,还形成金属氢氧化物沉淀。由于后者的吸附共沉作用,可使含氟浓度降到8mg/L以下。若加石灰调节pH至11~12,再加硫酸铝,使溶液pH变至6~8,则形成氢氧化铝沉淀,可使氟离子浓度降至5mg/L以下。如果加石灰的同时,加入磷酸盐如过磷酸钙、磷酸氢二钠等,则水中的氟离子与磷酸盐形成难溶的磷灰石沉淀,可使含氟浓度降至 2mg/L 左右。

硫化物也是一种较好的化学沉淀剂。位于元素周期表中部的大多数金属的硫化物都难溶于水,因此可用硫化物沉淀法比较完全去除废水中的重金属离子。常用的硫化物沉淀剂有硫化氢、硫化钠、硫化铵、硫化锰、硫化铁、硫化钙等。硫化氢是一种有毒带恶臭的气体,使用时必须十分注意安全,在空气中的允许浓度不得超过 0.01mg/L。用硫化物沉淀法处理重金属废水,具有去除率高,沉淀泥渣中金属品位高,便于回收利用,pH 值适应范围大等优点。如用硫化物沉淀法处理含有机汞,无机汞废水在生产上均有应用。用硫化物沉淀法处理含铜废水,经回收后可得品位为 50% 的硫化铜,回收率达 85%。不足的是,硫离子可使水体中化学耗氧量增加;当水体酸性增加时,可产生硫化氢气体,污染大气;并且硫化物沉淀剂来源受到限制,价格亦不低,因而限制了它的广泛应用。

在废水处理中,铬酸盐沉淀法仅限于处理六价铬离子。投加的沉淀剂有碳酸钡、氯化钡以及硫化钡等。因都是钡盐,习惯上叫做钡盐沉淀法。钡盐法的优点是出水清澈透明,可回用于生产。缺点是钡盐来源少,沉渣中的铬毒性大,并引进了二次污染物钡离子。另外处理过程控制要求较严格,要兼顾两种毒物的处理效果。目前,工业上已很少采用这种处理方法。

钙、镁等碱土金属和锰、铁、钴、镍、铜、锌、银、镉、铅、汞、铋等重金属离子的碳酸盐都难溶于水,可用碳酸盐沉淀法将这些金属离子从废水中去除。通常,对于不同的处理对象,碳酸盐沉淀法有三种不同的应用方式。其一是利用沉淀转化原理,投加难溶碳酸盐如碳酸钙,使废水中重金属离子生成溶解度更小的碳酸盐而沉淀析出。其二是投加可溶性碳酸盐如碳酸钠,使水中金属离子生成难溶碳酸盐而析出。第三种方法是投加石灰,与水中的钙、镁离子反应,生成难溶的碳酸钙和氢氧化镁而沉淀析出。

对废水中的银离子,可用氯化物沉淀法进行去除。一般情况下,氯化物的溶解度都很大,唯一的例外是氯化银。利用这一特点,可以处理和回收废水中的银。

8.2.4 稀释中和型水污染治理材料

所谓稀释中和处理指废水排放前,其 pH 值超过排放标准,通过加入一些稀释中和剂,调节酸碱度,使废水水质的 pH 值达到排放标准。稀释中和处理一般有三个目的:其一是使废水在合适的 pH 指标范围内,减少对水生生物的影响;其次是通过调节酸碱度,使工业废水排入城市下水道系统前,以免对管道系统造成腐蚀;第三是在生物处理前,需将废水的 pH 值维持在 6.5~8.5 的范围内,以确保生物处理的最佳活力。

稀释中和一般分酸性废水处理和碱性废水处理两类。在酸性废水处理中,常用的材料有两类,一类是直接与废水进行中和反应的材料,如氢氧化钠、碳酸钠、石灰石、电石渣等；另一类是用于过滤中和处理的碱性滤料如石灰石、大理石、白云石等材料。

采用中和法处理酸性废水时，不仅要考虑中和材料本身的溶解性、反应速度、成本、二次污染、使用方便等因素，而且还要考虑最终产物的性状、数量及处理费用等因素。处理酸性废水时，碱性药剂的中和作用包括两个方面：第一，与废酸本身起中和反应；第二，与其他酸性盐如重金属盐、铵盐等起反应。当用石灰进行中和处理时，其主要成分氢氧化钙还有凝聚作用。因此，对杂质多，浓度高的酸性废水尤其适用。在中和过程中，通常形成的沉渣体积庞大，约占处理水体积的2%，一般需采用沉淀池进行分离处理。

对碱性废水的处理，一般加入酸性的中和剂即可。常用的酸性中和剂有盐酸、硫酸及压缩二氧化碳。硫酸的价格较低，应用最广。盐酸的优点是反应物溶解度高，沉渣少，但价格高。压缩二氧化碳气体由于成本高，在实际应用中使用不多。除加药剂之外，通常可寻找一些废酸性物质来作为中和处理材料。废酸性物质包括含酸废水、烟道气等。烟道气中的二氧化碳含量可高达24%，燃煤的烟道气有时还含有二氧化硫和硫化氢，故可用来中和碱性废水。该方法优点是以废治废，投资省，运行费用低。缺点是水中的硫化物、耗氧量和色度都会明显增加，还需进一步处理。

对有些废水，可采用碱性过滤材料进行过滤中和一次性处理的方法，以提高处理效率。工艺是选择一些碱性过滤材料，填充成一定形式的过滤床，酸性废水流过此过滤床的过程中即被中和处理。过滤中和法与加药中和法相比，具有操作方便，运行费用低，劳动条件好等优点。它产生沉渣少，只有废水体积的0.1%。主要缺点是中和能力不大，进水酸浓度受到限制。对一些既有酸性废水，也有碱性废水排放的单位，可利用工艺排放的碱性废水中和处理酸性废水，达到以废治废的目的。

8.2.5　膜材料

用天然或人工合成的膜材料，以外界能量或化学位差作动力，对双组分或多组分溶质和溶剂进行分离、分级、提纯和富集的方法，统称为膜分离法。作为一种先进的分离技术，自20世纪60年代开始大规模工业化应用以来，膜分离技术发展十分迅速。其膜材料品种日益丰富，应用领域不断扩展，在石油、化工、环保、能源、食品、轻工等行业发挥重大作用。膜技术被认为是20世纪末以来最有发展前途的高技术之一。

在水处理中，利用膜分离可以去除水中各种悬浮物、细菌、有毒金属物和有害有机物等。使用膜生物反应器可将城市污水进行处理，生产出不同用途的再生水，如工业冷却水、城市绿化水和城市杂用水等。与其他分离方法比，膜分离的主要优点有：

(1) 在膜分离过程中，不发生相变化，能量的转化效率高；

(2) 一般不需要投加其他物质，可以节省原材料和化学药剂；

(3) 在膜分离过程中,分离和浓缩同时进行,能回收有价值的原料;

(4) 根据膜的选择性和膜孔径的大小,既可将不同粒径的物质分开,也可使物质得到纯化,且不改变其原有的属性;

(5) 膜分离过程不会破坏对热敏感和对热不稳定的物质,可在常温下得到分离;

(6) 膜分离法适应性强,操作和维护方便,易实现自动化控制。

常见的液体膜分离技术有反渗透法、超滤法、微滤法、透析法、电渗析法、渗透气化法及纳米过滤法等。膜材料是膜分离技术的核心,不同膜分离过程机理不同,对膜材料的性能和结构也有着截然不同的要求。如微滤、纳滤和超滤都是依靠不同微孔孔径膜的筛分作用进行分离的压力驱动的膜过滤过程。而反渗透则是依靠反渗透膜选择性地只能透过溶剂的性质进行分离的过程。通过采用不同的膜材料和过滤工艺,去除不同的有机和无机溶质。图8-5是几种膜分离示意图。由图可见,微滤可脱除悬浮颗粒;超滤可脱除大分子有机物;纳滤可截留糖类等小分子,以及二价盐和多价盐,截留率都在90%以上。反渗透膜可截留几乎所有的离子,对离子的截留无选择性,使其操作压力较高、膜通量受到限制。由此造成设备投资成本、操作和维持费用等都较高,目前主要是用于海水淡化方面。

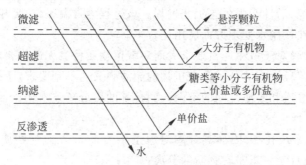

图 8-5　几种常见的膜分离示意图

作为微滤膜的代表,聚四氟乙烯(PTFE)膜是目前最常用到的空气过滤膜和净化过滤膜的原材料,它具有良好的热稳定性和化学稳定性、耐高温、强氧化性、强还原性等优点,已广泛用于化工厂、发电厂、炭黑厂、水泥厂、喷漆厂等的烟道过滤、热空气过滤、水过滤等过程,具有良好的经济和社会效益,在分离领域显示出了广泛的应用前景。

近年来,美国 Gore 公司在此领域取得突破,使 PTFE 膜在保持其自身优点的同时,具备了亲水性,因而广泛用于水溶液体系中的固液分离。目前,Gore 膜已经在我国的很多工业实践中也有所应用。有报道称,在卤水二次精制操作中,国内已经有大约 2/3 的企业采用 Gore 膜过滤装置代替了传统的澄清罐,并取得了极好的社会和经济效益。另外 Gore 膜也用于我国的活性白土污水过滤、火电厂煤泥废水处理等多种领域。但是,Gore 公司实现垄断性生产,向我国只输出产品,不转让技术,产品价格昂贵(亲水膜售价高达1500元/m²,约为普通微滤膜的10倍),这势必制约我国民族工业的发展。

针对垃圾焚烧过程中二噁英的去除,美国Gore公司还基于上述PTFE膜发展了REMEDIA®催化过滤器系统(US5620669)。它是将催化剂粉体植入PTFE多孔纤维内部,之后加工成过滤器。该过滤器能有效地将高效除尘和催化氧化去除二噁英的功能集于一身,二噁英的排放低于$0.1ngTEQ/m^3$,颗粒物低于$1mg/Nm^3$。使用过程中,烟气中以微小固态颗粒物存在的二噁英将与其他微小颗粒物如重金属一起被过滤去除,而气态的二噁英则通过薄膜与滤料纤维中的催化剂发生氧化分解反应。目前,Remedia技术已被应用到比利时、日本、美国和德国等垃圾焚烧厂的烟气净化系统。在我国,具有催化剂功能的PTFE纤维和过滤材料的研制仍处于起步阶段。

超滤膜根据膜材料的不同,可分为有机膜和无机膜。有机膜大多由醋酯纤维或与其性能类似的高分子材料制得;无机膜主要是陶瓷膜和金属膜。这类膜材料最适于处理溶液中溶质的分离和增浓,也常用于其他分离技术难以完成的胶状悬浮液的分离。超滤膜分离可取代传统工艺中的自然沉降、板框过滤、真空转鼓、离心分离、溶媒萃取、树脂提纯、活性炭脱色等工艺过程。该过程为常温操作,无相态变化,不产生二次污染,因此在饮用水处理方面应用比较多。

由于反渗透膜对于过滤通量要求大而对截留物质种类无严格要求的应用场合不太适用,而仅截留较大相对分子量有机物的超滤膜又达不到要求,于是纳米过滤应运而生,填补了反渗透和超滤之间的空白。同传统的膜分离技术相比,纳米过滤膜有以下特点:

(1) 具有纳米级孔径,因而其分离对象主要为1nm左右的物质,特别适合于相对分子质量为数百至一千左右物质的分离;

(2) 操作压力低,一般低于1MPa,故有"低压反渗透"之称,操作压力低意味着设备投资和运行费用低,因而过滤成本低;

(3) 可取代传统处理过程中的多个步骤,因而比较经济,如为了净化水,传统采用石灰苏打法或离子交换法去除钙、镁离子,用活性炭吸附法去除有机物,而采用纳滤技术可一次性将上述无机物和有机物同时去除;

(4) 有较好的耐压密性和较强的抗污染能力,由于纳米过滤膜多为复合膜或荷电膜,可根据离子大小及电价态的高低进行分离,从而其耐压密性和抗污染能力较强。

20世纪90年代,国际上开始采用纳米过滤膜技术对各种水进行高效处理,如饮用水、工业污水、地下水等。特别是在工业废水处理中,目前已实际应用于含铬废水、有机化工废液、电镀废水、造纸废水、机械加工废水或废液,还包括二级污水的深度处理等,在化工、电子、轻工、冶金、石油和医药等领域得到了广泛的应用,发挥着节能、环保和清洁等作用,在国民经济中占有重要地位。

我国的膜材料产业在"十一五"期间也得到快速发展,主要集中在电渗析、反渗透、超滤、微滤、渗透气化、气体分离等各种膜材料及工程方面。有机膜材料与无机膜材料均得到快速发展。国家多年来的引导和支持,加速了我国分离膜产业的形成和发展。现在,全国从事分离膜研究的院所、大学近100家,膜制品生产企业有300余家,工程公司超过1 000家,在分离膜几乎所有的领域我国都开展了工作,涉及反渗透、纳滤、超滤、微滤、电渗析等单元操作或集成的膜处理系统,应用涉及海水淡化、水净化、水循环利用、生物产品分离、食品加工、化工与石油化工、电子工业等领域。在应用最广的水处理领域,单位处理能力达到5万~10万 m^3/d,由立升企业提供超滤膜元件的台湾高雄30万 t/d 膜法自来水装置于2007年开车成功,这是全球最大的膜法自来水装置之一。

8.3 其他污染控制材料

除废水、废气以及固态废弃物对环境造成的污染外,社会的发展和城市化的生活,使得噪声已成为第四大污染源。近年来,科学的发展和信息技术的普及,又使电磁波对人体的污染放到了议事日程上来。防止噪声的污染和电磁波对人体的损害,除控制技术外,材料的选用也重要的一环。随着防噪技术和电磁波控制技术的发展,新材料技术也在不断发展。这里介绍一些目前关于噪声控制材料和电磁波防护材料的进展。

1. 噪声控制材料

在环境领域,噪声指不同频率和不同强度的声音无规律地组合在一起,对人类的生活和工作造成了妨碍。它不同于电学中的噪声,电学中的噪声指由于电子的杂乱运动而在电路中形成的一种频率范围很宽的杂波。

环境噪声的来源主要有,由机械振动、摩擦、撞击和气流扰动而产生的工业噪声;由汽车、火车、飞机、拖拉机、摩托车等行使过程中产生的交通噪声;以及由街道或建筑物内部各种生活设施、人群活动产生的生活噪声等。

我国早在1982年就制定了《城市区域环境噪声标准》,标准号为GB 3096—82,规定了城市各类区域环境噪声的标准值,详见表8-4。

科学技术的高速发展,给人们带来丰富的物质和文化生活的同时,也给人类带来了噪声的污染,引起了各国政府和有关部门对噪声防治的普遍关注。

通常,一个噪声系统由噪声源、传递途径、接受体三个部分组成。控制噪声的途径,也是从这三方面考虑。如只要噪声源停止发声,噪声就会停止。因此,降低噪声源的发声强度,是一个重要的方面。目前,我国许多城市市区内禁止鸣喇叭,就是一种有效的防噪措施。

表 8-4　我国城市各类区域环境噪声标准　　　　　　　　　　　　dB

适 用 区 域	昼　　间	夜　　间	注　　释
特殊住宅区	45	35	特别需要安静的住宅区
居民、文教区	50	40	纯居民、文教和机关区
一类混合区	55	45	一般商业与居民混合区
二类混合区,商业中心	60	50	工业、商业、少量交通与居民混合区,商业集中繁华地区
工业集中区	65	55	规划确定的工业区
交通干线道两侧	70	55	车流量大于 100 辆/h 的道路两侧

控制噪声的另一项措施就是阻碍噪声的传递途径,从而减小噪声的危害。其中,安装消声、吸声和隔声设备和材料是技术人员努力的方向。消声设备是附属在声源上或成为其一部分的一种装置,能使噪声散发在声源附近,或在噪声影响工作和生活以前将其吸收掉。

常用的吸声材料有玻璃棉、矿渣棉、泡沫塑料、毛毡、棉絮等多孔材料。将其装饰在墙壁上或悬挂在空间,吸收发射和反射出的声能,可降低噪声。

隔声材料和装备是用一定的材料和装备将声源封闭。常用的有隔声墙、隔声地板、隔声室和隔声罩等。据测量,在道路两边安装防噪墙板,可使交通噪声降低 10dB 以上。世界上许多城市市区的高架路都安装了防噪墙板,有效地控制了交通噪声污染。这种防噪墙板是声学和材料学的有机组合,既要求有最低的声反射,又要有较强的吸声能力。一般都是由多孔无机复合材料组成。

另外,对公路路面摩擦产生的交通噪声,通过改变路面材料成分也可降低噪声。例如,水泥路面比柏油路面产生的噪声要高,破损的路面比完好的路面产生的噪声要高。国外已有在路面材料中添加粉碎的废弃玻璃钢材料来改善路面质量的应用。也有通过改善路面的粗糙度来减小交通噪声的研究。另外,将废旧轮胎粉碎,添加到路面材料中,不但降低噪声,还大大改善路面质量。

2. 电磁波防护材料

随着信息技术的发展,电磁波对人类生存环境的污染亦愈来愈受到环保人士的重视。这里所谈的电磁波污染,主要指由电磁波引起的对人体健康的不良影响,不包括电磁波对电子线路、电子设备的干扰。常见的电磁波污染源有计算机设备、微波炉、电视机、移动通信设备等。这些电子器件通过机壳和屏幕向空间发射电磁波,从而污染环境。

据报道,波长在 300MHz～300GHz 的微波辐射以及低频磁场对人体的电磁辐射影响最大。我国早在 20 世纪 80 年代就制定了《环境电磁波卫生标准》，标准号为 GB 9175—88，规定安全区的电磁辐射限值应小于 $10\mu W/cm^2$。表 8-5 是移动通信手机各部位电磁辐射量的测量结果。由表可见，手机各部位的电磁辐射量远远超过了国家规定的安全标准。

表 8-5　移动通信手机各部位电磁辐射量的测量结果

部　位	耳机	耳机上部	天线中部
辐射强度/$(\mu W/cm^2)$	350	950	440

因此，电磁波防护问题已引起人们的普遍关注。为减小电磁波对人体的辐射污染，在系统电路设计时尽量减小辐射量是一个重要的方面。目前看来，大量的研究还是集中在开发有效的屏蔽措施方面。特别是屏蔽材料的加工制备，对不同的电子设备采用不同的防护层，则是许多技术人员努力的方向。

关于电磁波防护材料，目前主要有两类，一类是吸波材料，一类是反射材料。其原理都是尽量将电磁波屏蔽在机内，最大限度地减少电磁波的机外辐射。

常见的反射材料主要由金属成分构成的，且常加工成表面合金。对电磁波不但有反射作用，还通过衍射、折射等方式改变电磁辐射特性。例如，对于移动通信手机的电磁波防护，国外已研究成功在手机外壳镀上一层金属模，通过改变手机近场的电磁波特性来减少对人体的电磁辐射。

目前，国内外的吸波材料主要有两大类，一类是以有机材料为主的泡沫吸波材料，另一类是铁氧体吸波材料。泡沫吸波材料通常用含炭粉、阻燃剂的乳胶作为灌注物，浸润在聚氨酯泡沫或聚苯乙烯塑料等基体中，制成锥形、锲形吸波材料。这类材料一般用于大型仪器设备的电磁波屏蔽，且仪器的工作频率在 30MHz～1GHz 之间。屏蔽方式主要是设备包裹或工作间饰面，即对电磁辐射源形成一个封闭系统。

铁氧体吸波材料成分主要是磁性三氧化二铁。通常有平板型、网格型和双层复合型三类市售铁氧体吸波材料。平板型铁氧体吸波材料往往适用于 30～450MHz 之间。网格型铁氧体吸波材料可适用频率范围在 30～750MHz，当加厚到 0.5m，可使工作频率扩展到 1GHz 以上。双层复合型铁氧体吸波材料正常可用于工作频率在 30MHz～2GHz 条件下的电磁屏蔽。若加上 25cm 的吸波尖劈，工作频率可扩展至 30GHz。另外，铁氧体粉末材料可添加在表面材料中，作一般环境下的电磁波屏蔽层。

对人体在工厂作业环境中的电磁波防护，可采用个人防护用具，如穿防电磁辐射的工作服，戴防护眼镜等。早期的电磁辐射防护服是以镀银织物和金属纤维混纺而成。由于电磁辐射防护既要求防电场，又要消除磁场，还要阻隔少量的 X 射线。所以,现在的电磁辐射防护服都由含金、银、铜、镍等多种金属元素的混纺纤维织成。目前我国也能够生产这类电磁辐射防护服。

阅读及参考文献

8-1 翁端.关于生态环境材料研究的一些基本思考.材料导报,1999,13(1):12~14

8-2 王天民.生态环境材料.天津:天津大学出版社,2000

8-3 山本良一.环境材料.王天民译.北京:化学工业出版社,1997

8-4 埃尔克曼.工业生态学.徐兴元译.北京:经济日报出版社,1999

8-5 蔡强,朱志忠.化工新材料应成为我国化学工业21世纪新的经济增长点.化工新型材料,1999,28(1):9~11

8-6 杨赞中,廖立兵,杜洪兵.非金属矿物在环境治理中的应用.矿物岩石地球化学通报,1999,18(4):257~260

8-7 舒代宁.环境保护与绿色化学.成都大学学报(自然科学版),2000,19(1):20~26

8-8 左铁镛,翁端.国外环境材料研究进展.材料导报,1997,11(5):1~5

8-9 T. Anderson & D. Leal著.环境资本运营.翁端译.北京:清华大学出版社,2000

8-10 张殿印,王纯,余非漉.袋式除尘技术.北京:冶金工业出版社,2008

8-11 向晓东.烟尘纤维过滤理论、技术及应用.北京:冶金工业出版社,2007

8-12 赵磊.袋式除尘用过滤材料的开发及应用.国际纺织导报,2011,3:60~64

8-13 王冬梅,邓洪,吴纯,李小甫.高温过滤材料的应用及发展趋势.中国环保产业,2009:6:24~30

8-14 吴晓东,翁端,陈华鹏,徐鲁华.柴油车微粒捕集器过滤材料研究进展.材料导报,2002,16(6):28~31

8-15 刘东旭,翁端.柴油车尾气颗粒物净化用SiC过滤材料的研究与应用.环境工程学报,2007,1(5):134~139

8-16 陈士冰,王世峰,辛旭亮,李亮.多孔陶瓷过滤材料的研究进展.山东轻工业学院学报,2009,23(2):17~20

8-17 俞树荣,张婷,冯辉霞,王青宁,王毅.吸附材料在脱硫中的应用和研究进展.河南化工,2006,23(8):8~11

8-18 Kim J H, Ma X, Zhou A. Ultra-deep desulfurization and denitrogenation of diesel fuel by selective adsorption over three different adsorbents:A study on adsorptive selectivity and mechanism. Catalysis Today,2006,111(1-2):74~83

8-19 孔渝华,王先厚,李仕禄.15年常温精脱硫新技术的进展.化肥设计,2004,42(5):46~49

8-20 Hernández-Maldonado A J, Yang F H, Qi G. Desul-furization of transportation fuels by π-complexation sorbents:Cu(Ⅰ)-, Ni(Ⅱ)-, and Zn(Ⅱ)-zeolites. Applied Catalysis B:Environmental,2005,56(1-2):111~126

8-21 苏胜,向军,马新灵,等.铝基氧化铜干法烟气脱硫及再生研究.燃料化学学报,2004,32(4):407~412

8-22 邹向荣,翁端.汽车尾气净化催化剂研究进展——催化剂材料与性能.材料导报,1997,11(4):22~24

8-23 翁端,马燕合. 由第三届国际环境材料大会看环境材料的研究动态. 材料导报,1998,12(1):1

8-24 Gongshin Qi, Ralph T Yang. Performance and kinetics study for low-temperature SCR of NO with NH_3 over MNO_x-CeO_2 catalyst. Journal of Catalysis,2003,217(2):434~441

8-25 Gongshin Qi, Ralph T Yang, Ramsay Chang. MnO_x-CeO_2 mixed oxides prepared by co-precipitation for selective catalytic reduction of NO with NH_3 at low temperatures. Applied Catalysis B: Environmental,2004,51(2):93~106

8-26 Panagiotis G Smirniotis, Pavani M Sreekanth, Donovan A Peña, et al. Manganese Oxide Catalysts Supported on TiO_2, Al_2O_3, and SiO_2: A Comparison for Low-Temperature SCR of NO with NH_3. Ind Eng Chem Res,2006,45(17):6436~6443

8-27 Zhongbiao Wu, Boqiong Jiang, Yue Li, et al. Effect of transition metals addition on the catalyst of manganese/titania for low-temperature selective catalytic reduction of nitric oxide with ammonia. Applied Catalysis B: Environmental,2008,79(4):347~355

8-28 贺泓,翁端,资新运. 柴油车尾气排放污染控制技术综述. 环境科学,2007,28(6):1169~1177

8-29 王长会. 我国氮氧化物的污染现状和治理技术的发展及标准介绍. 机械工业标准化与质量,2008,3:20~21

8-30 多金环,王圣,朱法华. 我国火电行业环保现状及节能减排宏观建议. 环境保护,2008,392:14~16

8-31 Urban C H, Garbe R J. Regulated and unregulated exhaust emissions from malfunctioning automobiles. SAE Technical Paper, No. 790696

8-32 王格慧,宋湛谦. 天然纤维材料在工业废水中的应用. 林产化学与工业,1999,19(3):79~87

8-33 熊蓉春,董雪玲,魏刚. 绿色化学与21世纪水处理剂发展战略. 环境工程,2000,18(2):41~44

8-34 张坤民. 可持续发展论. 北京:中国环境科学出版社,1997

8-35 王伟中. 中国可持续发展态势分析. 北京:商务印书馆,1999

8-36 王伟中. 地方可持续发展导论. 北京:商务印书馆,1999

思 考 题

8-1 将材料科学与技术用于环境污染治理,产生了环境工程材料。从环保工艺的角度分析环境工程材料应如何分类。

8-2 二氧化硫的排放是引起酸雨的主要原因。试分析干法、湿法、生物法脱硫工艺的优缺点。

8-3 净化大气中的氮氧化物通常有哪些方法?

8-4 治理大气和水污染,催化转化是一种常用的技术。试用LCA方法分析用催化转化技术治理环境污染所带来的环境影响。

8-5 常见的污水处理工艺有哪些?在这些处理工艺中,材料科学与技术起到了哪些作用?

8-6 膜分离技术是废水处理中的一项重要技术,简述选择膜分离材料的原则,论述膜分离技术的发展趋势。
8-7 如何利用材料科学与技术控制交通噪声污染?
8-8 对于电磁波污染的防护,为什么说材料的应用是关键技术?
8-9 综述一下治理大气污染的吸附、吸收及催化转化材料的开发及应用现状。

第 9 章
固体废弃物中有价元素的回收利用技术

9.1 固体废弃物及资源化利用

9.1.1 固体废弃物的分类

固体废弃物是指人类在生产、消费、生活和其他活动中产生的固态、半固态废弃物质,可以按不同方式进行分类。按其组成可分为有机废弃物和无机废弃物;按其形态可分为固体(块状、粒状、粉状)和泥态废弃物;按其危害特性可分为有害和无害废弃物;按其来源可分为工业固体废弃物、矿业固体废弃物、城市生活垃圾、农业固体废弃物和放射性固体废弃物等。

(1) 工业固体废弃物

工业固体废弃物是指工业生产和加工过程所产生的废渣、粉尘、废屑、污泥等,主要包括以下几种:①冶金工业中各种金属冶炼或加工过程中所产生的各种废渣,如炼铁产生的炉渣,炼钢产生的钢渣,铜、镍、铝、锌等冶炼过程产生的有色金属渣,铁合金渣以及提炼氧化铝时产生的赤泥等;②能源工业中燃煤电厂产生的粉煤灰、炉渣、烟道灰、采煤及洗煤过程中产生的煤矸石等,还有石油工业产生的油泥、焦油、油页岩渣、废催化剂等;③化学工业生产过程中产生的硫铁矿渣、酸渣、碱渣、盐泥等;④其他机械加工过程中产生的金属碎屑、建筑废料以及轻工纺织系统产生的废渣及水处理污泥等。

(2) 矿业固体废弃物

矿业固体废弃物来自矿物开采和矿物选洗过程,主要包括采矿废石和尾矿。废石是指金属矿山开采过程中剥离下来的各种岩石,数量大且多在采矿现场就近堆放;尾矿则是指各种选矿、洗矿过程中产生的剩余尾砂。

(3) 城市生活垃圾

城市生活垃圾指居民生活、商业活动、市政维护、机关办公等产生的生活废弃物。

(4) 农业固体废弃物

农业固体废弃物指农、林、牧、渔各业生产、科研及农民日常生活过程中的植物秸秆、牲畜粪便、生活废弃物等。

(5) 放射性固体废弃物

放射性固体废弃物指燃料生产加工、同位素应用、核电站、科研单位、医疗单位以及放射性废物处理设施的放射性废弃物。

我国制定的《固体废弃物污染环境防治法》中将固体废弃物分为城市固体废弃物、工业固体废弃物两大类。其中具有毒性、易燃性、腐蚀性、反应性及传染性的废弃物被列为危险废物,其他则按一般废弃物进行管理。

9.1.2 固体废弃物的危害

固体废弃物特别是危险废弃物会对环境和人体健康造成极大的污染和危害,主要表现在以下几个方面。

(1) 污染大气

固体废弃物中细粒、粉末随风扬起,增加了大气中的粉尘含量,加重了大气的尘污染。同时,其中的有毒有害成分由于挥发作用和化学反应,会产生有毒气体,导致对大气的污染。此外,在工业生产过程中,由于设备的除尘效率低,使大量粉尘直接通过排气管道排放到环境中,也会造成大气污染问题。

(2) 污染水体

大量固体废弃物直接排放到江河湖海中会造成废物淤积,从而阻塞河道,危害水利工程和航道运输。有毒有害固体废弃物经雨雪冲刷后,积水流入水域,会破坏水质结构,使水体发生酸性、碱性、富营养化、矿化、悬浮物增加,甚至毒化等变化,影响水体生物链,危及人类饮水健康。

(3) 污染土壤

固体废弃物露天长期堆存,不但占用大量土地,而且其有毒有害成分会通过渗透作用进入土壤,使土壤碱化、酸化、毒化,破坏植物生存条件。固体废弃物的填埋处理会导致有毒成分直接进入土壤,从而进入植物、动物的生物链,影响人类健康。不同有害物质的降解周期不同,例如棉织物需 1~5 个月,帆布制品约需 1 年,经油漆粉刷的木板约需 13 年,而普通马口铁罐头盒则需 100 年,塑料瓶约需 450 年,易拉罐需 200~250 年。有些有毒成分则会长期稳定积存于土壤之中,其危害可能会影响到好几代人。

(4) 影响环境卫生,广泛传染疾病

废弃物长期堆积,不作无害化处理,产生的渗透液可以使土壤碱度提高,使土质受到破坏,并导致重金属在土壤中富集,被植物吸收进入食物链,传播大量的病原体,引起疾病。

9.1.3 固体废弃物资源化利用及管理现状

废弃物资源化处置是指采取管理和工艺措施从固体废弃物中回收有用的物质和能源的处理方式。虽然固体废弃物对人类健康和环境有着巨大的危害,但同时也是一种巨大的资源,如固体废弃物中含有大量的金属、非金属等有价材料,可以用于生产建筑材料;可燃无害废弃物能为工业生产提供能源;城市垃圾中含有大量有机物,经过分选和加工处理,可作为煤的辅助燃料,也可经过高温分解制取人造燃料油,也可利用微生物的降解作用制取沼气和优质肥料。

为了有效管理固体废弃物的处置、回收等行为,发达国家都制定了有关固体废弃物的法规,如美国 1965 年制定《固体废弃物处置法》,1970 年修订成为《资源回收法》,1976 年又修订成为《资源保护再生法》,明确规定固体废弃物不准任意弃置,必须作为资源利用起来。

为了实现固体废弃物资源化,政府大多采取了鼓励利用废物的政策和措施,并且建立了专业化的废物交换和回收机构,开展废物交换和回收的活动。美国国家环境保护局在全国设立 200 个废物交换点和 3 000 个回收中心。欧洲一些国家自 20 世纪 70 年代以来,开始实行废物交换。德国化学工业协会最早建立废物交换制度,并与邻国奥地利、卢森堡、荷兰、比利时、丹麦等签订合作协议。西欧共同体商工委员会于 1978 年建立废物交换市场,北欧的瑞典、丹麦、芬兰和挪威建立了北欧废物交换所,促进了废物资源化的发展。

我国每年产生的固体废弃物数量巨大。据统计,我国每年约有 200 万～300 万 t 的废钢铁、600 万 t 废纸、200 万 t 废玻璃、70 万 t 废塑料、30 万 t 废化纤、30 万 t 各类废橡胶和 10～15 万 t 废杂有色金属仍未被合理回收。工业废渣中,每年还有 4 000 多万 t 粉煤灰未得到利用;各金属矿山积存的尾矿达 40 亿 t,现在仍以每年 5 亿 t 的速度排放;冶金行业每年以金属产量的 1～4 倍排放废渣;机械铸造业以铸件产量的 1～2 倍排放废砂。由于我国在固体废弃物资源化利用方面起步较晚,目前管理模式及处理技术与世界先进水平仍有一定差距。近年来,环境问题日益尖锐,资源日益短缺,再生资源也越来越引起人们的重视。

经过全国各行业的共同努力,我国"十一五"期间的工业领域节能减排工作取得了显著成绩:全国规模以上工业增加值能耗从 2005 年的 2.59t 标准煤下降到 2010 年的 1.91t 标准煤,累计下降 26%;主要耗能产品单位能耗大幅度降低,实现节能 6.3 亿 t 标准煤;以年均 8.1% 的能耗增长速度,支撑了工业年均 14.9% 的增长;与此同时,工业领域实现化学需氧量(COD)排放总量削减 21.63%,二氧化硫总量削减 14.02%,万元工业增加值用水量累计下降 36.7%,工业固废综合利用量超过 15 亿 t。

2011 年 9 月,国务院印发了《"十二五"节能减排综合性工作方案》,明确了

"十二五"期间节能减排总体目标及保障措施:2015年单位工业增加值能耗、二氧化碳排放量和用水量分别比"十一五"末降低20%左右、20%以上和30%,工业COD、二氧化硫排放总量减少10%,工业氨氮、氮氧化物排放总量减少15%,工业固废综合利用率提高到72%左右。

实现废弃物资源化处置是建设资源节约型、环境友好型社会的必然选择,是推进经济结构调整,转变增长方式的必由之路。因此,合理回收并资源化利用废弃物对我国经济和环境的可持续发展都具有重大战略意义。

9.2 几种主要固体废弃物资源化利用

固体废弃物种类繁多,资源化处理技术也各不相同。本节重点介绍了报废汽车、报废电子电器以及废旧电池的资源化利用现状。

9.2.1 报废汽车的资源化利用

1. 报废汽车资源概述

自2009年起,我国汽车产销量已跃居世界第一,截止到2011年8月底,我国汽车保有量已超过1亿辆。随着我国汽车保有量的增多,报废汽车回收问题也得到了更多的关注,表9-1中显示了我国汽车产销量及保有量的逐年增加状况。

表9-1 近几年我国汽车产量及保有量[*]

年份	汽车产量/10^6 辆	汽车产量增长率/%	汽车保有量/10^6 辆
2001	2.34	38.9	18.02
2002	3.25	36.6	20.53
2003	4.44	14.2	24.22
2004	5.07	12.4	28.00
2005	5.70	27.7	34.00
2006	7.28	22.0	49.84
2007	8.88	5.2	56.97
2008	9.34	47.6	64.67
2009	13.79	32.4	76.19
2010	18.26	38.9	100.47[*]

* 数据截至2011年8月底。

根据国家规定,使用年限达到国家报废标准的,或者发动机、底盘严重损坏的,或者不符合机动车运行安全技术条件或污染物排放标准的汽车,应予以报废处理。报废汽车中蕴藏着大量的可循环利用资源,其各种金属及非金属材料质量的比例如图9-1所示。据测算,每回收一辆报废汽车可以节约1t燃料油,回收2.4t废钢铁和45kg有色金属。以2009年为例,若报废登记的202万辆汽车全部回收,那么就可以回收200多万t油料、485万t废钢和9万t有色金属,经济价值和社会价值非常可观。

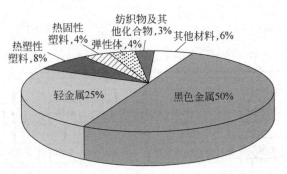

图9-1 汽车的材料组成

从1985年制定的第一个《汽车报废标准》开始,我国先后出台了《报废汽车回收企业总量控制方案》、《报废机动车拆解环境保护技术规范》等一系列法规。据不完全统计,我国报废汽车回收拆解企业目前已经发展到2 200多家,其中通过国家资质认证的拆解企业仅有490余家,其余大部分为挂靠的回收拆解网点,约1 800家,回收能力和技术力量均有限。由于拆车行业没有统一的技术规范,从而导致实际的报废回收率和资源利用率较低。表9-2中我国近几年汽车报废回收量的统计数据显示,我国近年来汽车的实际报废回收量还不足保有量的1%。

表9-2 我国报废汽车数量统计　　　　　　　　　　万辆

年　份	2001	2002	2003	2004	2005	2009
登记注销量	53	79	117	156	185	202
报废回收量	58.00	41.45	—	54.15	56.20	41.02

为提升我国报废汽车拆解回收行业在环境保护和循环经济产业中的利用水平,我国自2009年起在全国14个省、区、直辖市的60家拆解企业中开展了"报废汽车回收拆解企业升级改造示范工程"试点工作,2010年又确立了29个城市中44家企业的示范试点企业名单,共提供政府支持资金1.6亿元。目前,"汽车循环消费促进工程"已被列入我国"十二五"重点工程项目,目标为完成500家报废汽车回收拆解企业、500家二手车交易市场的升级改造。

2. 报废汽车拆解及车用材料回收再利用技术

目前,我国针对报废汽车的处理方式以回收拆解为主,主要为手工拆解、机械化破碎及多级分选技术相结合的莱茵哈特法的报废汽车资源化工艺路线(图 9-2)。拆解获得的部分零部件可通过再制造重新利用于新汽车的生产之中,其余车体和结构部件则要进行无害化处理,将不同的车用材料分步分类回收并资源化再利用。车用材料的回收再利用主要分为黑色金属材料、有色金属材料、铂族金属材料及其他材料的分类及处理。

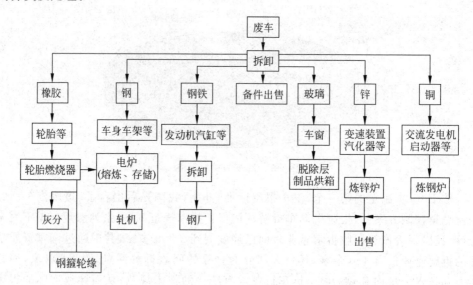

图 9-2 莱茵哈特法的报废汽车拆解工艺流程

1) 黑色金属材料的分类及处理

钢铁材料占报废汽车总质量的 80% 左右,具有成本低、加工难度较小、强度高、生产工艺较成熟、炼钢能耗低、容易回收再利用、利于环境保护等优点,是组成汽车的最重要的材料。

车用黑色金属材料主要包括钢和铸铁,按是否含有合金元素来分,钢可分为碳素钢和合金钢两大类。其中,碳素钢分为普通碳素钢和优质碳素钢,合金钢有合金结构钢和特殊钢之分。根据钢材在汽车的应用部位和加工成型方法,可把汽车用钢分为特殊钢和钢板两大类。汽车发动机和传动系统等关键部位的零件均使用特殊钢制造,如弹簧钢、齿轮钢、调质钢、非调质钢、不锈钢、易切削钢、渗碳钢、氮化钢等;钢板在汽车制造中占有很重要的地位,载重汽车钢板用量占钢材消耗量的 50% 左右,轿车则占 70% 左右。按加工工艺分,钢板可分为热轧钢板、冷冲压钢板、涂镀层钢板、复合减震钢板等。

报废汽车首先经过拆解、粉碎等机械处理工序,然后按类别分别进行回收。钢材进行二次冶炼,铸铁进行再铸造加工,有色金属则按照相应的冶炼要求入冶炼炉进行二次冶炼。目前机械处理的方法有剪切、打包、压扁和粉碎等。剪切是用废钢剪断机将废钢剪断,以便运输和冶炼;打包是利用金属打包机将驾驶室车体在常温下挤压成长方形包块;压扁是利用压扁机将废旧汽车压扁,使其便于之后的运输、剪切或粉碎;粉碎是借助粉碎机将被挤压在一起的汽车残骸用锤击方式撕成适合冶炼厂冶炼的小块,最终分类处理。

2) 有色金属材料的分类及处理

汽车中使用的有色金属主要是铝、铜、镁合金和少量的锌、铅及轴承合金。汽车质量直接影响着燃料经济性,车重每降低 100kg,油耗可减少 0.7L/100km。随着汽车轻量化的不断发展,铝、镁等轻金属合金的需求量会不断加大。

有色金属的生产制造需要消耗巨大的能量。例如,生产 1t 新的铝锭要消耗能量 5090 万 kcal,而回收再生铝锭每吨仅耗能 131 万 kcal,可节能 97.4%,而且制造再生铝锭所产生的 CO_2 量也较生产新铝大幅度减少。因此,从节能减排的角度,有色金属的资源回收对汽车工业的发展和资源有效利用有着重要的意义。

报废汽车中回收的部分含铝部件可经过翻新后重新使用,其他含铝废料经过拆卸之后可进行回收重炼,还可生产加工成变形铝合金和铸造铝合金。车用铝料中常混杂其他有色金属、钢铁以其他非金属夹杂物,为便于入炉熔炼及保证再生纯度要求,提高金属回收率,通常需先进行废旧铝料的备制。根据废铝料的备制及质量状况,按照再生产品的技术要求并考虑金属的氧化烧损程度,选用搭配并计算出各类料的用量。此外,炉渣灰中还含有一定量的金属铝及三氧化二铝,经湿法浸出、过滤、浓缩、蒸发后再生成化工产品。可用于浑水澄清、配制灭火药剂、造纸工业工胶剂及印染工业的媒染剂等。

废旧镁合金的再生工艺流程与铝合金一样,也是重熔、熔体净化和铸造。但是由于镁合金极易燃烧,因此镁合金废料的重熔再生工序要复杂得多。为了解决铝、镁合金重熔回收后成分混杂、使用价值低的问题,汽车设计师和材料科学家分别在车上主要部件设计以及材料选用上进行研究,开发新型分离方法,如铝废料激光分离法、液化分离法等。

3) 铂族金属材料的分类及处理

铂族金属在汽车工业中主要用于制造汽车尾气净化催化剂。每年通过报废回收生产的铂族金属产量约高出原生铂族金属 5 倍,将汽车催化剂铂族金属经富集以后品位能达到 0.05%,可谓一座"可循环再生的铂矿",利用目前的先进处理技术,可分离所有组分,回收率可达 90% 以上,处理后的废物、废水还可进行后续处理加以回收利用,其生产成本远低于原生金属生产,可大大减少能源消耗和对环境的危害。从表 9-3 的数据中可以看出,汽车中回收铂族金属能够很大程度地满足生产的需求,因此,大力发展铂族金属回收是解决资源短缺的重要途径之一。

表 9-3 2008 年世界工业对铂族金属的总用量及汽车中的回收量*   t

	工业总用量	汽车回收量	汽车回收量/工业总用量
铂	175.27	27.78	15.85%
钯	179.40	30.48	16.99%
铑	20.40	6.1	29.90%

*数源来源:美国 A-1 公司。

汽车催化剂铂族金属回收处理利用的流程总体上大致可分为四个环节:报废汽车拆解、废旧催化剂收集、催化剂铂族金属富集、铂族金属精炼。德国目前已经建立了高效完善的铂族金属回收体系,各个企业分工不同,各自承担整个回收流程中某一环节,从而提高了回收效率和专业水平。在其从事报废汽车拆解的 1 000 多家中小企业中,有 100 多家专门负责铂族金属催化剂的收集,有 10 家企业从事汽车催化剂铂族金属的清洗、除皮、破碎、研磨、筛选、磁选、浮选等富集工序,最后所有企业将铂族金属富集物运往贵金属精炼厂进一步提纯。四个环节相互衔接,密切配合,形成一个协调顺畅的循环链。

目前针对铂族金属的回收技术主要分为湿法处理和火法处理两种。湿法工艺设备简单、成本较低,将废催化剂粉碎后,进行酸洗溶解铂族金属,再经过压力浸出提取铂族金属。通常分为常压化学溶解法和加压化学溶解法。其缺点是铂族金属流失严重,回收率低,容易产生废水的二次污染。火法处理相比之下具有回收率高、污染小的优势,主要原理是利用熔融状态的铅、铜、铁、镍等捕集金属或利用硫化铜、硫化镍、硫化铁对铂族金属具有的特殊亲合力实现铂族金属的转移和富集,具有较好的发展前景。

4) 非金属材料的分类及处理

(1) 废旧轮胎回收

报废汽车轮胎被称为"黑色污染",其回收利用技术一直是环境保护技术开发的重点。图 9-3 列举了目前报废轮胎的主要再生利用方法,包括旧轮胎翻新工艺和报废轮胎的综合利用,即生产胶粉、再生胶、建筑材料和热能利用等。

报废轮胎的综合利用方式多样(表 9-4),除轮胎翻新之外,同时还应开发优质、高效、节能、无污染的报废轮胎再生新工艺,重视生产胶粉和热能利用等其他综合利用方式,积极推广应用领域,形成报废汽车轮胎的回收利用循环网络。

(2) 车用塑料回收

近年来汽车轻量化已成为汽车材料发展的主要方向,汽车一般部件质量每减轻 1%,可节油 1%;运动部件每减轻 1%,可节油 2%。国外汽车自身质量同过去相比

第9章 固体废弃物中有价元素的回收利用技术

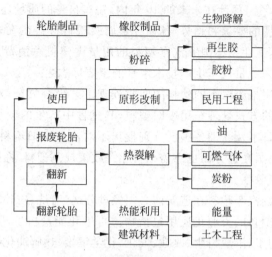

图 9-3 报废轮胎的主要再生方法

表 9-4 报废轮胎的综合利用方式

利用方式	生产工艺	特　点	应　用
胶粉	常温粉碎法、低温冷冻粉碎法、水冲击法等	无须脱硫,能耗较少,工艺简单	制造橡胶制品、沥青、防水卷材、彩色地砖、防腐料等
再生胶	经粉碎、加热、机械处理后再硫化、低温相转移催化脱硫法、微波再生法等	能耗较高,生产效率低、工艺流程长,环境污染严重	用作橡胶工艺原材料,应用逐渐萎缩
建筑材料	切成碎片	单位体积质量小,减少地基沉降,增强整体稳定性	用作填料或制成橡胶土,广泛应用于土木工程
原形改制	捆绑、裁剪、冲切等方式	直接利用,方便、简洁	用作码头和船舶的护舷、漂浮灯塔、公路的防护栏等
热能利用	破碎后按一定比例与各种可燃废旧物混合,配制成固体垃圾燃料	工艺简单,设备投资少,但产生大气污染	代替煤、油和焦炭供高炉喷吹,作烧水泥的燃料等
热裂解	高温加热,促使报废轮胎分解成油、可燃气体、炭粉	产物丰富,可得到充分利用	油、可燃气体可作燃料使用,炭粉可制成特种吸附剂

已减轻了 20%～26%。预计在未来的 10 年内,轿车自身的质量还将继续减轻 20%。随着汽车轻量化发展的要求和趋势,各种轻金属及塑料材料在汽车中的应用比例仍会不断提高。目前,工业发达国家汽车塑料的用量占塑料总消费量的 5%～8%,汽车塑料的用量已成为衡量汽车生产技术水平的主要标志之一。

直接回收再利用报废汽车的塑料的回收处理工艺十分复杂,对此国外目前主要采用燃烧利用热能的方式处理车用废旧塑料,其过程中产生的废气和废渣会通过清洁装置无害处理。日本及欧洲各国已分别提出了对汽车废旧塑料的利用要求,并规定了具体的年限,我国在这方面也急需出台相关政策规范塑料、橡胶等废旧材料的回收利用,提高其利用效率。

再生所用的报废汽车塑料在造粒前必须经过分选、清洗、破碎和干燥等预处理工序。目前报废汽车塑料的资源化应用包括物质再生和能量再生两大类,主要采用熔融加工、直接成型加工、溶解再生、改性、气化、化学解聚、热解油化、催化裂解、氢化等技术。报废汽车塑料部件的再生利用主要受表面涂层、污垢和结构的制约。不同的塑料配件的回收再生措施也根据使用技术要求不同而有所差异,表 9-5 列出了报废汽车各塑料部件的再生技术要点。

表 9-5 报废汽车各塑料部件再生技术要点

部件名称	占整车质量百分比/%	再生技术要点
保险杠	0.8	有效去除表面涂膜技术
仪表盘	0.5	各种材料分选和分别利用技术
地毯	0.3	去除表面污物、切断和分选技术
电线束	1.3	分选 PVC-Cu 技术
散热器框	0.1	去除镀层技术
空气净化器	0.2	将嵌入塑料的金属等分离技术
照明灯	0.2	将透镜和外罩分离技术
空调器	0.2	解体分类和去杂物技术
车轮罩	0.2	将内附污物去除技术
仪表导管	0.1	去除海绵、金属等杂物的技术

(3) 车用玻璃回收

报废汽车的玻璃主要来自遮挡玻璃、车灯、反射镜以及驾驶室内仪表配件等。经检验确定,利用回收玻璃制造的二次玻璃制品的技术性能不能再次满足使用要求,因此废旧玻璃主要用于制造各种玻璃瓶等器具或作为添加辅助材料。实验证明,在生产玻璃的原料中加入废玻璃可以明显减少玻璃生产过程中气体排放的数量,并且可以减少玻璃生产的原材料消耗并节约能源。

3. 报废汽车资源化技术发展趋势

为满足现代循环经济的要求,汽车工业的发展模式要从制造的源头改善,从能源、材料管理各个方面转变为循环模式,将环境的因素分布到生产、销售、使用、再生整个生命周期全过程,以最大限度地利用各种资源(图9-4)。因此,汽车再生资源循环利用系统将是包括设计与制造、维修与配件、回收与拆解、再使用与再制造以及材料再循环利用的整体。

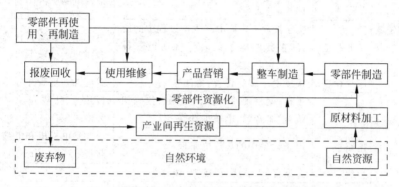

图 9-4 循环经济型汽车制造业资源消耗模式

除了加快车用材料再循环利用的进程之外,我国也大力推广了汽车零部件再制造的试点工作,这是汽车再生资源循环模式转变的重要体现。发改委在 2008 年正式发布《汽车零部件再制造试点管理办法》,确定了首批 14 家汽车零部件再制造试点企业,并组织专家对其实施方案进行了评审。目前,我国在这方面的支持力度和补贴资金仍在不断加大。

总体上讲,我国报废汽车资源化利用的发展方向应该是:开展可拆解、可回收性绿色设计;开发利用快速装配系统以及便利的拆解技术及装置;研制可循环使用的原材料及零部件制造工艺;汽车轻量化、节能化、环保化;开发有效的清洁能源回收技术;提高整体报废汽车回收利用率。

9.2.2 报废电子电器的资源化利用

1. 报废电子电器的概念和分类

报废电子电器(waste electrical and electronic equipment,WEEE)是指失去应有的使用价值的电子电器产品。主要包括各种使用后废弃的个人电脑、通信设备、小型家用电器、复印机、传真机等常用小型电子产品,电冰箱、洗衣机、空调机等大型家用电子电器产品,以及程控主机、中型以上计算机、车载电子产品等。此外,还包括生产过程中产生的不合格设备及其零部件、维修过程中产生的报废品及其零部件、消费者废弃的设备等。不同分类方式如表 9-6 所示。

表 9-6 报废电子电器分类

分类方法	类属	主要类别	特 点
按产生的领域	家庭	家用电器类：电视机、洗衣机、冰箱、空调、电脑、电话、微波炉、家用音频视频设备等	数量大，范围广，分布较为分散，难于回收
	办公室	办公耗材：电脑、打印机、传真机、复印机、电话等	报废电脑所占比例最高
	工业制造	电子废料：集成电路生产过程中的废品、报废的电子仪表等自动控制设备、废弃电缆等	由于企业设施和管理力度不够而回收处理不当
	医疗设备	报废电子医疗设备、器件等	需消毒处理后并分类回收
	其他	手机、网络硬件、笔记本电脑、数码相机、汽车音响、电子玩具等	报废手机数量大，增长速度快
按回收物质	电路板	电子设备中的集成电路板	主要是电视机和电脑硬件电路板
	金属	金属壳座、紧固件、支架、线材等	包括 Fe 类、Cu 类等
	塑料	显示器壳座、音响设备外壳、塑料管件等	
	橡胶	电子设备的橡胶配件、胶垫等	
	玻璃	CRT 管、荧光屏、荧光灯管	含有 Pb、Hg 等严格控制的有毒有害物质
	其他	冰箱中的制冷剂、液晶显示器中的有机物等有害物质	需要进行特殊处理

报废电子电器中含有大量可回收的黑色金属、有色金属、塑料、玻璃以及一些仍有使用价值的零部件等，蕴含着巨大的经济价值，是一座名副其实的"城市矿山"。表 9-7 中列出了部分家用电器的主要组成材料。例如，一台家用电脑的材料包括大约 40% 的塑料，40% 的金属材料，其余 20% 为玻璃、陶瓷和其他材料；电冰箱中金属的含量高达 50%；电视机中金属的含量近 13%；电子印刷线路板的基板材料通常为玻璃纤维强化酚醛树脂或环氧树脂，集成的各种零部件和芯片含有各种金属，如铜、铝、铅、锡、铁和一定的贵重金属，如金、银、钯，以及少量的铑、白金和稀有元素硒等，部分线路板中的金属含量甚至超过 45%，资源化回收价值很高。

我国报废电子电器资源具有数量大、种类多、增长速度快以及资源和污染双重性的特点，同时发达国家的大量电子垃圾不断流入我国，对我国的回收行业造成更大的压力，而政府立法管理的严重滞后进一步加重了我国报废电子电器回收再利用行业的混乱程度，因此结合我国现有国情，我国急需建立一套完善的报废电子电器回收体系和管理制度，开发先进的处理技术，以满足我国循环经济发展的必然要求。

表 9-7　部分家用电器的主要组成材料　　　　　　　　　　　　　%

类　别	铁	铜	其他金属	玻璃和陶瓷	阻燃塑料	易燃塑料
照明设备	7	7	3	83		
电动厨具	25	6	9	10		50
大型室内电器	65	5	2	12		18
其他家用电器产品	60	3	2		35	
电子玩具和乐器	20	2	3			75
电动工具	30	10	10	20	15	15
办公电器	30	10	10	20	15	15
收音机和通信工具	55	10	5		15	15
其他	10	10	50		15	15

2. 报废电子电器资源化基本流程

为获得较高的资源利用效率，报废电子电器的资源化利用一般结合了再使用、再制造、材料回收再生等基本环节，可以最大限度地利用报废电子电器的设备、零部件及材料资源，具体流程图如图 9-5 所示。

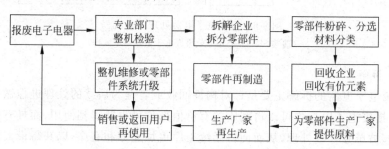

图 9-5　报废电子电器资源化基本流程图

对于报废的电子电器，首先会经过有关部门的检验维修，针对能够通过维修或升级重新使用的电子器件或设备，可投入生产厂家再次使用；不能再使用的报废电子电器会经过拆解企业的拆解、分类处理后，部分零部件经过检验后会运至生产厂家进行再制造，从而减少后续处理成本和再加工成本，同时降低了制造商的成本；其余拆解零件经粉碎、分选等机械处理加工后，分别送至不同的处理厂，运用各种材料再生技术充分回收其中的有价元素，实现报废电子电器的完全资源化。

3. 报废电子电器综合利用技术

报废电子电器的综合利用术包括机械法处理、火法处理、湿法处理以及生物处理法等。

1) 机械法处理

报废电子电器的机械分离主要是利用报废电子电器中材料的磁性、电性和密度等性质的差异进行分选。这些处理技术包括报废电子电器的拆解、破碎、筛分、分选等单元操作过程。该方法具有污染小、成本低、可进行资源综合回收的优点,其缺点是获得产品纯度较低。目前机械法处理多用于金属材料回收的前期预处理工艺环节,可以充分提高后期金属回收的效率和质量。瑞典 Scandinavian Recycling AB(SR-AB)公司主要利用机械处理方法回收报废电子电器,其基本工艺流程大致如图 9-6 所示。

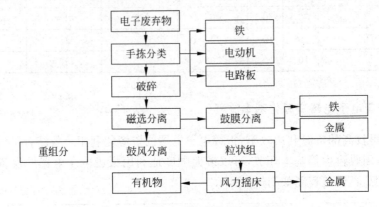

图 9-6 报废电子电器处理工艺流程
(瑞典 SR-AB 公司回收报废电子电器基本流程)

(1) 拆解

报废电子电器的拆解主要是针对构件回收或者是为后续的处理进程做准备。通过拆解,报废电子电器中可以再利用的有价值部件可重新得到使用,而具有危险性的构件能够被单独存放处理,从而使得后续工序更加充分和有序,以获得最大的经济效益和最少的环境污染,具体环境效率参数如表 9-8 所示。

表 9-8 典型拆解废物回收的效率   %

效　率	百分率	效　率	百分率
能量节约率	74	减少水污染	76
原料使用率	90	减少矿业废物	97
节省用水	40	减少生活废物	85
减少大气污染	86		

(2) 破碎

破碎是通过人力或机械等外力的作用使物体破裂变碎以便于进一步筛分分离的过程。有效的破碎分级作业能够使报废电子电器单体充分解离,富集废弃物中有用物质,以易于后续筛分、分选过程的进行。

报废电子电器的破碎一般以剪切、冲击作用为主,常用的破碎设备有锤碎机、切碎机等。破碎操作过程中,需要根据报废电子电器中不同物质的物理特性选择有效的破碎设备,并根据所采用的分选方法选择物料的破碎程度,这样才可以提高破碎效率,减少能源消耗,为后续不同物料的分选工作创造有利条件。

(3) 筛分

筛分是对分选出的产品进行分级,为后续的分选工艺提供窄级别的物料进料,以进一步提高分选效率,在报废电子电器的机械分离中是必不可缺的关键步骤。由于金属颗粒的粒径和形状特性与塑料、陶瓷等非金属颗粒不同,因此通过筛分可将金属颗粒和部分塑料陶瓷等非金属颗粒分开,从而提高金属的含量。

(4) 分选

分选是指按照物质间的物理性质差异(如颗粒形状、密度、电性、磁性、形状及表面性质等),将报废电子电器破碎产品中不同组分进行分离的过程。主要包括湿法分选和干法分选。湿法分选主要有水利涡流分选、浮选、水力摇床等;干法分选包括空气摇床、磁选、气流分选、静电分选及涡电流分选等。两类分选方式各有利弊,湿法分选回收率高,对细微颗粒的分选效率优于干法分选,但成本较高,易产生二次污染;干法分选成本低、无污染,但目前只能处理粗颗粒,对细颗粒的分选效率较低。目前,干法分选在报废电子电器回收行业具有一定的优势,但实际操作中,很多报废电子电器通常都需要采用一种或多种分选方法联合进行处理。

2) 火法处理

报废电子电器的火法处理工艺的基本原理是通过焚烧、等离子电弧炉或高炉熔炼等高温加热处理,使金属材料熔炼呈合金态流出,塑料及其他有机物等为金属成分呈浮渣物被剥离去除,从而达到金属富集的加工方法,其中金属材料会进行后续再精炼或电解处理等过程。火法处理的优点在于工艺简单,回收率高,并且对加工材料的状态要求较低,能够处理所有形式的报废电子电器;其缺点是高温能耗高,焚烧的烟气和炉渣容易造成二次污染。图 9-7 是典型利用火法处理技术提取有价金属的工艺流程。

目前常用的火法处理方式主要有焚烧熔出工、热解、气化、直接冶炼技术、高温氧化熔炼工艺、电弧炉烧结工艺等,几种处理技术各有优劣,综合比较,真空热处理具有较好的分离效果和发展前景(表 9-9)。

3) 湿法处理

湿法处理主要是将破碎后的电子电器材料溶解在一定的溶剂中(酸性或碱性),经过浸出液的溶剂萃取、沉淀、置换、离子交换、电解等过程,将各种金属材料分步从溶液中析出分离并予以回收,基本工艺流程如图 9-8 所示。湿法冶金与火法冶金相比,具有废气排放少、能耗小、工艺流程简单等优点,同时可以获得高品位及高回收率的贵重金属,是当前应用最广泛的技术。但其缺点也不容忽视:湿法处理对前期材料破碎、备制要求较高,不能处理复杂的材料体系,金属陶瓷混合材料的回收效率低,溶解、萃取后的残留废液也易导致严重的二次污染,需要经过无害化处理和合理储存。

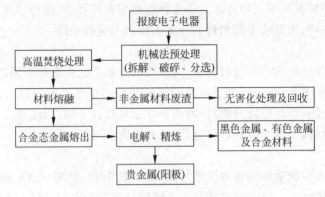

图 9-7　火法处理提取有价金属的工艺流程

表 9-9　报废电子电器火法冶金技术比较

处理技术	处理速度	回收产品	二次污染程度	运行投资成本	减容减量效果	惰性材料分离效果
焚烧	快	热能	大	高	最好	好
热解	慢	原料和燃料	小	比焚烧低	好	较好
气化	快	合成气	很小	比焚烧低	好	好
真空热处置	快	原料	很小	比焚烧低	好	最好

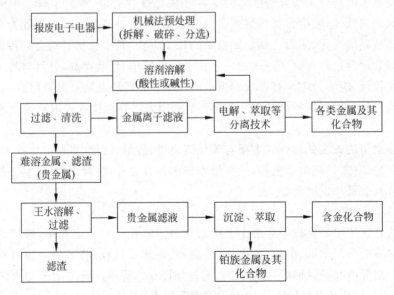

图 9-8　湿法处理提取有价金属的工艺流程

4）生物技术处理

生物技术回收有价金属的基本原理是利用微生物细胞及其代谢产物,通过物理、化学作用(包括络合、沉淀、氧化还原、离子交换等)吸附分离贵金属的处理方法。该方法具有工艺简单、费用低、操作方便的优点,缺点是浸取时间长,浸取率较低,但其代表着未来的技术发展方向,是较有前途的报废电子电器回收技术之一。

生物技术处理报废电子电器在可以分为生物吸附、生物累积、生物浸出三类。

生物吸附是指废液中的有毒有害的金属离子通过微生物细菌细胞表面的多种化学基团的物理化学作用,结合在细菌的细胞表面,然后被输送至细胞内部。微生物可以从极稀的溶液中吸收金属离子,在一定的条件下,微生物细胞能够富集几倍于自身质量的金属离子;富集后的金属可以通过有机物回收的途径转变为有用的产品。

生物累积是指细菌依靠生物体的代谢作用而在细胞体内积累金属离子。其主要优点是可对复杂溶液中某一特定金属离子有良好的选择性,材料便宜,成本低廉。此方法能处理很稀的溶液,可以利用微生物对金属离子的生物累积作用从照相业的沸水中提取回收银等。

生物浸出技术是指利用特定微生物细菌对某些金属硫化物矿物的氧化作用,使金属离子进入液相,并实现对金属离子的富集作用。细菌浸出现已用于铜和铀的工业生产,是一种处理低品位矿的有前途的方法。

9.2.3 废旧电池的资源化利用

1. 废旧电池的危害及资源性

我国是电池生产和消费大国,2010年,我国电池总产量达到了400多亿只,行业总产值已超过4 400亿,其中铅酸电池的产量约1.4亿kV·A·h,锂离子电池产量26亿只。巨大的电池消费量使我国面临的严重的废旧电池污染问题,有效的回收模式和资源化再生技术亟待开发。

废旧电池产品对环境的污染主要是酸、碱等电解质溶液和镉、汞、铅等重金属的污染。汞能破坏人体的中枢神经系统,在日本曾造成了"水俣病"的悲剧;铅会导致贫血、神经功能紊乱等疾病;镉具有致癌作用,并会进一步引发肾损伤及骨质疏松、软骨症等;镍有致癌性,能溶解于血液,损害中枢神经;钴会引起红细胞增多症、甲状腺肿、心肌炎等多种疾病。

多年以来,由于技术所限和管理不当,我国回收废旧电池处理废旧电池的方法停留在填埋和焚烧上,从而对环境和人类健康造成极大的潜在危害。图9-9是废旧电池污染环境的主要途径。填埋处理大致有三种途径:分类回收后集中填埋;焚烧后填埋;生活垃圾混合填埋。废旧电池的外层金属被环境腐蚀后,内部的重金属和酸

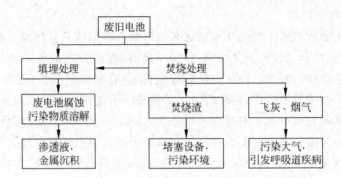

图 9-9　废旧电池污染环境的途径

碱等污染物质随渗透液流出，进入土壤或水体，就会通过各种途径进入人的食物链。进行废旧电池的焚烧处理时，焚烧渣含有大量重金属，给后续处理带来困难，同时粘着设备表面，造成堵塞与腐蚀。同时，部分重金属会在焚烧炉中挥发而在飞灰中聚集，不但造成严重的大气污染，沉降后会二次污染土壤。

虽然废旧电池对人类健康和环境具有很大的危害，但是其中却含有大量可循环利用的有价金属，且金属含量远高于矿山的可开采品位。以动力二次电池为例，表 9-10 列出了 1998—2006 年我国废旧电池中所含有价金属估算总量。以此计算，每回收处理 1t 锂离子电池，便可回收近 0.2t 金属钴，而天然钴矿品位低，平均含钴量只有约 0.02％。回收这些废旧电池相当于开采 100t 钴矿石资源，这样便大大节省了矿产资源。另外，进行废旧电池资源再生利用能够节约能源 85％～95％；生产成本降低 50％～70％。

表 9-10　1998—2006 废旧电池中所含有价金属量估算表

		镍镉电池	镍氢电池	锂离子电池	总计
数量/亿		36.2	27.9	25.9	80.0
质量/万 t		7.24	5.63	4.72	17.6
主要成分含量/万 t	Ni	1.24	1.68	—	2.92
	Co	0.07	0.21	0.96	1.24
	Fe	1.07	0.84	0.96	2.87
	Cd	1.45	—	—	1.45
	Li	—	—	0.15	0.14
	Cu	—	0.28	0.34	0.62
	稀土金属	—	0.56	—	0.56

2．我国废旧电池处理和再生利用现状

1995 年，我国制定了 HJBZ 009—95《无汞干电池》标准，规定无汞电池中含汞量不能超过电池总质量的0.0001%。1997年12月31日，由原中国轻工总会等九个国务院部委联合发文《关于限制电池产品汞含量的规定》，要求自2000年1月1日起禁止在国内生产各类汞含量大于电池质量0.025%的电池，自2005年1月1日起禁止在国内生产汞含量大于0.0001%的碱性锌锰电池，对于纽扣式电池又作了补充规定，但是对于其他元素含量，如Pb、Cd等都还没有明确的规定。

2003年10月9日，国家环境保护总局和国家发展与改革委员会、建设部、科技部、商务部联合发布了《废电池污染防治技术政策》，对废电池的分类、收集、运输、综合利用、储存和处理处置以及相关设施的规划、立项、选址、施工、运营和管理进行指导，引导相关环保产业的发展。该技术政策规定，废电池污染控制的重点是废含汞电池、废镉镍电池和铅酸蓄电池。

2008年，我国首次自行制定的6项通信产品回收处理国家标准已经完成起草，进入审批流程。这6项国家标准分别是：《通信网络设备的回收处理要求》、《通信终端设备的回收处理要求》、《通信记录媒体的回收处理与再利用技术要求》、《通信用锂电池的回收处理要求》、《通信用蓄电池的回收处理要求》、《废弃通信产品回收处理设备技术要求》。

目前我国废旧电池回收处理还处于初级阶段，废镉镍电池回收量不超过10%，废铅酸蓄电池的回收量虽然达到85%左右，但是再生铅的冶炼仍然存在着许多问题，比如处理以小作坊为主、处理工艺初级、操作不规范、二次污染严重等。

为防止污染扩散，北京、上海、沈阳、广州等城市近年来都进行了群众自发的或民间组织的或政府组织的废旧电池的回收工作，同时，国内部分报废回收企业也开始关注蕴藏在废旧电池中巨大的资源价值，纷纷建立回收站和处理工厂，专业化回收和资源化利用，为废旧电池的资源化无害化处理创造了有利条件。

3. 废旧电池资源化技术

电池产品种类繁多、成分复杂，主要包括普通锌锰电池、碱性锌锰电池、镍镉电池、铅酸蓄电池、镍氢电池、锂电池等。表9-11为主要的电池产品和其化学体系。

针对不同的电池产品和成分，其回收和提取工艺各不相同，由于篇幅所限，本节主要以镍氢、锂离子等二次电池为例介绍几种废旧电池资源化处理再生技术。

表9-11 主要电池产品及其化学体系

	名称	负极	电解质	正极	常用容器
一次电池	锌锰电池	Zn	$NH_4Cl-ZnCl_2$ 或 $ZnCl_2$	MnO_2	钢板
	碱性锌锰电池	Zn	KOH 或 NaOH	MnO_2	塑料
	锌-空气电池	Zn		氧气	
	银锌电池	Zn	KOH 或 NaOH	Ag_2O	塑料

续表

名　称		负极	电解质	正　极	常用容器
二次电池	锂离子电池	石墨	$LiPF_6$ 溶解在碳酸亚乙酯	$LiCoO_2$	塑料
	铅酸电池	Pb	H_2SO_4	PbO_2	塑料
	镍镉电池	Cd	KOH	NiOOH	钢板
	镍氢电池	储氢合金	KOH	$Ni(OH)_2$	钢板
	$Zn\text{-}Ag_2O$ 电池	Zn	KOH	Ag_2O	钢板

1) 废旧镍氢电池处理和再生利用技术

火法回收废旧镍氢电池主要以镍铁合金为目标,其技术优势在于流程简单、处理量大,适合工业化处理方式,但缺点是有价资源流失严重。具体工艺流程如图 9-10 所示,日本的住友金属、三德金属等公司均采用该方法进行处理。首先,粉碎镍氢电池,洗涤去除碱性电解液 KOH,干燥后可通过重力分选将有机物(如隔膜、粘结剂)和电极材料分离。其中电极材料经过还原法熔炼可得到主要产品镍铁合金材料,其中含镍 50%~55%,含铁 30%~35%,再进一步通过转炉精炼可以获得不同镍铁含量的合金。该方法流程简单、对所处理的镍氢电池类型没有限制,可直接利用现有的处理废旧镉镍电池的设备,缺点是所得到的合金的价值较低。

与火法技术相比,湿法处理废旧镍氢电池可将各种金属元素单独回收,而且回收率较高,同时具有能耗低、无有害气体产生的优势,其工艺流程如图 9-11 所示。首先,废旧镍氢电池经过机械粉碎、去碱液等处理后,利用物理分选的方式将含铁物质

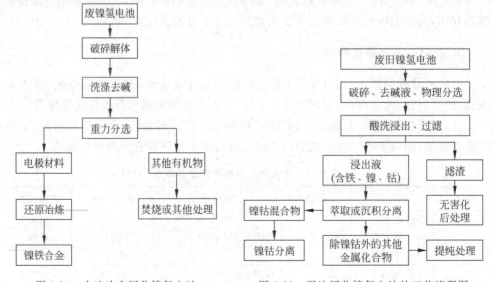

图 9-10　火法冶金回收镍氢电池　　　图 9-11　湿法回收镍氢电池的工艺流程图

分离出来；在酸洗过程中，含铁物质被溶解在酸溶液中，根据不同金属盐或氢氧化物的不同溶度积，分别处理，通过调节溶液的 pH 值将镍钴以外的其他金属沉淀出来；最后通过化学沉淀、电沉积、萃取等方法将镍钴分离。湿法冶金处理的难点在于控制浸出条件实现钴、镍元素的高纯度分离。

稀土元素的回收是废旧镍氢电池处理过程中重要的附加产品，图 9-12 是一种废镍氢电池负极板中稀土的回收工艺流程，基本原理是利用无水硫酸钠沉淀稀土实现分离，该方法能使 90% 以上的稀土沉淀，而镍、钴留在溶液中继续进行后续提纯工艺。溶液中酸度、温度及无水硫酸钠用量为影响分离效果的主要因素。目前，该工艺已在深圳市危险废物处理站科研实验基地实现工业化生产。处理规模为电池 30t/月。取得一定的经济效益，月产品销售收入约 50 万元。

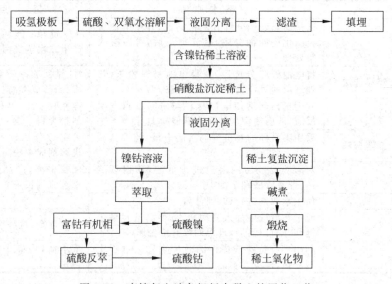

图 9-12 废镍氢电池负极板中稀土的回收工艺

佛山市邦普镍钴技术有限公司是废旧镍基二次电池的主要处理企业，他们开发了从废旧镍镉电池中回收镍、镉工艺技术（图 9-13），主要通过不同温度的热解工艺回收镍铁合金以及镉粉，能够实现年处理废旧镍镉电池 1000t 的处理能力，回收率达 98%，镉粉纯度达到 99.8%。

针对目前电动汽车所使用的镍氢蓄电池正负极板易分离的特点，可以采用正负极材料分开处理的技术，能够简化电池的破碎工艺，实现镍、钴等金属的分离。

2）废旧锂离子电池处理和再生利用技术

表 9-12 对比了不同废旧锂离子电池处理和再生利用处理技术的基本原理和特点，大致可分为火法、湿法、机械法和生物法等回收工艺。

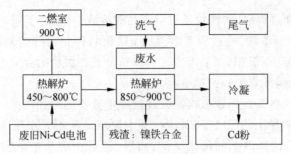

图 9-13 废旧镍镉电池中回收镍、镉工艺流程
(图片和信息来源: World Recycling Forum; http://www.icm.ch/past-event-wrf)

表 9-12 废旧锂离子电池回收处理的主要方法

处理技术	基本原理	特点
火法	通过高温焚烧分解有机粘结剂,并使电池材料氧化还原而分解,蒸气挥发后,再冷凝收集处理	工艺简单;能耗大,容易产生二次蒸气污染
机械破碎浮选法	将电池破碎分选后,获得电池材料粉末,热处理后通过浮选回收锂盐颗粒	锂、钴回收率较高;工艺流程长,成本高
机械研磨法	利用机械研磨使电极材料与研磨材料发生反应,从而使锂盐转化为其他盐类	锂回收率高,可利用常见塑料废料
有机溶剂溶解法	采用强极性的有机溶剂溶解电极,使锂盐从铝箔上脱落	可有效分离锂和铝;有机溶剂成本较高
沉淀法	对酸洗浸取后的溶液进行沉淀,获得草酸钴、锂及碳酸锂沉淀,并过滤分离	回收率高,产品纯度好;工艺流程长
萃取法	使用萃取剂进行钴、锂分离	
盐析法	通过在溶液中加入其他盐类,使溶液达到过饱和并析出溶质,进而回收有价金属	回收率高,且纯度高
生物法	利用具有特殊选择性的微生物代谢过程实现对钴、锂等元素的浸出	成本低,污染小,可重复使用

火法回收废旧锂离子电池主要通过将电池机械破碎后,放入焙烧炉中高温吹炼,得到渣料再用化学方法浸出,能得到有价金属的混合化合物。与镍氢电池相类似,火法处理技术具有量大、工艺简单的优点,而且对锂离子电池的负极类型不敏感,但是产品的附加值不高,日本企业主要采用此方法。首先将电池经过放电处理,剥离外壳,回收外壳金属材料;将电芯材料与焦炭、石灰石混合,投入焙烧炉中进行还原焙烧,钴酸锂被还原为金属钴和氧化锂,氟和磷被沉渣固定,铝被氧化为炉渣,大部分氧化锂以蒸气形式逸出后,将其用水吸收,金属铜、钴等形成含碳合金。对此合金作进一步提纯精炼处理,可分离提取出价格较高的钴盐、镍盐。

湿法技术对有价金属的分离较彻底,可以处理成分更为复杂的锂离子电池电极材料。美国 Apex 公司回收锂离子电池工艺主要包括浸出、除杂、萃取、碳酸钴沉淀等过程,可以从玻璃态氧化物中分离出铅,回收的主要产物有碳酸钴、硝酸钴、硫酸钴、玻璃态氧化物和二氧化钴锂。英国 AEA 工艺的主要流程是利用适当的溶剂浸泡分选后的电池材料,通过分散在电极材料和隔膜材料空隙中的电解质溶液进行提取,待电极碎片中的粘结剂被溶解后,将电极中剩余的铜、铅、钢、塑料中分离出来,最终将剩余电极微粒中包含的锂钴氧化物还原成氧化钴,锂则从固态结构中被释放出来。此工艺在欧洲已进入工业示范工程阶段。深圳市格林美高新技术股份有限公司发明了氨循环法,能够有效地从高锰的镍钴废料中提取出镍和钴,解决了复杂体系Li-Co-Mn-O中镍钴的高效提纯。但是总体而言,湿法回收工艺流程较复杂,处理过程中的浸出废液和污水也容易造成二次污染。

3) 废旧电池中回收利用钴、镍的综合处理技术

针对各种利弊,目前科研人员也在努力开发新型回收工艺和电池材料的综合处理合成技术,以进一步提高回收率,降低二次污染。

深圳市格林美高新技术股份有限公司开发了一种综合处理废旧二次电池的工艺模式(图9-14),从1t含有钴镍的废旧充电电池废料中可得到钴和镍粉末200~

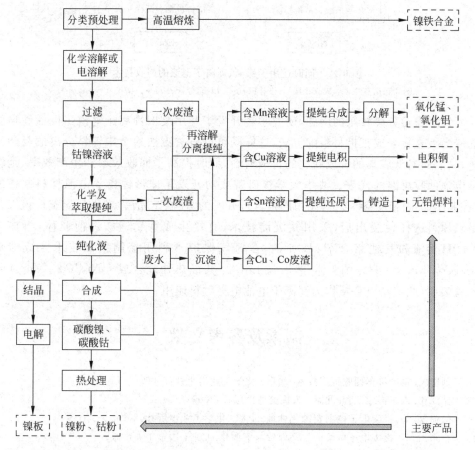

图9-14 深圳市格林美高新技术股份有限公司废旧电池回收钴、镍金属工艺流程

(图片和信息来源:World Recycling Forum:http://www.icm.ch/past-event-wrf)

300kg、镍铁合金 150kg、碳酸锂 60kg、电积铜 10kg。这种综合处理方式，可以扩大原材料的来源，提高生产效率，具有广阔的发展前景。

佛山市邦普镍钴技术有限公司开发了一种同时适用于镍氢、锂离子电池的回收技术，核心是利用萃取技术分离 Co 和 Ni，目前已成熟应用于工业生产之中（图 9-15）。

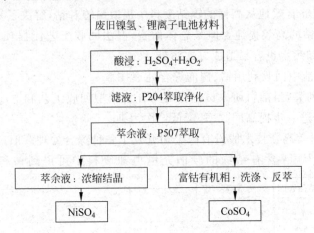

图 9-15　同时适用于镍氢、锂离子电池的回收技术

(图片和信息来源：World Recycling Forum：http://www.icm.ch/past-event-wrf)

针对镍钴分离较难的问题，研究学者开发了利用废旧锂离子电池正极活性物质的浸出液直接合成正极材料的方法，这样既可以省去湿法冶金中镍钴分离的复杂工艺，又能同时低成本的合成新型的正极材料，同时提高了回收效率和生产效率，是新型电池回收思路的代表。清华大学核研院成功开发了球形锂离子电池材料制备的"控制结晶-固相反应工艺"，使用的是自行开发的"控制结晶法"专用反应釜。该工艺是对原料选择性浸出后，采用共沉淀技术，直接生成铁钴锰酸锂前驱体，再加入 NaOH 溶液和其他络合剂、添加剂，在氮气保护下利用控制结晶技术合成球形 $Ni_{1/3}Co_{1/3}Mn_{1/3}(OH)_2$ 前驱体，然后与 Li_2CO_3 共混热处理合成 $LiNi_{1/3}Co_{1/3}Mn_{1/3}O_2$。实验表明，此产品可直接作为锂离子电池电极材料使用。

阅读及参考文献

9-1　刘坚民.报废汽车回收拆解技术.北京：化学工业出版社，2006

9-2　储江伟.汽车再生工程.北京：人民交通出版社，2007

9-3　何亚群，等.报废电子电器资源化处理.北京：化学工业出版社，2006

9-4　牛东杰，等.报废电子电器的处理处置与资源化.北京：冶金工业出版社，2007

9-5　王浩东，尚兰福.废旧家电回收对策的研究.北京：中国环境科学出版社，2006

9-6　李金惠，等.废电池管理与回收.北京：化学工业出版社，2005

9-7 周育红,姜朝阳. 我国汽车报废回收利用体系框架初探. 环境科学与技术,2006,(3):94~96,120~121

9-8 兰兴华. 从报废汽车中回收轻金属的前景. 有色金属再生与利用,2005,(1):18~20

9-9 江镇海. 报废汽车中塑料的回收再利用. 广西节能,2004,(1):32

9-10 刘坚民. 中国报废汽车回收拆解业市场分析. 有色金属再生与利用,2004,(1):8~10

9-11 《报废汽车回收管理办法》释义. 广西节能,2003,(2):1~7

9-12 杨沿平,曹小华,黄智. 报废汽车材料的回收与再利用技术研究. 汽车科技,2003,(6):8~10

9-13 马鸿昌. 日本报废汽车再生利用法(简称 ELV 再生利用法)(日本国际贸易与工业部 2002 年 9 月). 有色金属再生与利用,2003,(2):30~31

9-14 方海峰,黄永和,王可. 报废汽车非金属材料回收利用技术研究. 汽车技术,2007,(12):45~49

9-15 陈思. 报废汽车的回收、拆解与再利用. 汽车工艺与材料,2007,(7):6~9

9-16 2008 年老旧汽车报废更新补贴资金发放范围及标准. 广西节能,2008,(4):20

9-17 报废汽车回收拆解企业技术规范(GB 22128—2008). 中国资源综合利用,2008,(12):5~7

9-18 刘昕光. 电子废弃物资源化及处理技术. 中国石油大学胜利学院学报,2008,(3):30~33,49

9-19 郭艳丽,丁海军,张惠忠. 我国电子废弃物回收处理体系比较与建议. 再生资源与循环经济,2008,(7):17~21

9-20 任君焘,鞠美庭. 电子废弃物中贵重金属的回收技术研究. 环境科学与管理,2008,(7):117~121

9-21 李晶莹,盛广能,孙银峰. 电子废弃物中的金属回收技术研究进展. 污染防治技术,2007,(6):40~45

9-22 高莹,樊华. 电子废弃物处置方法及资源再利用前景. 江西科学,2007,(4):411~414,420

9-23 赵亮,刘春颖,王春京. 电子废弃物资源化的研究与进展. 再生资源研究,2007,(3):25~30

9-24 雷兆武,刘茉,杨高英,李晓华. 电子废弃物资源化技术现状. 中国环境管理干部学院学报,2006,(4):83~85,90

9-25 陈泉源,柳欢欢,朱凌云. 电子废弃物回收利用的物理分选技术. 中国资源综合利用,2006,(11):6~10

9-26 陈卉,陈海滨. 废电池的回收利用与处置. 环境卫生工程,2005,(2):12~15

9-27 杨景良,裴东,曲晓红. 废旧电池回收利用技术及对策. 环境卫生工程,2009,4:40~42

9-28 杨淑华,郭笃发. 浅议废旧电池的危害与我国回收现状. 山东师范大学学报(自然科学版),2004,19(1):55~58

9-29 蒋莉. 废旧电池回收利用产业化的若干思考. 再生资源研究,2004,(3):27~29

9-30 陈卉,陈海滨. 废电池的回收利用. 环境卫生工程,2005,13(2):12~15

9-31 曹国庆,沈英娃,菅小东. 废旧电池管理与环保法规. 电池工业,2002,7(6):322~325

9-32 环境标志产品技术要求:无汞干电池 HJBZ 009—95

9-33 关于限制电池产品汞含量的通知. 1997

9-34 环发[2001]199 号《危险废物污染防治技术政策》

9-35 环发[2003]163号《废电池污染防治技术政策》

9-36 韩骥,陈绍伟.国内外废电池的管理与回收处理.环境卫生工程,2002,10(4):177~179

9-37 第11届国际电池回收再生会议报告集.瑞士,2006-06

9-38 Andréa Moura Bernardes, Denise Crocce Romano Espinsa, Jorge Alberto Soares Tenório. Collection and recycling of portable batteries: a worldwide overview compared to the Brazilian situation. Journal of Power Sources,2003,124:586~592

9-39 田忙社.德国电池条例简介.中国资源综合利用,2000,(11):17~18

9-40 郭廷杰.日本的废电池再生利用简况.中国资源综合利用,2001(11):36~38

9-41 徐艳辉,陈长聘,王晓林.废旧MH/Ni电池金属材料的再利用.电池与环保,2002,26(3):154~157

9-42 张志梅,张建,张巨生.废MH/Ni电池正极的回收.电池,2002,32(4):249~250

9-43 王敏.从废镍催化剂中回收镍并生产硫酸镍.湿法冶金,2007,26(1):47~48

9-44 林才顺.废旧MH/Ni电池负极材料的回收利用.湿法冶金,2005,24(2):102~104

9-45 李丽,吴锋,陈实.金属氢化物-镍电池的回收与循环再利用.现代化工,2003,23(7):47~50

9-46 徐丽阳,陈志传.镍氢电池负极板中稀土的回收工艺研究.中国稀土学报,2003,21(1):66~70

9-47 夏煜,黄美松,杨小中.用废Ni-MH电池正极材料制备电子级硫酸镍的研究.矿冶工程,2005,25(4):47~53

9-48 Jorge Alberto Soares Tenorio, Denise Crocce Romano Espinosa. Recovery of Ni-based alloys from spent NiMH batteries. Journal of Power Sources,2002,108:70~73

9-49 Tobias Muller, Bernd Friedrich. Development of a recycling process for nickel-metal hydride batteries. Journal of Power Sources,2006,158:1498~1509

9-50 金玉健,梅光军,李树元.废旧锂离子电池回收利用的研究现状.再生资源研究,2005,(6):22~25

9-51 吕小三,雷立旭,余小文.一种废旧锂离子电池成分分离的方法.电池,2007,37(1):79~80

9-52 郭丽萍,黄志良,方伟.化学沉淀法回收$LiCoO_2$中的Co和Li.电池,2005,35(4):266~267

9-53 南俊民,韩东梅,崔明.溶剂萃取法从废旧锂离子电池中回收有价金属.电池,2004,34(4):309~311

9-54 Churl Kyoung Lee, Kang-In Rhee Preparation of $LiCoO_2$ from spent lithium-ion batteries. Journal of Power Sources,2002,109:17~21

9-55 Freitas M B J G, Garcia. E M. Electrochemical recycling of cobalt from cathodes of spent lithium-ion batteries. Journal of Power Sources,2007,171:953~959

9-56 李文文,梁辉,黄继承.锂离子电池正极材料的回收及再制备.再生资源研究,2007(4):21~24

9-57 郭雅峰,夏志东,毛倩瑾.超声辅助处理回收锂离子电池正极材料.电子元件与材料,2007,26(5):36~38

9-58 Junmin Nan, Dongmei Han, Xiaoxi Zuo. Recovery of metal values from spent lithium-ion batteries with chemical deposition and solvent extraction. Journal of Power Sources,2005,152:278~284

思 考 题

9-1 简述城市垃圾的综合处理技术现状。

9-2 比较国内外报废汽车回收利用的法规要求。

9-3 从材料科学与工程角度分析报废汽车含有哪些可回收资源。

9-4 废旧汽车轮胎在建材方面有哪些应用？

9-5 报废汽车中贵金属元素的回收技术途径有哪些？

9-6 简述废旧电子器件再循环利用的技术途经。

9-7 从法规及管理角度分析如何提高报废电子电器的回收利用率。

9-8 分析报废电子电器中可回收利用的元素种类。

9-9 目前废旧电池主要包括哪几类可再生利用的元素？

9-10 如何提高废旧电池的回收利用率？

第 10 章

有毒有害元素的替代技术

10.1 背景及政策

随着人们生活水平和文化水平的不断提高,对环境及健康的要求水准也不断提升,但是经济技术的发展对生态环境和人类健康的破坏却日益严重。当前在制造业产品中使用有毒有害物质的情况相当普遍,而近年来在生产消费过程中接触毒害性化学物质导致人员中毒死亡的生产、生活事故数量急剧攀升。含有毒害性化学物质的产品涉及人们衣、食、住、行、用等各个方面,在给自然和生态环境造成难以消除的长期危害的同时,也严重威胁人类的生命健康。开发替代含有毒有害元素材料的新品种,是保护生态环境、维护人民身心健康、促进科技进步和资源综合利用,实现以人为本,全面、协调、可持续发展战略,构建和谐社会的重要组成部分和迫切需求。

西方国家近年来在有毒有害元素材料技术开发方面发展较快,已形成较为完善的法律体系,并通过严格的指令法规和技术壁垒限制或禁止有毒有害产品材料进入市场,给我国外贸出口和经济发展造成了巨大的冲击和影响。有毒有害材料的替代问题也已受到我国政府的高度重视,科技工作者在相关领域亦已取得一定成果和突破。《国家中长期科学和技术发展规划纲要(2006—2020年)》将"流程工业绿色化、自动化及装备"作为制造业领域的优先主题。由科技部高新司组织,汇集了 12 所高等院校、8 所科研院所、37 家生产企业的"十一五"国家科技支撑重大项目"含有毒有害元素材料的替代技术"已经初步启动,标志着我国在有毒有害元素的替代技术研究领域迈出关键性的一步。

电子电器产品制造业是近 10 年来西方制造业中增长最快的领域之一,伴随而来的电子废弃物污染控制和防止问题也是有毒有害元素替代技术领域最具特征性和关注度的焦点问题。本章以电子废弃物的污染控制为代表,介绍欧盟及我国的相关法律法规,具体分析无铅焊料、无毒塑料稳定剂等代表性控制措施,窥一斑而知全貌,进而阐述有毒有害元素替代技术的基本理念、技术现状和发展前景。

10.1.1 RoHS 和 WEEE 指令

2003年2月13日,欧盟出台2002/95/EC号《关于在电子电器设备中禁止使用某些有害物质指令》(The restriction of the use of certain hazardous substances in the electrical and electronic equipment,RoHS)和2002/96/EC号《关于报废电子电器设备指令》(Waste Electrical and Electronic Equipment,WEEE)两项绿色环保指令,并宣布于2006年7月1日正式执行。

WEEE涉及的产品范围很广,适用于表10-1中所示的十大类、近20万种,几乎涵盖了当今所有电子电器产品,但不包括国家基本安全的设备、武器、弹药和战略物资。WEEE指令的技术核心为3R(Reuse,Recycling,Recovery)方针,即对电子电器产品废弃物的再利用、循环使用和回收利用方针。根据WEEE指令,在2005年8月13日以后,电子电器产品的生产商(包括进口商和经销商),必须承担进入欧盟市场的废弃电子电气产品的回收、处理责任。指令规定必须采用分类回收制度,对报废电子电器单独收集,不让其进入城市垃圾系统,要求生产商或第三方在符合欧盟相关规定的情况下,尽可能采取最先进有效的处理、再生和循环技术建立报废电子电器处理系统。此外,生产商还须在产品上或特殊情况下在产品说明书中标识如图10-1所示的标识图案。在管理体系上,WEEE指令采用了先进的生产者延伸责任体系,其核心理念是强制电子电气生产商在产品的研发、制造、销售以及后续的一系列过程都要考虑到环境因素,对产品整个生命周期负责。

表10-1 WEEE指令中规定的十类设备平均回收、再利用以及循环使用目标 %

设备种类	回收目标	再利用与循环使用目标
大型家用电器	80	75
小型家用电器	70	50
信息科技与电信设备	75	65
消费类设备	75	65
照明设备	70	50
电器与电子工具	70	50
玩具、休闲与运动设备	70	50
医疗设备	2008年以后	2008年以后
监控设备	70	50
自动售货机	80	75

RoHS指令与WEEE指令一脉相承,但技术性限制目的更为明确,即严格限定在电子电气产品中使用对环境和人类健康造成潜在威胁的特定化学物质。根据RoHS指令要求,2006年7月1日以后投放欧盟市场的电气和电子产品不得含有铅、汞、镉、六价铬、多溴联苯和多溴联苯醚等6种有害物质,涉及的电子电气产品范

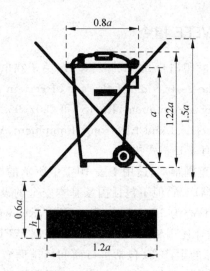

图 10-1　WEEE 指令中规定的电子电气设备标识符号

围包括 WEEE 指令中除医疗设备类、监控仪器类的 8 种产品。表 10-2 详细列举了 RoHS 指令管制物质的存在形式及危害。RoHS 指令的发布是欧盟从技术和经济的可行性角度考虑,认为最有效的降低这些有害化学物质对人类健康和环境威胁的方法只能是在生产环节寻找安全替代品。RoHS 指令中对这些有害化学物质使用的限制实际也增强了 WEEE 指令中提倡的循环利用方针的可能性和经济收益。但是,由于部分 RoHS 指令限用的化学物质目前还没有合适的替代品,继续使用含有这些物质的电子电气产品的获益要大于其潜在威胁,因此,RoHS 指令发布至今,已分批豁免了 20 余项电子电气产品或部件,预计今后豁免清单仍将增加。

表 10-2　RoHS 指令管制物质的存在形式及危害

受管制物质	可能的存在形式	危　　害
铅	焊料、CRT 玻璃、铅酸电池、染料颜料涂料、PVC 光亮剂和稳定剂、润滑剂等	神经毒性、脑病变、精神智能障碍、对儿童造成永久性损害
汞	温控传感器、继电器、金属蚀刻剂量、电池、荧光灯管、染料颜料涂料等	中枢神经毒性、肾衰竭
镉	电镀、光敏器件、电接触合金、涂料等	毒性肺水肿、呼吸困难、骨软化
六价铬	金属防腐蚀涂层、陶瓷釉、染料颜料涂料,其他电镀处理等	剧毒及腐蚀性、遗传性基因缺陷
多溴联苯 多溴二苯醚	阻燃剂、印刷电路板、电缆电线、连接器、塑胶件等	神经毒性、致癌及胎儿畸形

WEEE 指令和 RoHS 指令的出台和实施,一方面旨在限制减少欧盟市场中电子电气产品中有害化学物质的使用并减少其废弃物带来的对欧盟环境的负面影响;确保欧盟市场中电子电气产品能经由更有效的方式被重复使用、循环使用或回收再利用,以减少欧盟境内此类废弃物的处理量;对电子电气产品采取"从摇篮到坟墓"的管制方式,改进有关电子电气产品生命周期中所有操作人员如原料供应商、生产商和销售商,以及产品消费者的环保行为和意识。另一方面,WEEE 和 RoHS 指令毫无疑问也会对全球电子电气产业,特别是中国的电子电气出口产业带来巨大的挑战和冲击。遵从 RoHS 指令和 WEEE 指令将迫使我国电子电气产业进行重大变革和重新整合,相关企业将不得不改变其原材料、产品设计和生产工艺,对产品进行评估测试。即使达到相应标准,我国企业出口的成本也将大幅提高,原先的价格优势将荡然无存。根据中国电子进出口总公司发布的数据,我国出口欧盟的电子电气产品中,高达 71% 的机电产品受到 WEEE 指令和 RoHS 指令的影响,总值超过 300 多亿美元。两大指令对我国影响深远,形势严峻,亟须采取积极有效的应对措施。

10.1.2 中国的 RoHS 法规及实施进程

为了积极应对欧盟的"双绿指令"挑战,从源头加强对电子信息产品污染的限制和控制,减少废气电子信息产品对环境的污染和对公众的危害,实现电子工业清洁生产和可持续发展,保护人类健康,提高资源利用率,国家信息产业部、发改委、商务部、海关总署、工商总局、质检总局和环保总局等于 2006 年 2 月 28 日联合发布了《电子产品污染控制管理办法》(下文简称为《管理办法》),并自 2007 年 3 月 1 日起执行。伴随着《管理办法》的颁布实施,相关部门进一步发布了《电子信息产品中有害物质的限量要求》、《电子信息产品污染控制标识要求》、《电子信息产品中限量物质的检测方法》和《电子信息产品污染控制重点管理目录》等多项细则文件。人们习惯上把上述以《管理办法》为核心的整套管理法规称为"中国的 RoHS 指令"。

《管理办法》主要内容包括:

(1) 电子信息产品设计者在设计电子信息产品时,应当符合电子信息产品有毒有害物质或元素控制国家技术标准或行业标准要求,在满足要求的前提下,采用无毒无害或低毒低害、易于降解、便于回收利用的材料、技术和工艺方案。

(2) 采用目录管理的形式,限制和禁止电子信息产品中使用有毒有害物质,对列入污染控制重点管理目录中的电子信息产品纳入强制性产品认证管理,从目录实施期限起,产品中不得含有铅、汞、镉、六价铬、多溴联苯和多溴二苯醚六种有毒有害物质,对于产品中含有的有毒有害物质不能完全替代的,其有毒有害物质的含量必须符合电子信息产品污染控制国家技术标准或行业标准要求,污染控制重点管理目录将根据实际情况和科学技术发展水平要求逐年调整。

(3) 对在中国市场上销售的电子信息产品,应依据电子信息产品污染控制国家技术标准或行业标准在产品上注明安全使用期限、有毒有害物质的名称、含量、所在部件及其可否回收利用的标识,包装物应采用无害、便于回收的材料,并注明包装物材料名称。电子信息产品控制污染标志如图 10-2 所示,其中(a)图标识表示:该电子信息产品不含有毒有害物质或元素,是绿色环保的产品,其废弃后可以回收利用,不应随意丢弃;(b)图标识表示:该电子信息产品含有某些有毒有害物质,在环保使用期限内可以放心使用,超过环保使用期限之后则应该进入回收循环系统。

《管理办法》和欧盟的 RoHS 指令相比,其相同点在于两者都是针对电子电器和信息产品的法律规范性文件,在欧盟及中国市场生产、销售、进口电子电器和信息产品均需受到相应的约束;两者都是环保指令,立法主要目的都是为了限制产品中使用某些有毒有害物质,减少电子信息产品废弃后对环境造成的污染、保护人体健康;两者都是涉及贸易活动的绿色环保壁垒,其限制或禁用规定均会对国际贸易产生一定的壁垒效应;两者在电子电器产品中限制或禁止使用的有毒有害物质相同。

图 10-2　电子信息产品污染控制标志

值得注意的是,尽管《管理办法》与 RoHS 指令有上述相同之处,但在具体内容、范围和执行方式等方面,两者仍然存在着一定的差异。表 10-3 详细对比了两者的一般差异。两者最突出的区别在于对有毒有害物质的监管模式和执行模式上。监管模式方面,欧盟采用排除法,先一次性对多种类别的产品进行限量控制,再适时调整豁免清单。我国采取了目录式管理,即当确认某类产品已实现有毒有害物质替代或已确认难以替代但可以做到符合限量标准时,则将该产品放入目录中实行 3C 认证。显然,结合我国现有科技发展和产业水平,按照纳入目录的先后顺序,实行"成熟一个发展一个",避免"一刀切",是一种更为稳健的做法,也有利于提高《管理办法》的可执行性。在执行模式方面,欧盟采取产品有害物质控制达到标准后进行自我声明,要求一步到位。我国则采取"两步走"的方式:第一步,自《管理办法》生效之日起,进入市场电子信息产品以自我声明方式标注含有毒有害物质的名称、含量、可回收标志及安全使用期限等环保信息;第二步,进入"目录"的产品在实现有毒有害物质替代或达到限量标准的要求,并经过 3C 认证后方可进入市场。"两步走"这样一个渐进的阶段式过程,使企业将有足够的时间做好相关准备,也是与我国发展水平相符的应时之举。

表 10-3　RoHS 指令管制物质的存在形式及危害

	欧盟 RoHS 指令	《管理办法》
实施效力	无直接约束力,需要转换成欧盟成员国法律才可实施	无需转换成低一级的法律规范性文件就可以直接实施

续表

	欧盟 RoHS 指令	《管理办法》
调整对象	交流电不超过 1 000 V、直流电不超过 1 500 V 的电子电气设备	电子信息产品
颁布和实施时间	2003 年 2 月 13 日颁布，2006 年 7 月 1 日实施	2006 年 2 月 28 日颁布，2007 年 3 月 1 日实施
贯彻手段	只需要"标准"支持	需要制定"标准"和"目录"，"目录"的制定需要"标准"支持
对有毒有害物质监管模式	将六大类产品全部纳入管理范围，然后再对控制技术尚不成熟或经济上不可行的采用排除法予以豁免	采用目录式管理，以穷举法的方式形成目录
执行方式	采取自我声明的方式，但要求一步到位	采取两步走的方式
产品应用豁免方式和范围	对控制技术尚不成熟或经济上不可行的采用排除法予以豁免	无豁免措施，但设置了"电子信息产品污染控制重点管理目录"，实现了有毒有害物质替代或符合了限量标准的产品会随着时间的推移，逐步被放入目录实行 3C 认证，否则就意味着暂时被"豁免"

从上述分析中不难看出，我国的《管理办法》在与国际大环境接轨的同时，在技术要求和内容规定方面更加贴合我国实际国情，要求也日益精细和严格。首先我国电子信息产业需要跟上资源节约和环境保护的大趋势，认真研究相关法规，积极追踪相关标准的实施和最新动态；其次从产品研发、设计、生产、销售等环节抓起，建立绿色供应链，做好有毒有害物质的替代和减量化工作；最后，认真做好产品的自我声明。这样才能从源头上促进我国电子信息产业的可持续发展，更好地维护人类的环境健康。

10.2 有毒有害元素替代材料的研究和应用进展

10.2.1 无铅焊料

长期以来，电子封装领域所采用的焊料都以传统的 63Sn37Pb 锡铅合金为主，它具有与铜基底润湿性好、熔点低、性价比高、力学性能好等众多其他焊料无法比拟的优点。但铅及铅的化合物均属剧毒物质，不仅会对环境会造成严重的污染，而且并会严重影响人类的健康。人体通过呼吸、进食、皮肤吸收等都有可能吸收铅或其化合物。铅被人体器官摄取后，将抑制蛋白质的正常合成功能，危害人体中枢神经，造成精神混乱、呆滞、生殖功能障碍、贫血、高血压等慢性疾病。目前，铅已经被美国环保局列为17种对人类威胁最大的元素之一。随着电子工业的高速发展,铅锡焊料的大量使用对人类健康和生态环境带来的危害已不容忽视,使用无铅焊料势在必行。

焊料无铅化的提出始于美国。1991至1992年,美国参议院相继提交了若干个减少铅使用量的提案,要求将电子组装用焊料中铅的质量分数控制在0.1%以下。当时的这些提案遭到了美国工业界的强烈反对而无法通过,但却激发了世界范围关于无铅化电子组装的研究热潮。从1991年起NEMI、NCMS、NIST、NPL、PCIF、ITRI、JIEP等组织相继开展无铅焊料的专题研究,耗资超过2000万美元,目前该研究仍在继续。1994年,北欧环境部长会议提出逐步取缔铅的使用,以减少铅对人类健康和生存环境的危害。1998年,日本开始讨论修订家用电子产品再生法,促使电子企业开发无铅电子产品。2000年6月,美国电子电路与电子互联行业协会(Association Connecting Electronics Industries,IPC)发表第4版无铅化指南(Lead-Free Roadmap),建议美国企业界于2001年推出无铅化电子产品,并于2004年实现全面无铅化。2003年2月13日,欧洲议会与欧盟部长会议组织正式批准《关于废旧电子电气设备指令》和《关于在电子电气设备中限制使用某些有害物质指令》,并分别于2005年8月13日和2006年7月1日开始正式实施,形成了第一部强制禁止电子产品使用铅的法令。

我国信息产业部、环保总局等六部委根据《清洁生产促进法》和《固体废物污染环境防止法》等有关法律法规,共同签署制定了《电子信息产品污染防止管理办法》,从2006年7月1日起,列入电子信息产品污染重点防治目录的电子信息产品中不得含有铅等六种有害物质,与欧盟指令基本一致。

无铅焊料是以Sn为基体,添加了Ag、Cu、Zn、Sb、In等其他合金元素,主要用于电子组装的软钎料合金。无铅焊料并不意味着焊料中绝不含铅。在无铅焊料中,基体元素必须不含铅,但是作为杂质元素,铅的存在难以避免,只能对其含量进行限制。现存的ISO 9453、JISZ 3282等国际标准规定,铅的质量分数应小于0.1%,较有影响力的欧盟RoHS指令中也将铅的质量分数控制在0.1%以下。根据电子工业的应用要求,无铅焊料应该具有以下特征:

(1) 无毒性:替代合金应是无毒性,符合相应环保法规的要求,这是无铅焊料的基本要求。

(2) 与铅锡焊料相近的熔点和尽量小的熔程:合金的熔点是决定焊接温度的最根本参数,根据目前的焊接工艺、设备等要求,无铅焊料的熔点应接近传统的63Sn37Pb焊料。同时无铅焊料的熔程也不能过大,焊料的熔程扩大,则焊料凝固时所需时间延长,往往促使产生内部应力甚至产生裂纹,导致焊接缺陷。

(3) 良好的润湿性能:对于焊料而言,能否与母材形成良好的润湿是获得可靠接头的关键。通常评估润湿性能用润湿时间以及最大润湿力来表示。一般要求在

245℃时,润湿时间为 1s 左右为佳。

(4) 良好的抗氧化性能:在焊接过程中,熔融状态的焊料表面易于氧化。焊料表面的氧化物是影响焊接接头质量的重要因素,必需严格控制焊料熔体表面形成过多的氧化物。

(5) 合适的物理性能:包括导电性、导热性、热膨胀系数等。良好的导电性是电子连接的基本要求,为了能及时有效散发热能,焊料必须具备快速的传热能力,热膨胀系数过大将会影响焊点外观,严重的将会产生收缩效应或热裂。

(6) 足够的机械强度和耐热疲劳性:合金必须能够提供 63Sn37Pb 所能达到的机械强度和可靠性。

1993 年,由美国国家制造科学中心牵头,11 家著名的大公司(包括 AT&T、Ford Motor、GM 等)和美国研究机构(包括 NIST、PRI、United Tech 等)联合提出了无铅焊料基本性能指标,如表 10-4 所示。

表 10-4 NCMS 制定的无铅焊料基本性能指标

性　　能	可接受的水平
液相线温度	$<225℃$
熔化温度范围(熔程)	$<30℃$
润湿性(润湿称量法)	$F_{max}=300\mu N, t_0=0.6s, t_{2/3}=1s$
铺展面积	$>85\%$ 的 Cu 板面积
钎焊温度下给定时间内表面氧化程度	某一给定值
热机械疲劳性能	$>$Sn-Pb 共晶相应值的 75%
热膨胀系数	$<2.9\times10^{-5}/℃$
蠕变性能(室温 167h 内,导致失效所需的应力值)	$>3.5MPa$
延伸率(室温,单轴拉伸)	$>10\%$

目前开发的无铅焊料可以按二元合金成分划分为 Sn-Ag 系、Sn-Cu 系、Sn-Sb 系、Sn-Bi 系、Sn-In 系。其中 Sn-Ag、Sn-Cu、Sn-Sb 为高温系焊料,熔点在 200℃以上;Sn-Zn 系为中温系焊料,熔点在 180~200℃十分接近传统 Sn-Pb 焊料;Sn-Bi 和 Sn-In 系熔点在 180℃以下,属于低温系焊料。典型的无机焊料分类及其优缺点如表 10-5 所示。

Sn-Sb 合金系熔点在所有无铅焊料中最高,并且由于其为包共晶合金系,熔点无法通过合金化有效地降低,因此该合金系完全替代 Sn-Pb 焊料的难度较大,只能取代部分 Pb 含量高的焊料(熔点较高)。熔点在 180℃以下的 Sn-Bi 和 Sn-In 系焊料由于熔点过低,电子器件在运行过程中发热使这些低熔点合金在耐热性能上难以满足普遍要求,因此只能用于某些特殊场合。Sn-Ag 系、Sn-Cu 系及 Sn-Zn 系是最具适用性和发展前途的合金系,其中 Sn-Ag 系综合性能最好,力学性能和抗氧化性等性能

表 10-5 典型无铅焊料及其优缺点

种类	成分范围/%（质量分数）	熔点范围/℃	典型合金成分/%（质量分数）	优缺点
Sn-Ag 系	2.5＜Ag＜4	约 221	Sn-3.5Ag-0.75Cu、Sn-3.0Ag-0.5Cu Sn-3.8Ag-0.7Cu、Sn-3.9Ag-0.6Cu Sn-4.0Ag-0.9Cu、Sn-3.0Ag-0.7Cu-1.0In Sn-2.5Ag-0.5Cu-1.0Bi、Sn-3.5Ag-1.0Zn Sn-3.5Ag-1.0Zn-0.5Cu、Sn-4.0Ag-7Sb Sn-4.0Ag-7Sb-1.0Zn、Sn-3.5Ag-5Bi Sn-3.5Ag-6Bi、Sn-3.4Ag-4.8Bi	力学性能优良 可靠性高 润湿性较好 熔点偏高 价格较高
Sn-Cu 系	0.5＜Cu＜0.8	约 227	Sn-0.7Cu、Sn-0.5Cu-1.0Ag Sn-0.7Cu-0.3Ag、Sn-0.8Cu-2.0Ag-6.0Zn Sn-0.8Cu-2.0Ag-0.6Sb、Sn-0.8Cu-10Bi Sn-0.8Cu-10Bi-1Zn、Sn-0.7Cu-Re	成本低 熔点偏高 润湿性较差
Sn-Sb 系	4＜Sb＜5	约 234	Sn-5Sb-10Bi、Sn-4Sb-8Zn Sn-5Sb-10Bi-1Zn	熔点偏高 润湿性较差
Sn-Zn 系	6.5＜Zn＜9	约 198	Sn-9Zn-5In、Sn-9Zn-5In-1Bi Sn-8Zn-4In、Sn-8Zn-5In-0.1Ag Sn-9.0Zn-0.5Ag、Sn-9Zn-(2～8)Cu Sn-9Zn-4.5Al、Sn-9Zn-＜0.15Re Sn-9Zn-＜8Ga、Sn-8Zn-3Bi Sn-6.5Zn-3Bi-0.8Ag	成本低 力学性能较好 润湿性差 抗氧化性差 抗腐蚀性差
Sn-Bi 系	45＜Bi＜58	约 139	Sn-45Bi-3Sb、Sn-45Bi-3Sb-1Zn Sn-56Bi-1Ag、Sn-57Bi-1.3Zn	耐热性差 熔点过低
Sn-In 系	10＜In＜20	约 117	Sn-20In-2.8Ag、Sn-10In-1Ag-＜10.5Bi Sn-10In-1Ag-0.5Sb、Sn-10In-9Zn Sn-10In-8Zn-2Bi、Sn-10In-7Zn-2Sb Sn-10In-8Zn-＜0.5Ag	耐热性差 成本高 熔点过低

优越,但存在成本偏高、对元件和设备耐热性要求高等问题;Sn-Cu 和 Sn-Zn 系焊料的成本相对较低,但润湿性、抗氧化性等有待提高。

尽管人们对无铅焊料已进行了大量研究,但普遍认为从合适的熔化温度、润湿性、机械性能和成本等条件考虑,目前尚未找到铅锡焊料的理想替代物。因此新型焊料的设计和研制、可焊接性与可靠性研究以及焊接工艺的研究,仍然是无铅焊料领域的几大前沿性课题。具体包括:①新型无铅焊料的多元合金化成分设计;②利用相图计算技术进行新型无铅焊料体系的优化计算;③寻找无铅焊料的粉体制备方法、提高焊接和易操作性及缩短工艺流程;④免清洗无铅焊料的开发和应用等。

我国无铅焊料研究起步较晚,在自主知识产权和产业化应用等方面落后于发达国家。中国是锡的生产和出口大国,也是消耗焊料的各种电器的生产大国,如果无铅焊料的研究和开发不能取得实质性的突破,将会严重影响我国机电、微电子行业的发展,产品将失去市场竞争力。因此,大力发展无铅焊料仍是当前一项迫切和亟待解决的问题。

10.2.2 无毒塑料稳定剂

聚氯乙烯(PVC)是世界五大通用树脂之一,产量仅次于聚乙烯(PE)和聚丙烯(PP)。PVC制品具有软硬度易调控、力学性能高、耐腐蚀、电绝缘性好、透明度高及价格低廉等优点,在建筑、轻工、化工、电子、航天、汽车、农业等领域具有广泛的用途。目前全球PVC需求总量仍出现稳定的增长态势。但是,由于PVC分子中存在有枝化点、双键和引发剂残基等不稳定的结构缺陷,在受热、剪切或受到高能射线(如紫外线)的影响下易发生降解和交联反应,放出大量氯化氢,导致加工和使用困难,使得制品颜色加深,力学性能下降,影响使用寿命甚至失去使用价值。因此,在PVC加工过程中,通常采用添加稳定剂以促进PVC树脂的塑化、熔融,提高熔体强度,降低加工温度,改善制品的外观质量,同时提高PVC制品的相关性能指标,扩大其应用领域。

PVC的降解原理较为复杂,因此热稳定剂的作用机理也相对复杂。一般认为热稳定剂的主要作用机理包括以下几方面:① 吸收、中和PVC降解过程中生成的HCl,从而抑制HCl的自动催化降解作用;② 置换PVC分子中不稳定的烯丙基氯原子或叔碳氯原子,消除不稳定氯原子,减少引发降解的位点;③ 与多烯结构发生加成反应,防止大共轭体系的形成,减少着色;④ 捕捉热力、机械剪切、光氧及热氧过程产生的大量自由基,阻止氧化反应和连锁反应。

铅盐化合物是使用最早、应用时间最长且效果最好的热稳定剂,目前在各类PVC制品中广泛使用。铅盐能具有很强的结合氯化氢能力,能够迅速、大量、高效地捕捉PVC热降解过程中脱出的HCl生成$PbCl_2$,$PbCl_2$无法再次脱出加速PVC降解。目前主要使用的铅盐类稳定剂主要品种有:三碱式硫酸铅,俗称三盐,分子式为$3PbO \cdot PbSO_4 \cdot H_2O$;二碱式亚磷酸铅,俗称二盐,分子式为$2PbO \cdot PbHPO_3 \cdot 1/2H_2O$;二碱式硬脂酸铅,分子式为$2PbO \cdot [CH_3(CH_2)_{16}COO]_2Pb$,一般和三盐、二盐并用。除此之外还有一些其他铅盐,如富马酸盐、氰脲酸铅、邻苯二甲酸铅、碳酸铅等。铅盐稳定剂热稳定性能好、价格优廉,同时具有良好电绝缘性能和耐候性,因此多年来,铅盐热稳定剂在稳定剂应用领域一直起主导作用。但是铅盐稳定的制品颜色不透明,润滑性差,同时铅元素具有严重的毒性、生物积累性和环境污染问题,在生产和使用过程中易生成粉尘,导致人员发生铅中毒。

金属皂类稳定剂是另一类重要的热稳定剂,金属皂是高级脂肪酸金属盐的总称,常用的金属元素包括镉、钡、钙、锌等。金属皂类稳定剂热稳定性一般,但透明性、润滑性较铅盐类要好,常和铅盐类稳定剂配合使用。金属皂类稳定剂的性能随金属种类和酸根的不同而不同。镉皂在热稳定性、耐候性、透明性和润滑性上均表现出较好的综合性能,是较为常用的金属皂类稳定剂。但镉元素同样具有较大的毒性和污染性,可以引发毒性肺水肿、骨软化、疼痛病等恶性疾病。

由于 Cd、Pb 等重金属对人体毒害及环境的严重污染,直接威胁到人类生存和可持续发展。从 20 世纪 80 年代起,禁 Cd、Pb 等有毒金属的呼声日趋高涨,各国相继提出禁止使用铅盐、镉盐类稳定剂。欧盟早在 1988 年就组织实施了"与镉的环境污染作斗争"的行动计划,同时欧盟 PVC 行业联盟承诺从 2001 年 3 月 1 日起不再使用含镉热稳定剂;欧盟于 2000 年正式通过环保法案"76/769/EEC-PVC 材料环保要求绿皮书",要求从 2003 年 8 月开始,在 PVC 材料中禁止使用包括铅盐、镉等 18 种有害物质(如表 10-6 所示),并于 2015 年全面禁用铅盐稳定剂;随着 RoSH 和 WEEE 指令的颁布和实施,欧盟对铅镉的监管禁用力度将再度加强。美国 Witco 公司于 1993 年首先宣布停止 Cd 热稳定剂的生产;美国消费者产品安全委员会于 1996 年颁布第 96-150 和第 4426 号文件,规定从 1996 年 9 月起,美国只允许铅含量小于 200ppm 的 PVC 制品进入市场。日本也相继发起一系列行动,已于 2005 年将铅稳定剂的使用量减为 1996 年的 1/3,其于 2002 年 7 月 1 日开始实施的《SS-00259》产品工程标准,规定在塑料制品中铅含量不得高于 100ppm、镉含量不得高于 5ppm。

表 10-6　欧盟规定在 PVC 材料中禁止使用的 18 种有害物质

序号	产品名称	序号	产品名称
1	石棉	10	五氯苯酚及其钠盐
2	三氧化二锑	11	三氯乙烷、四氯乙烷
3	铅及其化合物	12	氟代烷烃
4	多溴联苯	13	氢化溴氟烷烃
5	镉及其化合物	14	脂肪族氟代烷烃
6	氯化石蜡	15	多氯联苯
7	氯化苯、联二苯、三联苯、萘	16	多氯三联苯
8	邻苯二甲酸二辛酯	17	汞及其化合物
9	邻苯二甲酸二丁酯	18	残留氯乙烯单体

从上述背景分析可以看出,随着人们对环境保护的要求不断提高,限制有毒有害物质的法规日趋严格,铅镉类热稳定剂在全球市场淘汰已是大势所趋。热稳定剂的研发、生产、消费步入无铅无镉时代,并进一步向低毒无毒、复合高效方向发展。无毒或低毒的热稳定剂替代产品不断出现。目前研究及应用的环保无毒稳定剂大体可以分为有机锡类稳定剂、Ca/Zn 复合稳定剂、水滑石类稳定剂及稀土类稳定剂等。现具体介绍如下。

有机锡类稳定剂是含一类 C-Sn 键的有机-金属化合物,其结构通式为 R_nSnY_{4-n},其中 R 基团可以是烷基,如甲基、丁基、辛基,也可以是酯基,如丙烯酸甲酯、丙烯酸丁酯等,Y 基团可以是脂肪酸、硫醇根等。有机锡类稳定剂是目前应用较广、效果较好的环保热稳定剂之一,具有许多优良的性能:热稳定性好,可以采用高温加工以确保制品的透明度,耐候性能优越,可以用于露天制品中,透明性能优越,并且初期着色性能好,可以制成透明度好、色彩鲜艳美观的制品,无起霜现象,显示出优异的综合稳定效果。有机锡热稳定剂商品主要品种有二硫基乙酸辛酯二丁基锡、二月桂酸丁基锡、硫醇逆酯基锡、二硫基乙酸辛酯二甲基锡酯基锡、二硫基乙酸辛酯二辛基锡、二马来酸单乙酯二辛基锡等。国外的产品主要有 Carinal 公司开发的 77 系列和 100 系列,Akcros 公司开发的丁基锡新型热稳定剂,ElfAtochem 公司的丁基锡 Stavinor 系列产品等。部分有机锡稳定剂已经通过美国食品和药品管理局(Food and Drug Administration,FDA)的安全性认证,在食品包装和饮料瓶制品中获得广泛应用。目前美国有机锡类热稳定剂的消耗量占总量的 28%。有机锡稳定剂的主要缺点在于其成产成本较高,且在 PVC 加工过程中会产生异味,因此改进生产工艺,降低生产成本,开发性价比适中的产品,消除异味将是有机锡稳定剂未来的研究方向。

Ca/Zn 复合稳定剂属于前述金属皂类稳定剂的一个分支。由于金属活性不同,如果将高活性的锌皂和较稳定的钙皂复合,可以产生协同作用,获得良好的稳定效果。通常认为 PVC 释放的 HCl 会与锌化合物反应生成锌氯络合物,而通过 Ca/Zn 复合,钙皂可以中和 HCl 并抑制锌氯络合物转化为 $ZnCl_2$,从而使锌皂再生,避免因 $ZnCl_2$ 积累而发生锌烧现象,从而使聚合物获得较高稳定性。由于 Ca/Zn 有机盐的相互缔合性弱,因此在合成过程中通常加入一些辅助稳定剂如环氧类增塑剂、亚磷酸酯、β-二酮类化合物、受阻酚类抗氧剂等,以改善 Ca/Zn 复合稳定剂的性能。有研究认为,辅助稳定剂的加入可以加速氯原子从锌皂向钙皂的转移过程,并捕捉自由基中间物,从而达到稳定化作用,并抑制着色。Ca/Zn 复合稳定剂主要用于食品包装、玩具和医疗用具等领域,主流产品包括德国熊牌钙/锌复合热稳定剂、Akcros 公司的 Akcrostab CZ 系列稳定剂、Witco 公司的 Mark 系列稳定剂、Ferro 公司的 EZn-Chek 系列稳定剂、Barlocher 公司的 Baropab 系列稳定剂等。Ca/Zn 复合稳定剂的研究热点方向为高性能辅助稳定剂的开发、多元复合技术工艺的设计与优化等。

水滑石又叫层状双金属氢氧化物,简称 LDHs,是一类阴离子层柱状化合物。水滑石化合物的典型组成为 $Mg_6Al_2(OH)_{16}CO_3 \cdot 4H_2O$,结构类似于水镁石,由 MgO_6 八面体共用棱形成单元层,层上的 Mg^{2+} 部分被 Al^{3+} 同晶取代,使 Mg^{2+}、Al^{3+}、H^+ 层带有正电荷,层间有可交换的阴离子 CO_3^{2-} 与层上正电荷平衡,使得这一结构呈电中性,层板间同时也存在一定数目的水分子。水滑石类热稳定剂是日本在 20 世纪

80年代开发的一类新型无机PVC辅助稳定剂。它对PVC的热稳定性源自水滑石与PVC降解过程中产生的HCl的反应能力。层状水滑石与HCl的反应分为两步：首先，与层间阴离子发生反应，形成Cl-为层间阴离子水滑石；其后，层状水滑石本身与HCl反应，同时层柱结构完全破坏，形成金属氯化物，如图10-3所示。水滑石类稳定剂的热稳定效果比常规金属皂类及其混合物好。此外，它还具有透明性好，绝缘性好，耐候性好及加工性好，无毒，不受硫化物污染，能与锌皂及有机锡等热稳定剂产生协同作用，是极具开发前景的一类无毒辅助热稳定剂。

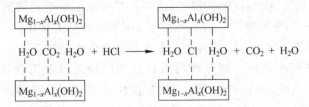

图10-3　水滑石类稳定剂反应过程示意图

稀土类稳定剂是我国独具特色的无毒低度热稳定剂，由于国外稀土资源相对缺乏，至今未见商业化报道。稀土稳定剂以镧、铈、锆氧化物、氯化物和有机酸盐等为主体，可以是单一体系也可以是混合体系。稀土稳定剂无毒，热稳定性优异，耐候性好，加热时呈膏状体可以在PVC材料中分散均匀，具有增塑、增韧、偶联和亲合作用，可以降低塑化温度，提高力学性能，综合稳定性能要优于其他体系，且价格适中。稀土与某些金属、配位体和辅助稳定剂适当配合，可以互相补充，多方面发挥作用，从而极大提高稳定作用。稀土类稳定剂符合PVC制品无毒、无污染、高效的发展要求，是目前环保稳定剂的研究开发热点之一。

由于经济发展和科技水平等因素限制，我国热稳定剂的研制始于20世纪50年代，长期以来主要使用铅盐类热稳定剂，至今在PVC稳定剂用量中仍占一半以上，无毒稳定剂不到15%。近十多年来，我国稳定剂的研究与开发有了长足的发展，热稳定剂已成为塑料助剂的第二大类产品，并且随着PVC工业的快速增发展而大幅增长，年均增速超过20%。表10-7为近年来我国主要稳定剂产能产量统计表。目前，我国稳定剂生产能力在48万t/a以上，生产企业超过300余家，产品品种在100余种以上。同时，国内环保型稳定剂的开发取得了很大进展，形成了有机锡(含复配产品)、Ca/Zn(含复配产品)及稀土类稳定剂三大产品体系。以Ca/Zn复合稳定剂为例，国内有部分公司已向市场推出国产Ca/Zn复合热稳定剂，原化工部合成材料研究所研制的CZ-931Ca/Zn复合稳定剂达到国外同类产品的先进水平；广东顺德锦湖化工厂引进国外先进技术和设备研制生产了多种液体复合稳定剂，可替代进口产品，适合PVC透明产品的加工要求。

表 10-7　我国主要热稳定剂产能、产量统计　　　　　　万 t/a

品　种	2005		2006		2007		2008	
	产能	产量	产能	产量	产能	产量	产能	产量
铅盐	12.0	11.0	12.0	8.0	10.0	7.0	9.0	5.0
无尘复合铅盐	10.0	7.0	10.0	8.0	9.0	8.0	9.0	7.0
稀土复合稳定剂	7.0	6.0	9.0	7.0	12.0	9.0	12.0	10.0
Ca/Zn 复合稳定剂	2.0	1.0	3.0	2.0	6.0	5.0	12.0	8.5
有机锡	1.2	0.9	1.4	1.0	2.0	1.5	3.0	2.5
其他	2.0	2.0	4.6	4.0	3.0	2.5	3.0	2.5
合计	34.2	27.9	40.0	30.0	42.0	33.0	48.0	35.5

　　在肯定我国热稳定剂行业取得长足进展的同时,我们也应该看到,与世界先进水平相比,我国仍存在着许多不足和较大的差距。一是品种少,结构不合理。PVC 热稳定剂在国外研究应用较多,就品种而言近万种,仅有机锡就 1 000 多类,而目前国内规模化生产的只有 40～50 种,数百类,而且结构不合理,高毒、高污染、低档的铅盐类稳定剂占据绝对主导地位,而有机锡类所占比例远远低于国外发达国家的水平。二是生产规模小,产品质量差,我国热稳定剂生产质量参差不齐,有许多小作坊式生产企业,规模小,环境污染严重,许多企业产品杂质多且含水量高,低价竞争,冲击和影响国内优质热稳定剂的生产与市场。三是我国热稳定剂开发力度不够,随着世界 PVC 工业的发展,国外新型热稳定剂开发层出不穷,但我国由于经费和科研与生产的脱节等原因,新型热稳定剂生产与应用远远不能满足国内 PVC 工业的发展,一些比较高档的 PVC 制品所需的热稳定剂还主要依赖进口。

　　日益严格的环保法规要求和激烈的市场竞争使我国热稳定剂行业面临着新的形势和压力,我国 PVC 工业的快速发展为热稳定剂行业的发展提供了良好市场保障和广阔的发展空间,同时也对热稳定剂行业提出了更高的要求。我国热稳定剂生产企业需要主动了解各种法规内容和行业需求,在遵从环保法律法规要求、杜绝引入禁用物质的前提下,改变长期以来引进—消化—吸收—仿制的老路,加强自主开发和自主创新,加大科研经费和人才投入,提高综合创新能力,注重产品基础研究,充分利用我国资源优势,合理调整产业结构,开发具有自主知识产权的新型无毒、低污染、复合高效稳定剂,满足我国 PVC 行业需求,促进我国 PVC 行业快速稳定发展。

10.2.3　汞、铬等的替代材料

汞(Hg)，相对原子质量 200.59，密度 13.6g/cm³，熔点 -38.7℃，是唯一在常温下呈液态的银白色金属，故俗称水银，汞的重要性质之一是在常温下即能蒸发成汞蒸气。

汞是一种对人体有害的元素，关于汞的毒理学原理与毒害性已有相当广泛而深入的研究。汞蒸气可以经由呼吸系统摄入，汞盐则可经由皮肤、粘膜吸收进入体内，此外食物链对于汞具有极强的富集能力，食用富集甲基汞的水产类产品，也会导致汞的超量摄入。短期内大量摄入汞会引发急性汞中毒。食入汞化合物后可立即或在数小时后发生恶心、呕吐、上腹灼痛、腹绞痛、腹泻、血便等急性胃肠道炎症，重症者可发生昏厥、惊厥、昏迷、休克，若抢救不及时，在 1~2 天内有死亡危险。呼吸道汞中毒可引发咳嗽、咳痰、胸痛、气促，重症患者出现化学性肺炎，最后可因呼吸机能不全而死亡。急性汞中毒还会导致口腔炎、齿龈红肿酸痛、牙齿松动、粘膜溃疡肿胀、急性肝、肾功能衰竭等。小剂量摄入汞及其化合物会发生慢性汞中毒，症状包括植物神经紊乱、头晕、头痛、失眠、多梦、记忆力减退、易激动、急躁、思维紊乱、抑郁、沮丧、幻觉等神经衰弱症候群和精神情绪障碍。长期接触会进一步导致口腔炎症、汞性晶状体改变、皮肤损害及肾脏损害等。

一方面，汞是一种具有重要应用价值的元素，被广泛应用在现代工业的各个领域，包括照明工业、电池行业、冶金工业、仪器制造业等；另一方面，随着环境保护要求不断提高，有毒有害物质管理法规的日趋规范，对于汞元素的限制和禁用日益严格，迫使人们研究开发研究汞元素的替代技术。以下将以汞元素应用与替代最具代表性的照明工业，介绍相关应用背景及替代技术。

在照明工业方面，目前人们普遍使用的主要电光源产品中，汞是必须添加的元素，如在荧光灯、节能灯以及汞灯中，汞被作为发光物质；在高压钠灯、金属卤化物灯中，汞被作为缓冲气体，主要用以改善光源的电性能。目前全球保守估计约有 50 亿支含汞光源在使用，如果按照平均每支灯填充 20mg 汞计算，仅这些光源中的汞总量就达到 100t，每 25 支含汞光源中的汞就足以污染一个 8m² 的水域。

为了减少因使用含汞光源造成的汞污染影响，降低现有光源中汞的填充量是一种可行的途径。以荧光灯为例，早期荧光灯管的平均汞填充量为 40mg，1996 年就下降到 30mg，如今 T12 型荧光灯的汞填充量为 21mg，T8 荧光灯的汞填充量为 10mg，甚至更少。同时寻找开发新型无汞高效的光源，是遏制汞光源污染的另一个重要途径。

(1) 准分子光源

准分子光源主要是利用介质阻挡放电(dielectric barrier discharge，DBD)原理制

成,其放电电路如图10-4所示。DBD放电的等离子状态与高压辉光放电十分相似,如果在由电介质围成的放电空间中填充合适的放电气体,如氙气,利用交变电场对放电空间进行作用,可以产生峰值波长为172nm的真空紫外辐射,制成高效真空紫外准分子辐射光源,如图10-5所示。利用该真空紫外辐射激发荧光粉,将紫外辐射转换为可见光,可以制成无汞荧光灯。这种光源好处在于可以迅速启动,无需预热等过程,已经被用于扫描仪、复印机等设备中。

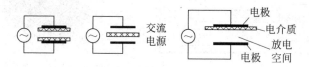

图 10-4　DBD放电的工作电路

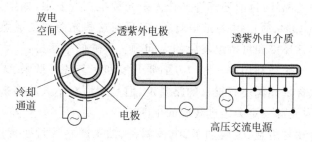

图 10-5　紫外准分子辐射光源结构示意图

(2) 锌替代汞光源

用金属锌及其金属卤化物代替汞,作为放电光源的填充物质,这方面研究也取得了很大进展。研究人员通过在多晶氧化铝制成的放电管中分别填充汞和锌,进行对比实验,结果表明在放电过程中,锌与汞的电子-金属粒子弹性碰撞截面大小几乎相同,锌的电离电位和平均激发电位与汞的十分接近,两者在电场和填充物蒸气压关系方面有很大的相似性,因此锌是一种较为理想的汞替代品。但是,由锌制成的光源在可见区域内辐射效率太低,仅有汞的1/4,为改变这一状况,可以考虑在放电空间中填充金属卤化物,改变其辐射特性。因此,可以期待用锌代替汞,作为金属卤化物灯的填充物质。

(3) 微波硫灯

微波硫灯是在石英灯泡壳中充入适量的发光物质硫和填充气体,然后用2.45GHz的微波能量激发,制成无汞光源。其工作原理图和实物图如图10-6所示。磁控管在支流高压驱动下产生微波,通过波导管传输到谐振腔,微波在谐振腔中与装在石英泡壳中的硫等离子体耦合,激发硫分子辐射。为了使等离子体均匀地稳定工作,泡壳通过一马达带动高速转动。微波硫灯所辐射光谱为连续光谱,光谱能量主要分布在可见光区域,紫外和红外成分都很少。辐射的峰值波长位于555nm附近,即人眼视觉函数值最大的区域,具有较高的发光效率。

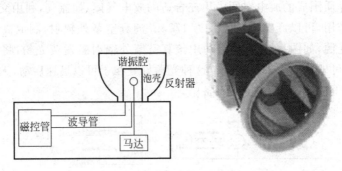

图 10-6　微波硫灯的工作原理和实物

除上述三种光源外,目前还有许多种无汞光源也在开发中,如发光二极管(light emitting diode,LED)、氧化钼-氩放电灯等,但目前这些光源还欠成熟。汞污染问题是关系到人类生存环境和可持续发展的大问题。要降低汞污染,一方面要设法提高光源产品中的汞的循环利用率;另一方面要开发和完善各种低汞、无汞光源。虽然用无汞光源替代含汞光源还有很长的路要走,但是相信在不久的将来,高光效、长寿命、低污染的无汞光源一定会走进我们的生活。

铬及其化合物是冶金、金属加工、电镀制备、油漆颜料等行业常用的基本原料。六价铬电镀是电镀行业中应用最广泛的镀种之一,六价铬镀层具有良好的硬度、耐磨性、耐腐蚀和装饰性,不仅用于装饰性镀层,而且大量用于功能型镀层。钢铁、铝、塑料、铜合金和锌基合金压铸件上都要镀装饰性铬,功能电镀(硬铬)的电镀工件包括液压汽缸和柱塞、曲轴、印刷版/滚筒、内燃机活塞、塑料模具和切削工具等。

虽然具有上述显著优点,六价铬电镀却是目前最严重、最难处理的电镀工艺污染源之一。虽然铬是生物正常的代谢过程中必须的元素之一,缺铬将造成糖、脂肪等新陈代谢紊乱,但铬含量过高,将对生物和人体造成严重危害。铬在水中以三价和六价形式存在。三价铬对人体几乎不产生有害作用,暂无中毒报道。六价铬是著名的强烈致癌物质。如果接触水体中六价铬含量超过 0.1mg/L,会引发铬中毒,造成皮肤溃疡,引起扁平上皮癌、肉瘤和腺癌等疾病。同时,含有六价铬的废水、废物在自然界中自发降解十分困难,可以在生物和人体内积累,造成长期危害。美国环境保护局(EPA)将六价铬确定为 17 种高度危险毒性物质之一,并于 1995 年 1 月 25 日发布《硬铬和装饰铬电镀和铬酸氧化槽的国家排放标准》(40CFR Parts9 和 63),严格限定含铬电镀废水排放。美国职业安全和健康局(OSHA)于 2004 年 10 月提出新的六价铬化合物的规定,允许的最高六价铬含量为 $1.0\mu g/m^3$。我国各地区都排放有大量的六价铬电镀槽液,总量估计在千万吨以上,严重污染我国的水、土壤和大气环境,每年用于治理电镀废水的费用中 60% 以上是用于处理含六价铬的废水、废气和废物,六价铬电镀造成的环境污染损失、废水处理费用和人员职业病害造成的损失在数百亿元人民币以上。

为了取代六价铬电镀,人们进行了许多研究,包括三价铬电镀技术、无铬镀层替代技术等。现分别介绍如下。

1) 三价铬电镀技术

与六价铬电镀技术相比,三价铬电镀具有如下优点:

(1) 三价铬在槽液中的含量很低,只有 5.0~7.5g/L,而六价铬的含量为 130~225g/L。因此,需要控制的废水中铬含量要少得多,而且还减少了废水处理中的还原步骤,不需要使用亚硫酸钠或其他还原剂,也不需要加入酸调整 pH 值,从而明显减少了淤渣的体积,同时三价铬电镀时向空气中散发的物质也少,毒性也更低,减少了铬雾对于空气的污染。

(2) 三价铬电镀的阳极不会分解,没有六价铬铅阳极分解产生的淤渣,并且三价铬电镀需要的电流密度比六价铬小得多,还原等量铬金属三价铬电镀只需要六价铬 50% 的电量,电流效率提高,能源消耗显著减少。

(3) 三价铬的分散能力比六价铬好。三价铬电镀如果电流中断,恢复供电后可以继续进行电镀,不会影响产品质量,而六价铬一旦电流中断,只能退镀,重新进行电镀,影响产品质量。由于改进了分散能力,可以提高挂镀时工件的电镀密度,也可以进行滚镀,明显提高生产效率。

但是,三价铬电镀也存在着一些问题:一是杂质容忍性很低,锌、铜和镍等金属离子在三价铬镀槽中的累积浓度达到 10~100μg/L 时,镀铬层质量就要下降,从而造成它的稳定性不好,难以投入实际生产应用;二是在阳极产生的六价铬离子也会严重影响镀层的质量,以致不能镀出合格的产品;三是按照一般的槽液配比,不能镀厚铬层等。这些问题严重制约着三价铬电镀的推广和应用。

近年来,三价铬电镀技术的研究有了较大的发展,特别是在克服杂质污染和实现厚镀层方面取得了突破性进展,长期稳定的三价铬电镀已经大规模投入生产应用,并取得了良好的经济效益和环境效益。北美的三价铬电镀应用逐年增加,已有超过 100 多家电镀公司采用三价铬电镀替代六价铬。三价铬电镀在可预见时间内基本将取代六价铬电镀。

2) 无铬镀层替代技术

在研究三价铬电镀技术的同时,人们也相继开发了多种无铬镀层替代,如表 10-8 所示。但是,目前现有的非铬镀层在综合性能上,还比不上六价铬电镀。无铬镀层大多数是以镍为基础,镍盐同样是一种污染物质,也属于是 EPA 列出的 17 种危险化学物质之一。另外,对于双组分或多组分电镀在实施工艺、质量控制以及废水处理上都存在着一定的问题,价格成本也高于六价铬电镀。因此,短时间内,无铬镀层替代技术尚不是取代六价铬电镀最好的方法,仍需要继续研究和发展。

表 10-8　无铬镀层替代材料的类型及特点

镀　种	镀层组分	特　点
镍电镀	Ni-W	使用常规的电镀设备,操作与常规镀镍相同,但成本比镀六价铬高
	Ni-W-Si-C	可以提供高的电镀速率和高的阴极电流效率和更好的分散能力,更耐磨损,但成本比六价铬贵得多
	Sn-Ni	在强酸下有好的抗腐蚀性,320℃以上开裂,耐磨损能力比六价铬差
	Ni-Fe-Co	制造商声称是六价铬 2 倍的抗磨损性能,2.6 倍的抗腐蚀性能,颜色与六价铬相同
	Ni-W-Co	不含氯化物或强的螯合剂,可以用于挂镀和滚镀,好的抗腐蚀性能,但在海洋环境中会变色,含氨
非镍电镀	Sn-Co	在镍上电镀,只能用于装饰电镀,在装饰镍和镍合金上电镀,可以采用滚镀,弱碱性,颜色很好,没有氨、氟化物和氯化物
	Co-P	非晶态沉积,极高的硬度,但电流波形应修正,以产生非晶态镀层
化学镀	化学镀 Ni、Ni-W、Ni-B、Ni-金刚石等	硬度和抗磨损性能比六价铬低,但不会产生边缘效应

阅读及参考文献

10-1　文铁光. 欧盟 RoHS 和 WEEE 指令探讨. 世界标准化与质量管理,2005,8(8):51～53

10-2　吴建丽. 欧盟 RoHS 和 WEEE 指令最新进展. 标准化研究,2005,5:43～47

10-3　王冠,祁海峰. 欧盟 RoHS 指令与中国 RoHS 指令的联系与差异. 上海计量测试,2007,3(199):35～36

10-4　齐萍,江心英. 欧盟 RoHS 指令与中国版 RoHS 指令的比较评析. 对外经贸实务,2011,8(12):43～45

10-5　程涛. 中国和欧盟在电子电气产品中限制使用有害物质环保措施的比较. 信息技术与标准化,2007(6):16～18

10-6　朱晓勤.《电子信息产品污染控制管理办法》与欧盟电气电子 ROHS 指令的比较评析. 2006 年全国环境资源法学研讨会(年会)论文集,2006.1 496～1 500

10-7　田民波,马鹏飞. 欧盟 WEEE/RoHS 指令案介绍. 中国环保产业,2003,11:34～37

10-8　吴成钢,代中现. 欧盟 WEEE/RoHS 指令评析及应对之策. 广东商学院学报,2006,4(87):39～43

10-9　叶盛文. 欧盟 WEEE 和 RoHS 指令对台湾绿色电子产业之影响的探讨:[硕士学位论文]. 江苏:苏州大学.2007,4

10-10　陈晨. 欧盟电子废弃物管理法研究:[博士学位论文]. 山东:中国海洋大学,2007.6

10-11　王大勇,顾小龙. 无铅焊料的研究现状. 浙江冶金,2007,2(1):1～7

10-12　Mulugeta Abtewa, Guna Selvaduray. Lead-free Solders in Microelectronics. Materials Science and Engineering R, 2000, 27: 95~141

10-13　Richard C. Ciocci. Assessing the migration to lead-free electronic products. A dissertation submitted in partial satisfaction of the requirements for the degree doctor. Los angeles: University of Maryland, 2001

10-14　Suraski D, Seelig K. The current status of lead-free solder alloys. IEEE Transactions on Electronics Packaging Manufacturing, 2001, 10: 244~248

10-15　马鑫,何鹏. 电子组装中的无铅软钎焊技术. 哈尔滨: 哈尔滨工业大学出版社, 2006

10-16　徐建丽. 无铅焊料的发展. 科技信息, 2007, 10: 83~84

10-17　Tadashi Takemoto. Introduction of JIS Related to Lead-free Solder and Soldering. Proceeding of 6th international conference on electronics packaging technology, 2005. 8~16

10-18　IPC Roadmap. A guide for assembly of lead-free electronics. IPC, 2000

10-19　WEEE. http://europa.eu.int/

10-20　ROHS. http//europa.eu.int/

10-21　Michael Pecht. WEEE, RoHS, and what you must do to get ready for Lead-free electronics. Proceeding of 6th international conference on electronics packaging technology, 2005. 27~45

10-22　Jusheng Ma. Lead-free solder materials for sustainable development of green electronics. Proceeding of 6th international conference on electronics packaging technology, 2005. 45~51

10-23　Subramanian K N, Lee J G. Physical metallurgy in lead-free electronic solder development. JOM, 2003, 5: 26~32

10-24　Kattner Ursula R. Phase diagrams for lead-free solder alloys. JOM, 2002, 12: 45~51

10-25　乔芝郁,谢允安,曹战民. 无铅锡基钎料合金设计和合金相图及其计算. 中国有色金属学报, 2004, 11: 1789~1798

10-26　孟桂萍. Sn-Ag 和 Sn-Zn 及 Sn-Bi 系无铅焊料. 电子工艺技术, 2002, 3: 75~76

10-27　史耀武,夏志东,陈志刚,等. 电子组装钎料研究的新进展. 电子工艺技术, 2001, 7: 139~143

10-28　刘静,徐骏,张富文,等. 新型无铅焊料 Sn-Ag-Cu-Cr-X 的性能研究. 稀有金属, 2005, 29(5): 625~630

10-29　吴宇虎. 无铅焊料在焊接过程中的氧化行为的表征技术研究: [硕士学位论文]. 上海: 复旦大学, 2000-12

10-30　Kim K S, Matsuura T, Suganuma K. Effects of Bi and Pb on oxidation in humidity for low-temperature lead-free solder systems. Journal of Electronic Materials, 2006, 1: 41~47

10-31　Cho S Y, Lee Y W, Kim K S, et al. Reliability of Sn-8 mass‰ Zn-3 mass‰ Bi lead-free solder and Zn behavior. Materials Transactions, 2005, 11: 2322~2328

10-32　Wang Y H, Howlader M R, Nishida K, et al. Study on Sn-Ag oxidation and feasibility of room temperature bonding of Sn-Ag-Cu solder. Materials Transactions, 2005, 11: 2431~2436

10-33　National center for manufacturing sciences. Lead free solders project final report. National center for manufacturing sciences, 3025 Board walk, Ann Arbor, MI 48108 3266. Aug. 1997

10-34　曾文明,陈念贻,叶大伦. Sn-Sb 合金的热力学性质研究. 金属学报, 1996, 12: 1233~1237

10-35　Bahay M M, Mossalamy M E, Mahdy M, et al. Study of the mechanical and thermal properties of Sn-5 wt% Sb solder alloy at two annealing temperatures. Physica Status Solidi (A) Applied Research,2003,1:76~90

10-36　Palmer Mark,Nashef Samir. Thermal fatigue behavior of Sn-Bi solder joints. JOM,2004,11:252

10-37　Song Jenn-Ming,Chang Yea-Luen,Lui Truan-Sheng,et al. Vibration fracture behavior of Sn-Bi solder alloys with various Bi contents. Materials Transactions,2004,3:666~672

10-38　Jones W K,Liu Y Q,Shah M. Mechanical properties of Sn-In and Pb-In solders at low temperature. Proceedings of the International Symposium and Exhibition on Advanced Packaging Materials Processes,Properties and Interfaces,1997.64~67

10-39　Suganuma K,Kim K S,Huh S H. Selection of Sn-Ag-Cu lead-free alloys. Proceedings of SPIE-The International Society for Optical Engineering,2001.529~534

10-40　Allen Sarah L,Notis Michael R,Chromik Richard R,et al. Microstructural evolution in lead-free solder alloys: Part I. Cast Sn-Ag-Cu eutectic. Journal of Materials Research,2004,5:1417~1424

10-41　Yen Yee-Wen,Chen Sinn-Wen. Phase equilibria of the Ag-Sn-Cu ternary system. Journal of Materials Research,2004,8:2298~2305

10-42　Wu C M L,Yu D Q,Law CMT,et al. Microstructure and mechanical properties of new lead-free Sn-Cu-Re solder alloys. Journal of Electronic Materials,2002,9:928~932

10-43　Nogita Kazuhiro,Read Jonathan,Nishimura etsuro,et al. Microstructure control in Sn-0.7 mass% Cu alloys. Materials Transactions,2005,11:2419~2425

10-44　乔芝郁,谢允安,何鸣鸿,等. 无铅焊料研究进展和若干前沿问题. 稀有金属,1996,3:139~143

10-45　黄惠珍,魏秀琴,周浪. 无铅焊料及其可靠性的研究进展. 电子元件与材料,2004,3:39~42

10-46　王磊. 无铅焊锡开发研究的动向. 材料与冶金学报,2003,3:9~14

10-47　金栋,肖铭. PVC 无毒热稳定剂的研究开发进展. 化工科技市场,2010,33(4):33~37

10-48　刘岭梅,侯学军. PVC 热稳定剂现状及发展态势. 聚氯乙烯,2004,32(3):6~8

10-49　潘朝群,康英资. 绿色环保 PVC 热稳定剂的研究进展. 弹性体,2006,16(6):56~60

10-50　张敏,黄继涛,宋洁,等. PVC 材料环保型热稳定剂的研究. 应用化工,2008,37(4):349~351

10-51　林美娟,章文贡,王文. 高效钙锌复合稳定剂的研究. 中国塑料,2005,19(2):70~73

10-52　李玉芬,伍小明. PVC 无毒热稳定剂的研究开发进展. 橡胶技术与装备. 2011,37:29~34

10-53　翟朝甲,贾润礼. 聚氯乙烯热稳定剂的研究进展. 绝缘材料,2007,40(2):41~43

10-54　康永,柴秀娟,王超. 聚氯乙烯热稳定剂及其发展动向. 中国氯碱,2011,1(1):12~14

10-55　杜永刚,张保发,刘孝谦,等. 聚氯乙烯热稳定剂研究新进展. 河北大学学报,2011,31(5):549~554

10-56　李明,伍小明. 塑料无毒热稳定剂的研究开发进展. 精细化工原料及中间体,2010,1:16~19

10-57　季成官. 我国热稳定剂行业现状及发展方向. 化工中间体,2009,11:11~15

10-58　Ulrich K. Dielectric-barrier Discharges: Their History, DischargePhysics, and Industrial Applications. Plasma Chemistry and PlasmaProcessing,2003,23(1):1~46

10-59　Born M. Investigations on the replacement of mercury in high-pressure discharge lamps by metallic zinc. J Phys D：Appl Phys,2001,34：909～924

10-60　刘洋,陈育明,龙齐,等. 无汞光源的调研和探讨.中国照明电器,2005,12：14～17

10-61　朱绍龙. 无汞荧光灯的可行性研究. 复旦学报：自然科学版,1994,5：515～519

10-62　李家柱,林安,甘复兴. 六价铬电镀替代技术研究现状及其应用. 表面工程资讯,2005,5(2)：7～9

10-63　李家柱,林安,甘复兴. 取代重污染六价铬电镀的技术及应用. 电镀与涂饰,2004,23(5)：30～33

10-64　杨哲龙,涂振迷,张景双,等. 三价铬电镀的新进展. 电镀与环保,2001,21(2)：1～4

10-65　E-Sharif M, Chisholim C V. Electrodeposition of Thick Chromium Coat-ing From An Environmentally Acceptable Chromium(Ⅲ) Glycine Complex. Trans IMF,1999,77(4)：139～144

10-66　El-Sharif M. Electrodeposition Acceptable Process from Electrodepositionof Hard Chromium(Ⅲ) electrolyte. Trans IMF,1999,77(4)：139～144

10-67　Zenmi Tu,Zhelong Yang. Cathode Polarization in Trivalent Chromium Plating. Plating and Surface Finishing,1993,79(9)：78

10-68　Donald L, Snyder. Decorative Chromium Plating. Metal Finishing Guidebook,1999,97(1)：211

思 考 题

10-1　简述 RoHS 及 WEEE 指令的主要技术要求。

10-2　报废汽车中含有哪些有毒有害元素？

10-3　报废电子电器中含有哪些有毒有害元素？

10-4　报废电池中含有哪些有毒有害元素？

10-5　在处理报废汽车过程中如何避免二次污染？

10-6　处理报废电子电器过程中如何避免二次污染？

10-7　分析铅、铬等有毒有害元素的替代技术前景。

第 11 章 纯天然材料

随着人类对生态环境的日益重视,环境材料的产品和种类将不断出现。自 20 世纪 90 年代以来,环境材料的发展速度极其迅速,已在科学、社会、经济及生活的各个领域得到了认同。环境友好材料是环境材料中的重要门类,环境意识融入材料应用,或直接开发生产出绿色材料及产品,其中包括纯天然材料、仿生物材料、环境降解材料、绿色包装材料和生态建材等。从本章开始,将陆续介绍一些环境友好材料的种类和产品。

相对于人工合成材料而言,纯天然材料指自然界原来就有未经加工或基本不加工就可直接使用的材料,如木材、石材、竹材、棉花、蚕丝、羊毛、皮革、粘土、石墨等。本章将主要介绍以木材、石材、竹材为主的纯天然材料的开发和利用,并简单介绍其他天然材料,如纤维素、甲壳素、淀粉等的开发和利用。

11.1 木材的开发和利用

11.1.1 木材的结构和性质

木材是利用土壤中的水分、空气中的二氧化碳以及太阳能通过光合作用而成长的天然高分子有机化合物材料。它取自于树木,是一种可以永续利用的可再生资源,可以用来做建筑、家具、乐器、电杆、枕木、桥梁或者大型商品的包装材料等。木材从结构上看,主要由管状细胞结构和软组织构成。从化学成分上看,主要由纤维素、半纤维素和木质素组成,另外还含有树脂、单宁、香精油、色素、生物碱、果胶、蛋白质、淀粉和少量无机物等。不同树种其木材的化学成分含量稍有不同,但总的来说,针叶材和阔叶材纤维素含量相差不大,阔叶材的半纤维素含量高些,而针叶材木质素含量高些。表 11-1 为木材的大致结构及成分组成。

表 11-1　木材的结构和成分　　　　　　　　　　　　　　%

结　　构		成　　分			
管胞	约90	木质素	约30	碳	约50
软组织	约5	纤维素	约50	氢	约6.4
辐射状组织	约3	半纤维素	约17	氧	约43
树脂道管	约2	其他	约3	氮及其他	约0.6

作为一类重要的结构材料，其各类与使用和加工相关的物理性能也至关重要。表 11-2 是木材与钢材和水泥的部分物理性能比较。由表可见，尽管木材的硬度远不及钢材和水泥，但其密度较小，只有钢的 1/20，水泥的 1/4。导热性小、吸水率较大、易加工，具有诸多钢材和水泥所不具备的特点，在用作室内结构、装饰材料及包装材料方面有明显优势。

表 11-2　木材与钢、水泥的部分性能比较

	钢	水泥	木材
密度/(g/cm³)	约8	约1.8	约0.4
比强度，纵向拉伸	1	—	1/4
比强度，压缩	—	1	2.5
导热性/(W/cm·℃)	0.5	0.003	0.0003
吸水率/%	—	—	约25%

11.1.2　木材的环境特性

作为一种天然材料，木材具有优异的环境性能，在树木的生长、木材的加工和使用过程中对环境具有非常友好的特性。木材是有机体，在生长过程中，大量的碳以固体形态储藏在其内部，用 LCA 评价其综合温室效应，结果发现木材向大气中排放的二氧化碳的总量为负值。所以，木材的生长过程对生态环境而言，起着调节温度的作用。从成分上看，木材具有生物降解性，经加工使用后，其废弃物可通过自然生物过程进行降解，对环境无不良影响。另外，废旧木材还可以作为二次资源，进行再循环利用。最后，废弃的木材还可以进行焚烧处理，获取能源，且无固态废弃物遗留。

下面简述木材的一些典型环境特性，如木材的再生性、固碳作用、调湿性，以及与人类生物体有关的视觉特性和触觉特性等。

(1) 再生性。作为环境保护的一个重要内容，废弃物的再生利用是提高资源利用率、减少污染物排放的有效途径。与不可再生的矿产资源相比，木材的可再生性是矿产资源不可比拟的，符合人类社会可持续发展的战略构想。今天，世界上作为可利用的木材资源已发生重要变化，人工林资源正在替代天然林资源。从生物多样性和原材料资源的角度考虑，人工林木材作为环境友好型材料的优势更大。通过对人工

林的品种、生长方式等定向培育,其木材的成熟期将缩短,易于工业化利用,并可以在一定程度上实现永久利用。所以,在某种意义上,木材是一种最早的、最标准的环境材料。

(2) 固碳作用。木材中的 C、H、O、N 等元素的来源各不相同,以占其中 50% 的 C 元素而论,它主要来源于大气中的二氧化碳。早期的树木研究就已表明,二氧化碳浓度的增加对植物有"施肥效应",非常有利于生物圈对大气中二氧化碳的吸收。通过光合作用,每生长 1t 木材可吸收 1.47t 二氧化碳,产生 1.07t 氧气,将碳元素固定在树木中形成纤维材料。这种固碳作用和造氧机能是其他材料不能比拟的,对地球生物圈的生态平衡有着重要的作用。

(3) 木材的调湿性。材料的调湿特性是指靠材料自身的吸湿或解吸作用,直接缓和环境的湿度变化,使湿度稳定在一定范围内。调湿性是木材的独特性能之一,也是其广泛作为室内装饰材料和家具材料的优点所在,对人体健康和物品保存提供了一种环境调节作用。

(4) 木材的视觉特性。自古以来,木材就以它特有的质、纹、色、味等特性受到人们的珍爱,有木材存在的空间会使人们在学习、工作和生活中感到舒适和温馨。从木材与人类和环境有关的主要环境学特性上,我们可以看到木材是改善人类生活质量的重要材料,在居住条件以至生活环境中起着重要作用。木材的视觉特性一般以木材的颜色、光泽、纹理、树节疤痕等方面来表示。民意测验的结果表明,木材颜色给人以温暖厚重、沉静、素雅等感觉。木材表面长纤维切断后表现出的无数个细胞凹槽,反射的光泽有着丝绸表面的视觉效果,其他材料的仿制品很难模拟。纹理和节疤是天然形成的图案,给人以流畅、井然、轻松、自如的感觉,充分体现了造型规律中变化与统一的协调。在树节疤痕的感觉上,东、西方各有不同。东方人认为它有缺陷,想办法清除材面上的树节。西方人则认为它有亲切、自然的感觉,有时设法寻找有节的材面,以使其与颜色有一定的比度,增加层次和立体感。此外,生活环境中木材的使用量(木材率)对人的心理有直接的影响,木材率的高低与人的温暖感、稳静感和舒畅感有着密切的关系。

(5) 木材的触觉特性。当人体接触到某一物体时,这种物体的接触就会产生刺激值,使人在感觉上产生某种印象。而这种印象往往是以一个综合的指标反映在人的大脑中,一般常以冷暖感、软硬感、促滑感这三种感觉特性加以综合评定。与金属、玻璃、混凝土和石膏等材料相比,木材的冷暖感、软硬感、促滑感等触觉特性远远要优于这些材料。

11.1.3 木材改性及应用

由于木材也有许多不足之处,如硬度强度不够高、易胀缩、易腐朽、易蛀蚀、易燃、变色等,为了增加使用的可靠性和避免其缺点,通常要对木材进行加工改性后再进行使用,以提高其利用价值。改性方式包括整体改性、表面改性以及细微复合处理等。

(1) 整体改性

目前,整体改性主要有物理改性和化学改性等方式。物理改性包括对木材进行外形修饰、形状加工、组合等,如制成叠层木、三合板、复合板等。化学改性包括塑合、浸渍处理、减压注入、加热注入、漂白和染色等方法,可起到防腐、阻燃、耐磨、抗裂、装饰等作用。

木材塑合是将具有聚合性能的单体类或低聚体类高分子原料,注入木材空隙内,通过聚合反应使其硬化聚合形成高分子树脂。高分子单体的注入工艺是通过对木材进行减压处理,将木材内部的空气排出,再混入高分子原料,进行加压注入处理。聚合过程是利用放射性照射或预先添加催化剂后再进行加热的方法使注入的高分子单体原料发生聚合反应。制得的材料称为塑合木,不仅保留了木材天然的优良性能,而且可改善材质缺陷,其尺寸稳定、硬度、耐磨、耐腐蚀、耐虫蚁等性能都大幅提高,有些能够达到甚至超过天然珍贵木材。塑合木可以用于生产地板、家具、运动器材、工艺品、乐器等产品。

木材浸渍是指将木材浸泡在水溶性低分子质量树脂溶液中,通过细胞壁中的各组成部分的羟基与溶液组分反应,树脂通过扩散进入木材细胞壁,改变木材的化学结构,而使木材增容,然后经干燥除去水分,最后加热使树脂固化的木材改性技术。根据其反应机制的不同,有酯化、缩醛化、醚化等处理方法。这类方法可以使木材的强度、弹性模量等性能有所提高。在保持木材优良吸湿性的同时,亲水性、尺寸的稳定性也会得到提高。而且更坚固,在酸或碱的环境中也不易开裂。另外,由于其组成部分的化学结构改变了,一些真菌不易侵入,也提高了木材抗生物腐蚀的能力。浸渍木主要用于制作刀、枪的手柄和笔托,以及对强度、耐磨性、耐化学腐蚀等性能要求较高的领域。

木材热处理是指在保护气体环境或液体介质中,在160～250℃温度范围内,对木材进行处理的一种环保型技术,可以改善木材的尺寸稳定性、耐久性和颜色。热处理木材通常称为炭化木或物理木,可用于家具、镶木地板、门窗、预制墙体、桑拿房、厨房等诸多领域。另一种技术是将木材和无机物组分进行复合处理,改善木材的阻燃性和耐腐蚀性。具体工艺是将木材浸泡在配好的无机盐溶液中,通过阳离子和阴离子交替扩散,使无机组分浸透到木材空隙中发生无机反应,在木材内部形成一些非水溶性盐。这些填充的无机物质可阻止木材的热分解、腐朽真菌丝体的成长和白蚁的侵蚀等,使木材获得良好的阻燃性、耐腐蚀性及抗蚁性。此外,微波处理、木材液化等也被应用到木材改性工艺中,这些新技术的运用可以赋予木材更丰富的使用性能。

(2) 表面改性

除物理改性和化学改性外,木材的表面改性是传统的方法之一,包括涂层保护、装饰处理等。最简单的表面改性方法是表面压实处理。主要利用木材在水和热的作用下变软的特性,将水浸透到表面一定深度,利用力学原理,用热压的方法将表面压实,然后对其进行树脂处理、化学修饰、热处理等使压实的表面固定下来,从而使木材表面的密度和硬度等使用性能得到提高。还有一种非电解镀膜表面处理方法,将木材表面浸入金属离子和还原剂的混合水溶液中进行镀膜,使木材表面得到一种金属的光泽,具有装饰性,同时也提高抗细菌腐蚀和对紫外线照射的耐久性。这种处理通常用于高级木材的表面处理,如汽车内箱仪表板等。

用等离子体对木材表面进行处理是一种新的木材表面处理技术。该方法是在真空下通过放电产生等离子体,使某些气体分子在木材表面进行化学结合的一种方法。等离子体表面改性有许多优点,如可以很快地改变表面组成而不影响其内部整体的性质,特别是机械强度、介电性等。还可以通过调整各种工艺参数,如气体成分、压力、功率、时间等,选择最佳处理条件,在木材表面引入各种官能团,进一步提高木材的使用性能,并改善其装饰性能。

(3) 细微复合处理

木材表面细微复合处理是在分子水平上的处理技术,目前属于新课题。简单地说,细微复合处理是使木材表面各个层次都形成具有过渡性的界面,在此基础上既保持木材原有的舒适性和环境协调性,又创造出具有优异性能和高耐久性等特性的复合材料。目前木材的细微复合处理主要研究木材在多成分系统界面上的亲合性、相容性及组分间相互作用等,阐明各个层次中的界面现象及界面结构,理解化学反应过程及机理,以及评价木材经细微复合处理后的性能改进等。

这里需要指出的是,尽管木材在使用之前仍然需要做大量的加工处理,但总体来说,相比于钢材、铝合金、混凝土及纸材等,木材的加工过程所需的能耗和 CO_2 排放量都是非常小的,如表 11-3 所示。当然,随着对木材加工程度的增加,其能耗和二氧化碳排放量也增加。例如,三合板和硬质纤维板在加工过程中的能耗和二氧化碳排放量比混凝土加工要高,但也远远低于钢材和铝合金加工过程的环境影响。

表 11-3 木材及其他材料的环境特性

材 料	矿物燃料能耗		CO_2 排放量	
	MJ/kg	MJ/m³	kg/t	kg/m³
自然干燥木材(密度:0.50g/cm³)	1.5	750	30	15
人工干燥木材(密度:0.50g/cm³)	2.8	1 390	56	28
三合板(密度:0.55g/cm³)	12.0	6 000	218	120
硬质纤维板(密度:0.65g/cm³)	20.0	10 000	308	200
纸	26.0	18 000	—	360
钢材	35.0	266 000	700	5 320
铝	435.0	1 100 000	8 700	22 000
钢筋混凝土	2.0	4 800	50	120

11.1.4　木材深加工及应用

随着科学技术的进步,人们利用物理、化学或机械等诸多方法加工处理木材,除整体改性使用外,木材利用方式从原木发展到锯材、单板、刨花、纤维和化学成分的利用,形成了一个庞大的木质材料家族,这些都属于木材深加工,也逐渐成为近年来木材产业提高产品附加值的一个重要途径之一。

木材树脂(木基复合材料)与前面介绍的木材高分子复合材料类似。通过与高分子树脂复合,经高温或表面激光处理,在表面形成一层薄的碳纤维结构,可明显提高木材的使用性能及装饰性能,特别是树节处的力学性能。这种材料使用后的废弃物可通过燃烧处理,产生能量,只剩 CO_2、H_2O,无固体废弃物残留。木材陶瓷的制备是将木材经树脂浸渍后,放入炉中进行高温真空烧结处理,结果表面形成炭化木纤维,以及炭化酚醛树脂的各种结构。木材陶瓷表面活性较高,吸附能力较强。如表面吸附碳的能力可达 $172kg/m^3$。作为结构材料,木材陶瓷的力学性能平均高于木材,且各向异性。特别是耐磨性能优异,可用作汽车摩擦垫,及其他耐磨部件。木质纤维是木材经过化学处理,木质素和大部分纤维被分解,惰性最大的纤维素留下来,形成的一个纤维结构链。其强烈的增稠效果、抗裂性、低收缩、液体强制吸附力、易分散等优良性能是其他矿物纤维所不具备的,国内公路建设及混凝土制品中已有应用。从木材和秸秆中还能提炼出木糖醇(17%)、非磺化木质素(19%)和未漂白的纤维素(55%)等,这些产品具有广泛的用途。我国东北已经出现生产相关产品的企业,取得了良好的经济效益。此外,通过一定工艺还可以利用树皮制备吸油垫;从树干或树叶中提炼柏醇、香精油及其他食品添加剂和医药生物制剂等。虽然目前很多高新技术的应用还需进行深入研究和产业化开发,木材深加工技术及高附加值利用前景仍然十分广阔。

11.2　竹材的开发和利用

竹为多年生木本,具有致密性好,材质柔韧,结构不均匀,价格低廉等特点,且生长快、产量高、生态功能强。我国竹类植物资源十分丰富,无论是竹子的种类、面积、蓄积量和年采伐量均居世界之首。全国共有竹类植物 40 多属(全世界共 70 多属),500 多种,种类约占世界的 38.5%,竹林面积 720 万 hm^2,约占世界的 32.7%。其中,纯竹林 420 万 hm^2,原始高山竹丛 300 万 hm^2,而纯林中又以毛竹最多,占 70%。近年来由于天然林保护工程的实施,木材资源日趋紧缺,竹材这种绿色环保材料的经济、生态和社会效益正日益突出。

11.2.1 竹材的结构与性质

一般竹材密度约在 $0.4\sim0.8g/cm^3$,与木材相当,并随竹种、年龄、胸径、竹秆部位、立地条件和竹种变化。竹材是各向异性材料,竹材不同部位细胞大小、形状、维管束密度、纤维含量各不相同,一般为从基部到梢部,从内层到外层维管束密度、纤维含量增加,各类细胞、导管孔径、细胞腔、胞间隙均呈变小的规律。平均而言,竹材的化学成分与木材相比,含有较高的纤维素(40%~60%)、半纤维素(14%~25%),此外还有较高蛋白(1.5%~6%)、脂肪胶蜡(2%~4%)、淀粉类(2%~6%)及还原糖(约2%)等,故比木材更易产生虫蛀、霉变和腐朽等损坏。

天然竹材是典型的长纤维增强复合材料,其增强体——纤管束——分布不均匀,外层致密,体内逐步变疏。竹纤维中包含多层厚薄相间的层,每层中的纤维丝以不同的升角分布,相邻层间升角渐变,避免了几何和物理方面的突变。这类特殊的结构使得竹材具有较强的抗拉和抗压强度,延伸率也较高。按竹材截面的纤维分布模式制成的碳纤维增强树脂试样,其抗弯能力比增强体均匀分布的试样高81%。按其多层、渐变概念设计碳纤维/铝复合材料,其高温强度比未仿生的高出5倍以上。不过,大量的研究表明,竹材的物理力学性质与竹材的微观结构密切相关。竹材的纤维管束的尺寸和纤维的长度与竹材的弹性模量和抗压强度有着必然的联系。例如,最外层竹材的顺纹抗拉弹性模量约为最内层的3~4倍;最外层竹材的顺纹抗拉强度是最内层的2~3倍。

竹材收缩率弦向和径向大,纵向小。研究表明,4年生的毛竹竹材含水率为40%时,收缩以弦向最大,径向次之,纵向最小;弦向收缩中,竹青最大,竹壁中部次之,竹黄最小;纵向收缩中,竹黄最大,竹壁中部次之,竹青最小。竹材的湿胀率,径向略大于弦向,纵向则很小。竹材的含水率影响竹材制品的质量,在一定范围内,竹材的机械强度随含水率的减少而提高,但如果干燥失水过多,竹材就会变脆,强度随之下降。

11.2.2 竹材的加工利用

竹材的材性与竹材切削、干燥、表面润湿、防腐处理等加工处理过程有着密切的关系。竹材与木材相比具有壁薄中空、可塑性差、易霉变和易腐蚀等缺点,其最大的优点在于生长周期短,资源丰富。近年来,竹材制板、造纸、竹炭、竹醋液和竹纤维产品的开发及研究有了很大的发展。表11-4给出了常用竹材的加工工艺及其用途。

1. 竹材人造板

竹材的力学性能强于木材,完全可代替木材成为主要的人造板生产原料。竹材人造板是20世纪80年代后期发展起来的新兴产业,现年产约170万 m^2,节约了

表 11-4 常用竹材的加工工艺及其用途

加工工艺	产　品	主　要　用　途
展平法	不等宽竹片	竹材胶合板、车厢底板 高强覆膜竹胶合模板
刨削法	等宽等厚竹片	竹地板,其他竹贴面装饰板
劈篾法	竹篾	散篾——竹材层压板 编席——竹编胶合板 织帘——竹帘竹席模板
碎料法	竹刨花	竹材刨花板
旋切法	竹旋片	竹旋片贴面板
复合法	竹木复合	竹木复合集装箱板 竹木复合地板 竹木复合层积材
	不同竹复合	竹片碎料复合板
	单竹复合	竹席、竹帘胶合模板
	包装板	竹编胶合板

大量的木材,对国民经济的发展发挥了重要作用。从结构上看,竹材人造板可分为竹胶合板、竹集成材、竹地板、竹层积材、竹复合板、竹碎料板和竹纤维板七大类。竹质胶合板是以竹材不同几何形状的构成单元,通过干燥、施胶,按一定结构组成板坯,热压胶合而成,包括竹编胶合板、竹帘胶合板、竹材层积板和竹材胶合板等。竹胶合板的硬度通常为普通木材的 100 倍,抗拉强度是木材的 1.5~2.0 倍,具有防水防潮、防腐防碱等特点。竹集成材是竹材经过精铣,防虫防霉处理后,热压胶合而成。质密坚硬,外观清新高雅。应用于家具、工艺品、运动器材以及各类家居日用品的生产。竹质地板竹材经截断、开条、干燥、浸胶、组坯、热压胶合而成。竹地板克服了竹材的天然缺陷,保持了竹材天然的质感、光泽和纹理,防虫蛀、防霉变,耐磨阻燃,冬暖夏凉,是优良的地板材料。不过,竹地板对生产设备及技术要求很高,竹材利用率低(约16%),因而成本高、售价高,市场扩展空间受到很大限制。竹层积材和竹复合板利用竹材和其他一种或多种性质不同的材料利用合成树脂或其他助剂,经特定的加工工艺制成。这类产品可以根据不同的使用要求,对复合材料和复合单元进行灵活设计。例如,竹木复合板既能最大限度地利用竹材和木材的优势,又能节约大量的珍贵木材资源,其价格也相对较低。由竹材和木材复合而成的层积材可做车厢底板,其横纹静摩擦系数要大于红松。竹材碎料板和竹材纤维板等是以竹材的采伐和加工剩余物以及小径杂竹为主要原料,经干燥、施胶、铺装成型,热压而成,其外观及物理力学性能均较普通木质刨花板优良。

2. 竹浆造纸

竹子是速生植物资源,生长快、易繁殖,且含有丰富的纤维素,是替代木材的优良造纸原料。我国森林资源短缺,木浆的生产能力和市场的需求之间矛盾日益突出,发展竹浆造纸技术是解决我国纸业供需矛盾、保护森林资源和生态平衡的有效途径。现代制浆造纸技术的发展和应用,也使得我国竹浆生产工艺和污水处理工艺也趋成熟,且大部分设备可以选用国产产品。迄今为止,我国竹浆的年产量已达到 150 万 t 左右,比 1991 年增加了近 130 万 t,比 2000 年增加了近 100 万 t。随着我国造纸工业的发展和纸制产品的市场需求逐步扩大,竹浆造纸将具有空前的发展机遇和广阔的市场前景。

3. 竹材的其他用途

竹炭,原材料取自于三年以上毛竹,高温无氧干馏热解而成。竹炭用途相当广泛,用竹炭作燃料,它散发的清香可使满室芬芳,竹片炭还可广泛应用于食品烹调、烘烤、储藏及保鲜。另外,由于竹炭分子结构呈六角形,质地坚硬,细密多孔,吸附力强,因此常被用作净化空气和水的吸附剂,土壤中微生物和有机营养成分的载体,或者防潮调湿的建筑辅材。

竹醋液是用竹材烧炭的过程中,收集竹材在高温分解中产生的气体,并将这种气体在常温下冷却得到的液体物质。竹醋液含有近 300 种天然高分子有机化合物,有有机酸类、醇类、酮类、醛类、酯类及微量的碱性成分等。主要可以用于防菌、防霉、杀虫、除臭、促进植物生长、保持植物的活性和鲜度、改良土壤等。

此外,通过生物或化学工艺从竹材或竹叶中提取的一些有效成分,如酪氨酸、竹叶黄酮甙等还具有重要的医学价值,可以对抗癌症、改善心血管系统功能和抗衰老作用等。竹秆、竹叶、竹笋提取的新鲜竹汁通过适当酿造和调制可生产竹汁酒、竹汁饮料等保健类饮品。

11.3 石材的开发和利用

一般认为,从自然界中分离出来,在颜色、花纹上具有为人们所欣赏的美感,同时,又能切割加工的石料统称为石材。因此,石材含有两重意思,一是它的岩石成因和成分,二是它所具有的装饰性和可加工性,两者缺一不可。地球上的岩石是各种矿物的集合,无确定的成分、结构及性质。同种岩石产地不同,其性质和成分也有所不同。岩石主要有三种成因:由岩浆冷却而形成火成岩;由于地表组分在长期的外力作用下,如压固、胶结、重结晶等作用而形成的沉积岩;以及由于地质作用发生再结晶形成的变质岩等。表 11-5 是常见的岩石成因及来源。

表 11-5　常见的岩石成因及来源

种　类	来　源
火成岩	由岩浆冷却而来
沉积岩	地表组分在长期的外力作用下(压固、胶结、重结晶)而形成
变质岩	由于地质作用发生再结晶形成

天然石材具有以下特性：①耐火性；②热胀冷缩，但若受热后再冷却，其收缩不能回复至原来体积，而必保留一部分成为永久性膨胀；③耐冻性。从材料的环境性能考虑，石材由于其纯天然成分，资源丰富，对人体及生物体无毒无害，而且来源方便，成本低廉，是一类环境性能优异的材料。尤其在现代，环境污染比较严重，石材的应用更加趋向广泛。表 11-6 列举了一些常用的天然石材种类及用途。这类石材目前主要是用作建筑结构材料和装饰材料、以及一些化工行业的耐酸材料。

表 11-6　常用天然石材的种类及用途

类　别	形　成	用　途
花岗岩	火成岩	建材,装饰,耐酸工程(化工,实验室),100～1000 年
石灰岩	沉积岩	装饰,建材,混凝土骨料,不耐酸
大理岩	沉积岩	室内装饰,建材,不耐 SO_2
玄武岩	喷出岩	基础建材,脆性大
辉绿岩	变质岩	装饰,基础建材
砂　岩	沉积岩	基础建材,混凝土骨料
片麻岩	变质岩	基础建材,混凝土骨料
石英岩	变质岩	装饰,大于 1000 年

人类利用天然石材有着悠久的历史，有人甚至从人类的诞生出现来定义建筑和住宅，如北京周口店人生活在洞穴里，其住宅(或建筑)就是天然石材。号称"石材王国"的意大利不仅以丰富的石材资源著称，而且以先进的开采技术、精美的雕塑工艺闻名。早在两千多年前，古罗马的剧场、斗兽场等建筑就采用了大量的大理石。中国是世界上应用石材作为饰物、雕塑和建筑材料最早的国家之一。当人类从只会用简单石器狩猎的旧石器时代进入新石器时代时，石材便成为中华民族文化不可分割的一部分。在山东曲阜的新石器时代遗址里就发现有用大理石制成的石斧、纺轮和指环。我国历史上著名的"蓝田玉"经陕西省地质部门研究证实，是用产于陕西蓝田的蛇纹石化大理岩制成的，也始于新石器时代。安徽的"灵璧玉"系产于灵璧的大理石，在战国时代即被开采利用。此外，河北的"曲阳玉"在西汉末年就大量地用作建筑材料、雕塑佛像等艺术品。至元、明、清三代，则更是大量地采用石材做宫殿的栏杆、华表以及宫内的艺术品，故宫建筑中的汉白玉栏杆等，就是其中的一个见证。

现代人利用石材主要是经过加工的块材、板材和石制品。块材主要用于砌筑大型建筑的基础、堤坝、桥墩、铺筑路面、桥面或作路边石等,板材和石制品主要作为装饰材料,用于外墙面、柱面、地面、台阶板、楼梯板、踢脚板、窗台板、窗框、门楣及建筑花雕和装饰小品等。在高科技时代,祈求一片安静的乐土,感受天然石材古朴、素雅、粗犷的大自然之美。由于天然石材具有美观、高雅和耐久等特点,被人类称为"凝固的音乐"。建国初期人民英雄纪念碑的浮雕,20世纪50年代建成的人民大会堂,中国历史博物馆,此后的毛主席纪念堂等都采用优质石材经凿毛、剁斧、琢磨抛光、火焰烧毛等不同工艺处理,取得很好的艺术效果。目前,国内较高级的建筑,如宾馆、饭店、风景名胜区等几乎均采用天然石材进行饰面装饰,通过材料的档次来体现建筑水平。我国石材产品生产的数量呈逐年上升趋势,天然石材产量从1989年的49.3万t猛增到1999年的超过1 000万t,2007年中国仅出口石材就达34.27亿美元、2 761万t,分别比2006年增长了19.45%和86.30%;进口石材12.59亿美元、723万t,也分别比2006年增长了19.70%和21.11%。随着人类文明的进步与经济的发展,在回归大自然的心态下,现代人类对天然石材的应用将更加趋向广泛。

11.4 其他天然材料的开发和利用

11.4.1 稻壳

水稻是人类的主要粮食品种之一。除大米外,稻壳的质量占水稻总质量的18%~22%。由于对粮食的需求,每年全世界约产生6 000万t稻壳,是一种典型的农业废弃物。若堆积或焚烧,不仅浪费资源,还会污染环境。20世纪80年代以来,世界上开展了以稻壳为原料,对稻壳进行深加工利用的多种研究,使其变废为宝。到目前为止,作为二次资源,已发现稻壳可以生产出许多有用的产品,如加工成木糖醇,生产出高纯SiO_2、活性炭,最后将残余物焚烧后还可获得热能等,真正达到了物尽其用。

表11-7给出了常见稻壳的主要成分及性质。可见稻壳除含有少量的粗蛋白、粗脂肪及淀粉外,主要由木质素、碳水化合物及无机质组成。其燃点较高,而密度较小,因此,稻壳常被用来提取木糖醇等有机物和制备活性炭。图11-1是其中一种稻壳综合利用工艺流程。该工艺首先用水解法从稻壳中提取木糖醇,回收率可达10%~14%,若年处理量达2万t,可得木糖醇1 000~1 500t。相对而言,从稻壳中提取木糖醇比从玉米芯、玉米秆、燕麦等原料中提取木糖醇的回收率要低。

表11-7 常见稻壳的主要成分及性质

粗蛋白	粗脂肪	木质素	淀粉	角质	碳水化合物	无机质
7.4%	1.5%	25.0%	1.7%	2.2%	33.0%	29.2%
燃点:320℃		热值:13.0kJ/kg			密度:110kg/m³	

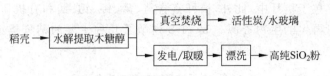

图 11-1 稻壳综合利用工艺流程示意图

经水解处理提取木糖醇后,关于稻壳残渣的处理有两种工艺选择,一种途径是将残渣去水、通氧焚烧,通过燃烧获得热能可用于发电或取暖。然后将燃烧后的稻壳灰分进行漂洗,由于稻壳灰分中含 96%Si,漂洗后可得高纯 SiO_2 粉,有效含量可达 99.99% SiO_2。这种高纯 SiO_2 粉最初用于橡胶、塑料工业的防滑和耐磨填料。图 11-2 是另一种稻壳残渣制备活性炭的工艺途径,其过程是将稻壳残渣加碱反应,经过滤、水洗和酸洗处理后,液体可制备水玻璃,固体经真空干燥、活化处理后制得活性炭。

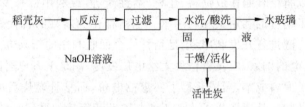

图 11-2 稻壳灰制取活性炭和水玻璃工艺流程示意图

除利用稻壳制备活性炭、高纯硅粉以及燃烧发电外,将稻壳经简单处理,可制成稻壳砖等生态建材。稻壳内含有 20% 左右无定形硅石,是制砖的好材料。日本有人将稻壳与水泥、树脂混匀,再经过快速模压就可以得到砖块。这种砖块,具有防火、防水及隔热性能且质量低、不易碎裂等特点。另外,用稻壳作为原料,生产一次性环保餐具近日已走向市场。对我国这样一个人口大国来说,随着生活节奏的加快,一次性快餐盒的需求量非常大。由于用塑料餐具造成了白色污染,许多地方政府发布了禁用一次性塑料餐具的规定。用稻壳制一次性环保餐具,其大致工艺过程是用 96% 稻壳,以及 4% 的植物型、水溶性、可降解的粘合剂,通过冷压成型即可。从材料成分上看,稻壳可自然降解,对环境无影响。从原料来源看,属于固体废弃物再生利用,提高了水稻生产过程的资源效率。从生产过程看,用稻壳生产一次性快餐盒,是一个冷成型物理过程生产,对环境无污染。

11.4.2 秸秆

秸秆是成熟农作物茎叶(穗)部分的总称。通常指小麦、水稻、玉米、薯类、油料、棉花、甘蔗和其他农作物在收获籽实后的剩余部分。农业秸秆的主要组分是纤维素、半纤维素和木质素,三者的含量占秸秆总量的 90% 以上。农作物光合作用的产物有一半以上存在于秸秆中,此外,秸秆富含氮、磷、钾、钙、镁和有机质等,是一种具有多用途的可再生的生物资源。表 11-8 列举了几种主要的秸秆类型中营养成分的含量。

表 11-8 主要秸秆作物营养成分含量 %

秸秆种类	N	P_2O_5	K_2O	Ca	S
麦秸	0.50~0.67	0.20~0.34	0.53~0.60	0.16~0.38	0.123
稻草	0.63	0.11	0.85	0.16~0.44	0.112~0.189
玉米秸	0.48~0.50	0.38~0.40	1.67	0.39~0.8	0.263
豆秸	1.30	0.30	0.50	0.79~1.50	0.227
油菜秸	0.56	0.25	1.13	0.348	—

从国外情况看,秸秆的综合开发利用有多种途径,除传统的将秸秆粉碎还田作有机肥料外,还可以将秸秆制作成饲料、建材、活性炭等,或利用秸秆发电,废渣再返回田间,大大提高了秸秆的利用值和利用率。把秸秆作为新兴的替代燃料特别是生物燃料,从中提取乙醇进行开发利用,也是秸秆综合回收利用的新兴方向。丹麦是世界上首先用秸秆发电的国家,农民将秸秆卖给电厂发电,满足上万户居民的用电和供热需求,电厂降低了原料成本,居民获得了实惠的电价,而秸秆燃烧后的草木灰又无偿地还给农民作了肥料,从而形成了一个工业与农业相衔接的循环经济圈。

我国每年秸秆产量超过 6 亿 t,目前主要的利用领域还是用作肥料、饲料、能源(大部分是直接燃烧产热,是我国第 4 大能源,仅次于煤炭、石油、天然气)和制浆造纸工业的原料(每年用量约为 3 600 万 t)。此外,每年还有大量的农业秸秆被弃置于自然环境,或被露天焚烧,造成对生态环境的污染。随着石油等化石资源储量的逐渐减少,从农业秸秆等可再生资源转化利用获得新材料、化工原料、能源和功能食品及药物,补充化石等不可再生资源的缺口,也将成为我国秸秆综合利用的必然发展趋势。

11.4.3 其他天然资源的综合利用

1. 纤维素、甲壳素和淀粉

从消除和缓解全球性环境问题,如温室效应、有机废弃物的消化等方面看,目前还主要靠生物有机过程来完成。从成分上分析,每年地球上由生物循环过程生产的原料数量远远大于由人工生产的原料数量。大自然中年产量最大的三类原料是纤维素、甲壳素和淀粉,产量都在 100 亿 t 以上。因此,利用这些天然原料,为人类生产制造所需的产品,是环境材料学提倡的一个大方向。

纤维素是地球上最古老、最丰富的天然高分子,是取之不尽用之不竭的、人类最宝贵的天然可再生资源。纤维素的分子式$(C_6H_{10}O_5)_n$,由 D-葡萄糖以 β-1,4 糖苷键组成的大分子多糖,相对分子质量 50 000~2 500 000,相当于 300~15 000 个葡萄糖基。不溶于水及一般有机溶剂。天然纤维素对人体有一种自然的亲合性,是一类典型的环境协调性材料。在合成纤维发达的今天,天然棉纤维仍占纤维总产量的一半,比全合成纤维的产量大。目前,在天然纤维素的综合利用方面,纤维素是重要的造纸原料。此外,将纤维素进行酸解、酶催化降解、氧化-还原、酯化、醚化等反应,可制造各种纤维素衍生物及其产品。以纤维素为原料的产品也广泛用于塑料、炸药、电工及科研器材等方面。例如,纤维素黄原酸酯是生产粘胶人造丝及玻璃纸的原料;醋酸纤维素主要用作过滤嘴香烟的纤维束和装饰硬纸板,同时也广泛应用于制造抗燃性电影胶片、清漆、塑料、人造丝以及净化分离膜等原料;硝化纤维素是制造烈性炸药、清漆等产品的原料;硫酸酯纤维素主要用作抗凝血、抗病毒的医用材料;此外,还有各种甲基纤维素、乙基纤维素、丙酸纤维素等也有广泛的用途。食物中的纤维素(即膳食纤维)对人体的健康也有着重要的作用。

甲壳素是地球上第二大生物再生资源,也是自然界除蛋白质外分子质量最大的含氮天然有机高分子材料。它广泛存在于无脊椎动物的外壳、昆虫的外角质层和内角质层及真菌的胞壁中,被科学界誉为"第六生命要素"。据估计自然界中,甲壳质每年生物合成的量多达 1 000 亿 t。甲壳质的化学结构和植物纤维素非常相似。都是六碳糖的多聚体,相对分子质量都在 100 万以上。由于海洋、江河、湖沼的水圈,海底陆地的土壤圈,以及动植物生物圈中的甲壳素酶、溶菌酶、壳聚糖酶等能将其完全生物降解,参与生态体系的碳、氮循环,甲壳素在地球环境和生态保护系统中起着重要的调控协同作用。目前甲壳素被广泛用于制造生物医用材料,如外科手术缝合线、人工透析膜、止血剂和伤口敷料、药物释放剂及隐形眼镜等。甲壳素经脱乙酰化处理的产物是壳聚糖,与甲壳素相比,壳聚糖的溶解性大为改善,在医学、药物制剂学、化工、食品、化妆品、印染、造纸、包装、农业、环保等方面具有广泛的用途。另外,甲壳素还可用于制造膜分离材料、纤维功能材料以及净水絮凝剂等。

淀粉是葡萄糖的高聚体,淀粉是植物体中储存的养分,储存在种子和块茎中,各类植物中的淀粉含量都较高,大米中含淀粉 62%~86%,麦子中含淀粉 57%~75%,玉米中含淀粉 65%~72%,马铃薯中则含淀粉超过 90%。淀粉及其衍生物的综合利用一直是天然材料深加工利用的研究热点。已形成工业生产的淀粉衍生物有磷酸淀粉、醋酸淀粉、醚化淀粉、氧化淀粉、羧甲基淀粉、阳离子淀粉、羟烷基淀粉、双醛淀粉、交联淀粉、接枝共聚淀粉等。目前的应用主要是用淀粉制造高性能粘合剂和生物降解膜。淀粉及其衍生物产品已广泛应用于食品、造纸、纺织、医药、选矿、皮革、涂料、塑料、环保以及日用化妆品等工业部门。各种淀粉的综合应用示意图见图 11-3。

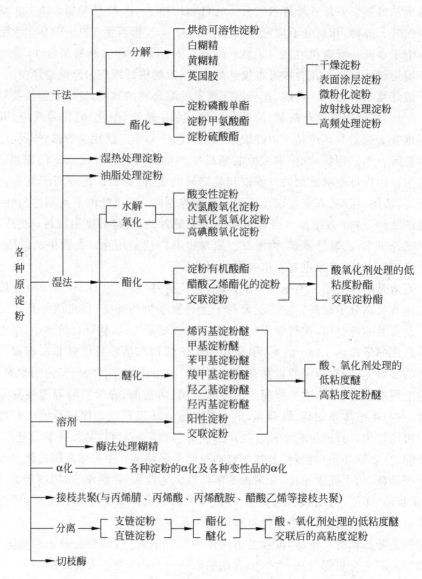

图 11-3 淀粉的综合应用示意图

2. 废弃羽毛的综合利用

由于食品结构的特点,人类对鸡、鸭、鹅等肉类动物的需求量很大。从而产生了养殖和宰杀鸡、鸭、鹅过程中羽毛废弃物的处理问题。但废弃羽毛的自然降解速度很慢,给环境带来污染等问题。传统的羽毛利用都是直接用作填充材料,如用于枕头、服装制造等。最近,人们通过生物技术开发出利用废弃羽毛水解天然蛋白质生产氨基酸的技术,从鸡、鸭、鹅的废弃羽毛中可获得氨基酸产品。其工艺流程是利用废弃的鸡、鸭、鹅羽毛,经过前处理、水解及纯化等过程,采用薄膜透析法回收水解用酸,降低酸的用量;同时采用电透析法脱去结晶后氨基酸溶液中的盐分,回收并浓缩最终产品氨基酸。最终获得高纯的氨基酸产品,所制成的试剂级胱胺酸产品纯度高达75%以上,对年产60t的胱胺酸工厂来说,每年可处理2 400t的羽毛废弃物。这种羽毛水解天然蛋白质生产氨基酸的技术,可广泛应用在食品、添加饲料、医药、化妆品、农药、合成原料及工业方面,除有效解决鸡、鸭、鹅羽毛废弃物的问题外,同时还可大幅度提高羽毛的附加值。

3. 由树叶提取香精油、生物医药制剂及食品添加剂

大多数树叶中含有许多有效成分,特别是香精油,在砍伐原木中多被人们弃为废物,没有得到充分利用。近来,人们开始重视从树叶中提取香精油,代替人造香精,造福人类。香精油是构成香味的主要挥发性成分,森林中树木释放出的香气浓度一般是人造香精的千分之一。其浓度虽低,但却对人们的身心非常有益。目前,可提取香精油的植物原料已知约有250种,其中大约20种是以树叶为原料,约15种以材、根、树皮为原料。以树叶为原料的主要有桉树、得克萨斯雪松、铅笔柏、喜马拉雅松、肉桂、锡兰肉桂、西伯利亚枞树、金钟柏、松、芳樟、意大利柏等。植物香精油主要有樟脑油、芳樟油、干蒸馏木松节油等三大类。具有杀螨、防真菌等性能,一般用于床板、壁纸等建材,以及室内装饰材和纤维制品。

另外,作为添加剂,树叶提取物还大量用于药品、食品行业。例如,用生物萃取法,从大戟科巴豆属的树叶中可分离出抗溃疡成分,用于治疗胃炎、胃溃疡,以及皮肤病等。从紫杉树皮中分离出的紫杉酚,可望开发为治癌新药。从银杏叶中可提取出黄酮类化合物,有防衰老作用,可用于脑内活性健康食品,是强身、长寿的民间药物。除治病外,树叶提取物也广泛用于食品添加剂,起到保鲜、杀菌等作用。如从桉树叶中提取含蜡酚;从樱叶中提取抗菌性香豆素;从箬叶中提取抗菌性酚;从花柏叶中提取多酚类等。不但可防止细菌等微生物侵害,还起到抗氧化作用,保持食品鲜度。

其他品种的天然资源综合加工利用,如天然橡胶、生漆、杜仲胶等可参阅有关文献。

阅读及参考文献

11-1 翁端.关于生态环境材料研究的一些基本思考.材料导报,1999,13(1):12

11-2 王天民.生态环境材料.天津:天津大学出版社,2000

11-3 山本良一.环境材料.王天民译.北京:化学工业出版社,1997

11-4 袁楚雄.生态建材.中国建材,1997,(8):40~41

11-5 王凯,丁美蓉,潘海丽.21世纪我国木材工业展望.林产工业,2000,27(3):3~6

11-6 秦瑞明,齐英杰.木材加工业的发展展望.林业机械与木工设备,1998,26(2):8~10

11-7 张齐生,孙丰文.面向21世纪的中国木材工业.南京林业大学学报,2000,24(3):1~4

11-8 张荣贵,蒋云东.桉树与环境.云南林业科技,1998,82(1):52~56,73

11-9 刘一星.木质材料环境学,北京:中国林业出版社,2008

11-10 徐有明.木材学.北京:中国林业出版社,2006

11-11 阮锡根,余观夏.木材物理学.北京:中国林业出版社,2005

11-12 雷得定,周军浩,刘波,郝秉业.木材改性技术的现状与发展趋势.木材工业,2009,23(1):37~40

11-13 何洪城,胡伟,陈泽君.我国人工林木材深加工利用技术现状及发展趋势.林业经济问题,2005,25(6):364~367

11-14 徐有明,郝培应,刘清平.竹材性质及其资源开发利用的研究进展.东北林业大学学报,2003,31(5):5~9

11-15 贺勇,戈振扬.竹材性质及其应用研究进展.福建林业科技,2009,36(2):135~139

11-16 佘雕,耿增超.农业秸秆生物质转化利用的研究进展.西北林学院学报,2010,25(1):157~161

11-17 李琴,华锡奇,许小婉,等.我国竹材人造板开发现状与研究方向.浙江林业科技,2000,20(3):79~85

11-18 聂涛.我国地板工业产量预测及发展方向分析.江西林业科技,2000,(2):46~48

11-19 李永贵.石材与人类.吉林地质,1999,18(3):68~70

11-20 张齐生,孙丰文.我国竹材工业的发展展望.林产工业,1999,26(4):3~5

11-21 张齐生.当前发展我国竹材工业的几点思考.竹子研究会刊,2000,19(3):16~19

11-22 吴春山.用稻壳生产建材.中国物资再生,1999,(11):40

11-23 柴义,黄宝文.我国木糖醇生产现状及发展构想.沈阳化工,1999,28(2):4~7

11-24 臧志清,周端美,林述英.超临界二氧化碳萃取红辣椒的夹带剂筛选.农业工程学报,1999,15(2):208~212

11-25 张鸣九.动物杂骨的综合利用.中国物资再生,1999,(11):40

11-26 卢芳仪,任宇红.稻壳灰制白炭黑和活性炭的研究.化学工程师,1997,(4):4~6

11-27 李思义.树叶的成分与利用.林业科技,1999,24(6):40

11-28 翁端,余晓军.环境材料研究的一些进展.材料导报,2000,14(11):19~22

11-29 杜予民.甲壳素化学与应用新进展.武汉大学学报(自然科学版),2000,46(2):181~185

11-30 杜予民.中国生漆化学研究与应用开发.涂料技术,1993,(1):1~4

11-31 严瑞芳.杜仲胶研究新进展.化学通报,1991,(1):1~5

11-32 http://www.mdb88.com/news/7842626.html

11-33 http://www.chimeb.edu.cn

11-34 http://www.mat-info.com.cn

11-35 Zuo T, Weng D. Resource Efficiency in China. Proc. Intern. Conf. on Resource Efficiency-A Strategic Management Goal, Klagenfurt, Austria, 1998. 46~49

11-36 Tang J, Weng D, Yu X. An introduction to application of natural fibre in construction materials. Proc. of 5th IUMRS Intern. Conf. On Advanced Materials, Symposium U, Beijing, 1999. 130

思 考 题

11-1 用 LCA 方法分析木材的环境性能。结合考虑全球温室效应影响,讨论种树和种草对减少 CO_2 的效果。

11-2 如何利用木材的环境特性来减少材料加工和使用过程中的环境负担性。

11-3 根据用途,调查木材的复合处理过程对环境带来的附加影响。

11-4 当今使用纯天然材料已成为一种时尚,请列举出几种天然材料的应用例子,并对其开发利用的现状及前景作出评价。

11-5 许多天然石材具有放射性,往往影响其大量应用。用 LCA 方法评价天然木材和天然石材的综合环境影响。

11-6 从成分和结构上分析比较木材和竹材的使用性能及环境性能。用 LCA 方法及其他方法分析比较稻壳深加工利用的经济效益和环境效益,如加工木糖醇,制备活性炭,制备一次性饭盒等。

11-7 结合碳、氮循环示意图讨论分析固碳和固氮的技术途径。比较各种技术的环境效益和经济效益。

11-8 调查三大天然资源如天然纤维素、淀粉、甲壳素深加工利用的技术途径。并用 LCA 方法分析讨论其最终产品的环境影响。

第12章

仿生物材料

仿生物材料(又称仿生材料)是一类模仿生物的各种特点或特性而开发的材料。通常我们把仿照生命系统的运行模式和生物材料的结构规律而设计制造的人工材料称为仿生材料。仿生材料学是仿生学在材料科学中的一个分支,是从分子水平上研究生物材料的结构特点、构效关系,进而研发出类似或优于原生物材料的一门新兴学科,是化学、材料学、生物学、物理学等学科的交叉。其基础理论、研究内容、技术开发及应用等范围非常广泛,内容非常丰富。由于仿生材料在本身具有生物兼容性的基础上,从材料制备到应用都与生态环境和人有着自然的协调性,因此,仿生物材料与环境材料有着不可分割的关系,它也是未来环境友好材料发展的重要方向之一。目前,仿生物材料的主要研究方向包括生物陶瓷及其复合材料、组织工程材料以及仿生智能材料等。本章仅从材料的生物兼容性、材料与环境协调性等角度出发,介绍上述类型的仿生物材料与环境的关系及其应用技术。

12.1 仿生物材料的环境性能

仿生物材料的环境性能主要体现在其生物相容性及环境协调性两个方面。仿生物材料的环境协调性主要体现在材料的成分设计及制备工艺等方面,如图12-1所示。首先,在成分设计上要使得材料在使用过程中满足生物兼容性的要求。故材料成分的考虑,至少与生物体接触的材料表面成分设计要让生物体对材料有一种可接受性,从而使仿生物材料的表面与环境有一种相容性。另一方面,考虑到仿生物材料的用途,在制备工艺方面,一般多采用与环境、生物友好的方式。如某些人造器官、人工合成基因蛋白、生物陶瓷复合材料等材料及产品的制备大都是模拟天然合成过程,体现了仿生物材料的环境协调性。

评价材料的生物相容性一般有两个指标,一个是材料反应,另一个是宿主反应,具体内容见表12-1。宿主反应指将材料植入生物体后,材料本身对生物活体的作

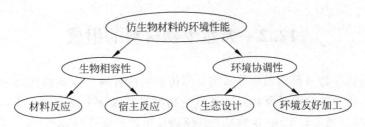

图 12-1 仿生物材料的环境性能示意图

用,包括材料植入部位的邻近组织对材料的局部反应,以及远离材料植入部位的组织和器官,乃至整个活体系统对材料的全身反应。宿主反应是由于构成材料的元素、分子或其他降解产物(微粒、碎片等)在生物环境作用下,被释放进入邻近组织甚至整个活体系统而造成的,或来源于材料制品对组织的机械、电化学或其他刺激作用。可能发生的宿主反应包括局部反应、全身毒性反应、过敏反应、致突、致畸、致癌反应和适应性反应。按程期又可分为近期反应和远期反应。宿主反应可能是消极的反应,如细胞毒性、溶血、凝血、刺激性、全身毒性、致敏、致癌、诱变性、致畸以及免疫等反应,其结果可能导致对组织和机体的毒副作用和机体对材料的排斥作用。另外,宿主反应也可能是积极的反应,如新血管内膜在人工动脉表面生长、韧带假体对软组织的附着、组织长入多孔材料的孔隙以及硬组织依托植入体重建等,其结果有利于组织的生长和重建。

材料反应指将材料应用于生物体中,生物活体环境对材料的各种作用,包括材料在生物环境中被腐蚀、吸收、降解、磨损、膨胀和浸析等失效作用。腐蚀主要是体液对材料的化学浸蚀作用,特别对于金属植入体有较大的影响。吸收作用可改变材料的功能特性,如使材料的弹性模量降低,屈服应力增高。降解可使材料的理化性质退变,甚至解体而失效,对高分子和陶瓷材料影响较大。材料失效还可以通过多种其他机制产生,如修复体部件之间的磨损,在应力作用下造成的固定修复体破裂等。在生物体中,某些高分子材料中的低分子质量成分,如增塑剂的滤析等,也可导致其力学性质的变化。当然,生物系统对材料也可能产生积极作用,如新骨成分长入多孔陶瓷的孔隙而对其补强增韧等。

表 12-1 评价材料生物相容性的有关指标

生物相容性	宿主反应	适应性反应 全身反应 局部反应 血液反应
	材料反应	腐蚀 吸收 降解 磨损 膨胀 浸析

12.2 天然生物材料的组成

要实现仿生物材料达到部分或完全模仿生物的各种特点或特性，就必须透彻的了解天然生物材料的组成及特点。天然生物材料的成分主要有四大类，包括：结构蛋白质、结构多糖及软组织、生物复合纤维以及生物矿物等，见表12-2。

表12-2 常见天然生物材料的种类

类 别	示 例
结构蛋白质	角、甲、蚕丝等
结构多糖及生物软组织	韧带、筋等
生物复合纤维	昆虫表皮、肌腱
生物矿物	骨、牙、贝壳等

12.2.1 结构蛋白质

蛋白质是生物体中广泛存在的一类生物大分子，由 α 氨基酸之间按照一定的序列组成的具有特定立体结构的、有活性的大分子。蛋白质是生命的物质基础，没有蛋白质就没有生命。其化学成分见表12-3，主要为碳、氢、氮、硫，以及少量的磷、铁、铜、锰、锌等。蛋白质的三大基础生理功能分别是：构成和修复组织、调解生理功能和供给能量。蛋白质是构成机体组织、器官的重要成分，可以说没有蛋白质就没有生命活动的存在。

表12-3 蛋白质的主要化学成分

碳	氢	氮	硫	其他元素
50%～55%	20%～23%	5%～18%	0%～4%	微量

蛋白质具有多种不同的生物功能，生物的结构和性状都与蛋白质有关。蛋白质还参与基因表达的调节，以及细胞中氧化还原、电子传递、神经传递乃至学习和记忆等多种生命活动过程。根据功能和形态不同，蛋白质可大致分为纤维蛋白、角蛋白、球蛋白、血红蛋白、肌红蛋白、胶原蛋白等。其中，角蛋白和胶原蛋白都属于结构蛋白质范畴，它们在生物体内分别起着结构支撑以及增强组织机械强度的作用。这类蛋白质广泛存在于动物的毛发、鳞、羽、甲、蹄、角、爪、喙、丝等当中。

结构蛋白质按成分和形貌可分成角蛋白、丝心蛋白、胶原蛋白、肌球与肌动蛋白、粘连蛋白等。从材料的性能上看，这些蛋白的力学性能主要由其分子机理决定，而较少受其成分和形貌的制约。由结构蛋白质构成的生物材料，在材料成形过程中，可通过三种途径组装成材料，简称结构蛋白质组装三定律：

(1) 大分子结合成含有几个不同大小层次的组织。通常这些大分子结合成纤维状,这些纤维状本身又是用更小的亚纤维组成,并且常排列成多层结构以体现出整个复杂四通所需的特定功能。在生物复合系统中观察到的大小层次至少有 4 级结构,即分子层次、纳米层次、微观层次、宏观层次。这个结构是一个有序分级结构的生物复合系统中所需的最起码的构成结构单元。

(2) 多层次结构被具有特殊相互作用的界面连接在一起。有相当多证据表明,界面上的相互作用本质上是在特定活化结点上或具晶体特性的外延排列下的分子间化学键合。

(3) 纤维和层状物组装成有取向的分级复合系统。这些分级复合系统能满足各种功能或性质要求。而且随着整个系统及使用环境的复杂程度提高,系统的适应能力也相应提高。这种所谓"智能复合系统"取决于按照高级功能需要设计出的复杂组装排列。

对天然材料中的复杂结构按照分级方法进行分析有助于理解它们的不同尺度上的结构。这种方法在新型高级材料的设计中特别有价值,它是一种有效的分析和描述工具。目前,人们正在寻求引起这种分级结构中结构性能关系的物理和化学因素。

12.2.2 结构多糖及生物软组织

自然界中由绿色植物通过光合作用合成的糖类主要有三种:单糖、寡糖和多糖。其中只有多糖具有结构性能,是细胞的基本结构物质。任何具有重要机械性能的多糖都是由己糖(六碳糖)构成的。纤维素是自然界中分布最广、含量最多的一种多糖。地球上绿色植物每年净产有机物 $1.5 \sim 2.0 \times 10^{11}$ t,其中纤维素占 $1/3 \sim 1/2$。纤维素分子主要由 44.4%碳、5.17%氢 43.39%氧以及其他微量元素构成。其结构性能主要是作为动植物或细菌细胞的外壁支撑和保护物质,使细胞保持足够的抗张韧性和刚性。

大量的生物软组织是由多糖和蛋白质复合形成的,生物体中仅含多糖或仅含蛋白质的物质非常少见。绝大多数生物材料同时含有蛋白质和多糖,而且两者都含有一定量的水,构成了蛋白质、多糖和水共存的三相。这种由胶原纤维与结构多糖和蛋白质复合形成的组织大多为生物软组织,如粘液、软体动物骨架、节间膜、皮肤等。

表 12-4 是一些生物软组织的韧性数据。它们的应力-应变性质、断裂韧性、刚度等性能及其随环境的变化都是非生物材料难以比拟的。如蝗虫节间膜平面内的泊松比为 $0.1 \sim 0.2$,在挖掘时其肚子的直径变化不大,但膜可以被拉得很薄。某些皮肤发生病变时,其组织的拉伸强度会下降 $1/5 \sim 1/2$,但其延伸率可上升 15 倍。海星的皮肤在受到惊吓时其刚度可上升一个数量级,达 $250 \sim 300$ MPa。

表 12-4　一些生物软组织的韧性数据

材　料	平均撕裂能/(kJ/m²)	刚性/Pa
丁基橡胶	1.0	10^6
海葵中胶层	1.2	10^5
猪主动脉	0.98	$5×10^5$
兔皮肤	20.0	10^8
昆虫角质层	1.4	$2.5×10^8$
蛹表皮	1.8	10^7
蝗虫节间膜	0.2~0.6	10^3

12.2.3　生物复合纤维

如上所述，生物软组织是由柔性基体与硬的纤维组成的，这类软组织不能承受压缩、弯曲和剪切载荷。提高这类生物材料的抗压及抗剪切能力，主要通过形成生物复合纤维，即形成层叠结构的生物组织，使基体硬化，从而达到改善力学性能的目的。这种叠层式的生物复合纤维结构可明显改善生物材料的硬度与脆性，使基体硬化，提高韧性。

植物、动物体的很多部分都是一种"三明治"结构，即两侧外表面是较硬的拉伸膜，内层材料是由非常轻、类似泡沫状的细胞组成。相当于一种加入填充剂的生物复合纤维。这一结构形式具有明显的生物学上的优点。实验证实，如果表皮损伤，胞状核心就比较容易受拉伸断裂。典型的生物复合纤维材料有蝗虫腱、昆虫表皮、角、草叶等。昆虫表皮是由甲壳素纤维和蛋白质构成的典型复合材料。它有三个层次，外层是有机蜡，其主要作用是防止体内水分损失，中间层为硬质纤维层，内层为软质皮层。甲壳素纤维在皮层中以螺旋状存在。层与层之间还贯穿以一系列的毛细孔通道。这种复合结构的表皮为昆虫提供了最轻便、最高强度和韧性的保护体。

12.2.4　生物矿物

天然生物矿物是构成生物材料的一种重要成分，它是指动植物体内的无机矿物材料，如骨、牙、软体动物壳、植物维管束等。它们是由无机矿物结晶与有机基质组成的具有高级有序结构复合材料。生物矿物不仅具有骨架支撑作用，而且还可能具有重力传感作用、磁场传感作用等特殊功能。

生物矿物和无机矿物的区别在于它们的晶体化学特性不同。生物矿物的晶体之间具有相互作用和影响，如大小、结构、成分、形貌和取向等，比化学合成的无机矿物材料的等级高。了解生物矿化材料的合成、控制和组织将有助于仿生物材料的设计和制备。主要由生物矿物材料组成的生物体有骨骼、牙齿、珍珠、贝壳、鹿角、珊瑚等。表 12-5 给出了几种典型的生物矿物种类及实例。由表可见，生物矿物是由生命系统参与合成的天然陶瓷和天然高分子复合材料。虽然组成生物矿物材料的主要无机成分,如碳酸钙、氧化硅等广泛存在于自然界中,甚至有的矿物质如羟基磷灰石、方解石等。从组成和结晶方式来看,与岩石圈中的矿物是相同的。但一旦受控于这种特殊的生命过程,便具有常规陶瓷材料所不可比拟的优点,如极高的强度、非常好的断裂韧性、减振性能、表面光洁度以及许多特殊的功能。鲍鱼壳珍珠层就是一个典型例子,其成分中99%是文石,其余是蛋白质,但却具有复杂的层状结构。其断裂功高达 1 200J/m^2,高于普通文石2~3个数量级。

表12-5 几种典型的生物矿物

名 称	化学式	实 例	密度/(g/cm^3)	硬度(莫氏)
方解石	$CaCO_3$	鸟蛋壳,棘皮动物刺,珊瑚,海绵骨针	2.71	3
文石	$CaCO_3$	一些腕足动物,海洋生物,软体动物外壳	2.93	3.5~4
白云石	$CaMg(CO_3)_2$	棘皮动物的牙	2.85	3.5~4
菱镁矿	$MgCO_3$	海绵骨针	3.01	4
羟基磷灰石	$Ca_5(PO_4)_3(OH)$	骨,牙,幼年软体动物骨	约3.1	5
无定形水合硅	$SiO_2 \cdot (H_2O)_n$	海绵骨针	约21	5.5~6.5

生物矿物主要是由通过生物矿化过程形成的。生物矿化区别于一般矿化的一个显著特征是,它通过有机大分子和无机矿物离子在界面处的相互作用,在分子水平上控制无机矿物相的析出,从而使生物矿物具有特殊的高级结构和组装方式。生物矿化有两种形式。一种是生物体代谢产物直接与细胞内、外阳离子形成矿物质,如某些藻类的细胞间文石。另一种是代谢产物在细胞干预下,在胞外基质的指导下形成生物矿物,如牙齿、骨骼中羟基磷灰石的形成。对生物矿化体系的大量研究表明,生物矿化是一个在细胞调制下极为复杂的生物微组装过程,是在分子水平上对晶体形核和生长的精细控制,通过特殊的反应介质和细胞的参与对矿化过程进行调制,并且因生物种类而异。在生物矿化过程中,细胞的调制对生物矿物的成核长大以及微组装的形成具有决定性的作用。在微组装过程中,生物矿物的形成主要遵循以下途径:①生物矿化出现在特定的亚单元隔室或微环境中,其晶体只能在特定的功能结点上成核、长大;②特定的生物矿物具有确定的晶粒尺度和晶体学取向;③宏观的生长伴随着大量生长单元的组装堆积,形成一种特殊的复合材料,并且提供进一步组织生长和修复所需条件。生物矿物组织的显微分级结构主要取决于生物控制的分子过程,包括晶体生核,生长以及矿物结构的堆积方式。

材料的生物矿化形成机制为人类提供了一个材料制备的典范。如动物的骨骼、牙齿、贝壳等材料作为复杂的化合物而合成,其结构和界面选择了适于其功能的最佳设计。模拟这种结构设计将会使人类朝着"智能材料"的设计方向前进一大步。例如,自然界中大量存在的高强度高韧性贝壳为我们设计低成本高韧性的陶瓷材料提供了启示。其中的关键问题是在材料的结构设计中如何避免孔洞和缺陷,使得在应力下产生的裂纹无法在材料中扩展,从而使脆性的陶瓷材料变得强韧。研究发现,在具有抗压强度的组元之间镶入一些柔性组元能够消耗裂纹扩展的能量,明显改善材料的韧性。在贝壳珍珠层中,这些是通过文石晶体块以层状排列嵌在蛋白质之间的结构而达到的。

12.3 仿生物材料的制备与应用

12.3.1 生物陶瓷及其复合材料

生物陶瓷材料指在成分上与生物体具有相容性的一类仿生物无机陶瓷材料,目前主要产品有生物惰性陶瓷材料、生物活性陶瓷材料以及生物陶瓷复合材料等。生物惰性陶瓷主要是指化学性能稳定,生物相容性好的陶瓷材料。这类陶瓷材料的结构都比较稳定,材料的强度高,摩擦系数低,可用于力学性能要求较高的场合。目前惰性生物陶瓷主要有氧化铝陶瓷、单晶陶瓷、氧化锆陶瓷、玻璃陶瓷等。其中氧化铝和氧化锆陶瓷的一些基本性能参数及国际标准如表12-6所示。目前,氧化铝髋关节的临床使用寿命已超过14年。近年来,氧化锆增韧的生物陶瓷由于其强度高而逐渐受到重视。各类陶瓷牙更是在全球范围内得到了广泛应用。不过,生物惰性陶瓷的主要缺点是不具有生物活性。植入生物体后的组织反应是在材料表面形成一层几个微米厚的包囊性纤维膜,与组织的接合是依靠组织长入植入体不平整表面所形成的机械镶嵌。

表12-6 部分生物惰性陶瓷与骨质的物理性能对比

物 理 特 性	氧化铝陶瓷	ISO标准6474	氧化锆陶瓷	紧质骨	松质骨
纯度/%	氧化铝>99.8	氧化铝>99.5	氧化锆>97		
密度/(g/cm^3)	>3.93	>3.90	6.05	1.6~2.1	
平均粒径/μm	3~6	<7	0.2~0.4		
表面粗糙度/μm	0.02		0.008		
硬度/HV	2300	>2000	1300		
压缩强度/MPa	4500		2000	100~230	2~12
抗弯强度/MPa	595	>400	1000	50~150	
杨氏模量/GPa	400		150	7~30	0.05~0.5
断裂韧性/(MPa·m$^{1/2}$)	5~6		15	2~12	

生物活性陶瓷材料主要包括表面生物活性陶瓷和生物吸收生物陶瓷（又称生物降解陶瓷）等。表面生物活性陶瓷指陶瓷在生物体中发生选择性化学反应，形成一层覆盖表面的羟基磷灰石，使植入体表面和周围组织形成化学键接合，阻止了植入材料随时间发生进一步降解。可吸收生物陶瓷含有可通过新陈代谢途径吸收、化解的成分如磷、钙等，被植入生物体内后，起着空间骨架和临时填充作用，经逐步降解和吸收，最终被新形成的生物组织所替换。目前应用最广泛的生物活性陶瓷材料是各种类型的人造羟基磷灰石。生物活性陶瓷主要包括有生物活性玻璃（磷酸钙系）、羟基磷灰和陶瓷、磷酸三钙陶瓷等几种。

生物玻璃是由结晶相和玻璃相组成的，无气孔，不同于玻璃，也不同于陶瓷。其结晶相含量一般为 $50\%\sim90\%$，玻璃相含量一般为 $5\%\sim50\%$，结晶相细小，一般小于 $1\sim2/\mu m$，且分布均匀。因此，玻璃陶瓷一般具有机械强度高，热性能好，耐酸、碱性强等特点。$SiO_2\text{-}Na_2O\text{-}CaO\text{-}P_2O_5$ 系玻璃陶瓷、$Li_2O\text{-}Al_2O_3\text{-}SiO_2$ 系玻璃陶瓷及 $SiO_2\text{-}Al_2O_3\text{-}MgO\text{-}TiO_2\text{-}CaF$ 系玻璃陶瓷目前已有生物临床应用，其生物相容性良好，未发生异物反应。

生物活性陶瓷材料的生物相容性主要源于其中的磷、钙离子。羟基磷灰石是构成骨、牙等生物体硬组织的主要无机成分，不仅具有良好的生物相容性，还可以传导骨生长并和组织形成牢固的键合。从结构上看，骨是由细微的磷酸钙盐晶体弥散分布在胶原蛋白以及其他生物聚合物中所构成的连续多相复合物。表 12-7 给出了羟基磷灰石的一些力学性能数据，以及与致密骨、牙的性能比较。由表可见，羟基磷灰石生物活性陶瓷的主要性能与天然牙釉质相近。因此，人工制备的羟基磷灰石陶瓷具有与骨骼矿化物类似的成分、表面和基体结构，可与骨组织通过生物化学反应形成牢固的结合，并与生物体有良好的兼容性，目前国内外已将羟基磷灰石用牙槽、骨缺损、脑外科手术的修补、填充或替换等，或用于制造耳听骨链和整形整容的材料。此外，它还可以制成人工骨核治疗骨结核。

表 12-7　羟基磷灰石的一些力学性能

	孔隙率 /%	抗压强度 /MPa	抗弯强度 /MPa	抗拉强度 /MPa	断裂韧性 /($MPa \cdot m^{\frac{1}{2}}$)	弹性模量 /GPa
羟基磷灰石	<4%	400～917	80～195	—	0.7～1.3	75～103
致密骨	—	88～164	—	89～114	—	3.9～11.7
牙釉质		384		10.3		82.4

由于羟基磷灰石在生物体中易发生吸收和降解，导致材料性能特别是断裂韧性和抗疲劳性能下降。为了避免这一不足，材料科学家又进一步开发了生物陶瓷复合材料。

由表 12-8 可见,生物陶瓷复合材料有两种制备技术。一是在各种基体材料表面上制备磷酸钙生物陶瓷涂层,把载体材料的强度优势和磷酸钙盐的生物活性结合起来,制备既有高强的力学性能,又有满意的表面生物活性的生物陶瓷材料。基体材料主要有钛合金、高合金不锈钢、高性能陶瓷和各种高分子材料。制备表面生物涂层的方法有浸渍、电泳、热等静压、电化学结晶、等离子体溅射、等离子体喷涂、脉冲激光沉积等。目前最广泛应用的是在钛材表面制备羟基磷灰石陶瓷涂层。例如,利用珍珠层中文石晶体与有机基质的交替叠层排列的原理,通过在 SiC 薄片涂以石墨胶体,烧结成复合叠层材料,可以使该材料的破裂韧性有极大提高,破裂功提高了约 100 倍。采用叠层热压成型制备的 SiC/Al 增韧复合材料,其断裂韧性比无机 SiC 提高了 2～5 倍。

表 12-8　常见的生物陶瓷复合材料及其制备技术

生物陶瓷复合材料			
基材＋表面涂层		第二增强相	
基　　材	涂层制备	第二相粒子	制备工艺
钛合金	浸渍	锆钇氧化物	液相混合
高合金不锈钢	电泳	二氧化钛	热等静压
高性能陶瓷	热等静压	生物玻璃	热压
高分子材料	电化学结晶	高分子聚合物	氧化锆增韧
	等离子体溅射		聚合物增韧
	等离子体喷涂		纤维增韧
	脉冲激光沉积		

目前,用溶液方法在高分子基材表面上沉积生物陶瓷薄膜复合材料已发展出了成熟技术。这些技术利用在界面上晶体成核和长大的原理,从无机盐溶液中进行仿生合成,制备了一些特殊的生物功能陶瓷。例如,通过研究牙、骨、贝壳中的生物陶瓷生长机理,采用化学改性或在溶液中加入添加剂以改变高分子基材的表面能,控制形成晶体相的种类、形貌、惯性面、晶体取向,甚至晶体生长的手性。采用这种仿生合成技术,已经在塑料等高分子材料表面制备出高质量、致密的晶态氧化物、氢氧化物及硫化物陶瓷膜。甚至还可以制备纳米陶瓷薄膜,择优取向的生物陶瓷晶体等。

另外一种生物陶瓷复合材料的制备方法是采用第二相作为增强相,通常以颗粒状弥散在磷酸钙基体中,构成增韧的生物陶瓷复合材料。常用的第二相粒子有锆钇氧化物、二氧化钛、生物玻璃、以及一些高分子聚合物等。增强工艺有液相混合、热等静压和热压等。典型的制备技术有氧化锆增韧技术、聚合物增韧技术及纤维增韧技术等。如羟基磷灰石粉末增强聚羟基丁酸酯,其断裂韧性有明显提高。

12.3.2 组织工程材料

在人类医疗和保健方面,器官和组织的缺损或衰竭是发生最为频繁,最具破坏性和花费最昂贵的一个大问题。全世界每年有无数的人因组织或器官坏死而被切除。医生通过器官移植、外科手术再造等方法来治疗器官、组织的缺陷,虽然拯救或延长了不少人的生命,但并不完美。关键的问题是具有生物活性的人造机体严重缺乏,限制了器官移植的进行。组织工程材料是用于代替某些生物体组织器官或恢复、维持以及改善其功能的一类仿生物材料。例如,用人工合成材料与活细胞或组织构建杂化人工器官;制备可移植的活体器件等。组织工程材料为利用细胞培养制造生物仿生材料和人造器官开辟了光明的前景。

常见的组织工程材料包括组织引导材料、组织诱导材料、组织隔离材料、组织修复材料和组织替换材料等。有代表性的组织工程材料应用举例见表12-9。组织引导材料的功能主要是引导组织再生和生长,从而控制新生组织的质量。例如,用一种人工制造的生物高分子材料用于皮肤的修复和神经的再生,采用物理和化学的方法控制材料的多孔性和被生物体的吸收性,避免了皮肤修复时生成的疤痕和神经修复过程中的组织收缩。组织诱导材料是通过在材料表面连接活性配体,使材料释放生物信息,诱导细胞和组织的生长和修复。例如,将肝细胞种植到中空纤维可诱导和调控肝细胞的聚集作用,以消除肝衰患者血液中的毒物。从聚合物中释放骨形态蛋白可诱导骨的生长和促进骨的修复。组织隔离材料主要是用于隔离植入体与宿主的生物接触,避免宿主对植入体的异体排斥和免疫排斥。一般情况下,组织的正常应答是免疫排斥。很多疾病的治疗都受植入细胞的免疫排斥所限,利用组织隔离材料将植入细胞与宿主隔离开,就可以顺利解决这一难题。

表 12-9 组织工程材料的典型应用

应用类型	举例
植入装置	人工血管 骨和软骨 人工胰脏 甲状腺 肾上腺
体外装置	生物人工肝
原位生长和修复	神经再生 人工皮肤

组织修复材料经常用于骨骼和牙齿的修复。例如,用于修复牙齿缺损的口腔材料;修补缺损的颌面部软硬组织,恢复其解剖形态、功能和美观的材料;体外培养活

体细胞,构成活体骨替换器件的支架材料等。另外,组织工程中的人工器官也是仿生物材料研究的一个主要方面,如人工皮肤、人工肝支持装置、人工血液、人工神经、人工血管和人工胰等。

12.3.3 仿生智能材料

仿生智能材料一般指能模仿生命系统,同时具有感知和驱动双重功能的材料。感知、响应和反馈是这类材料的三大要素。仿生智能材料的性能不仅与材料的成分、结构和形态有关,而且与材料所处的环境有关,可响应环境的刺激和变化,当外部刺激消除后,能够迅速恢复到原始状态。这类材料可以是由传感器或敏感元件等与传统材料结合而成,实现自我发现故障,自我修复,并根据实际情况作出优化反应,发挥控制功能;也可以是有些材料的微观结构本身就具有智能功能,能够随着环境和时间的变化改变自己的性能。仿生智能材料才出现 20 余年,但已发展为生物材料领域最引人注目的研究热点之一。目前主要有智能高分子凝胶材料、智能药物释放体系以及仿生薄膜材料等。

智能高分子凝胶材料是目前发展最快的一类仿生智能材料。其智能化特征在于当这种材料受到环境刺激时会随之响应,其结构、物理性质、化学性质可以随外界环境变化而变化。环境的刺激信号可以是溶液的成分、pH、温度、光照、电磁场等。这些刺激信号引起智能凝胶材料的体积发生数十至数千倍的突变,或是发生收缩,或是发生溶胀,从而体现该仿生材料的智能性。智能高分子凝胶材料目前主要用于蛋白质分离、细胞培养、光能转换的流量控制阀、人工肌肉驱动器、心藏起搏器、形状记忆凝胶等。

国外开发了一种"自修复"的智能高分子纤维材料。它可感知混凝土中的裂纹和腐蚀并自动将其修复。这种由硅酸盐纤维和聚丙烯高分子制造的多孔空心纤维可以埋入所有的混凝土结构中。混凝土的过度挠曲会撕裂纤维,使其释放化学物质填充裂纹,以达到修补的目的。另外,可将这种智能高分子纤维缠绕在加固混凝土的钢筋周围,它对造成钢筋腐蚀的酸度变化非常敏感。当纤维周围环境的 pH 发生变化时,某些成分发生溶解,释放出一种化学物质可阻止进一步的腐蚀。

智能药物释放体系主要是为了在分子水平上控制药物在体内的活性、空间分布和作用时间而开发的一些药物释放载体材料和响应系统。如将一种铁磁种子与智能凝胶混合作为药物载体材料,由电源和线圈构成的手表大小的装置控制产生磁场,使凝胶收缩释放药物,或膨胀停止释放药物。另一种是 pH 响应型高分子凝胶作为胃病药物载体,置于结肠部位,随着胃液 pH 的变化而释放和停止释放胃病药物,达到自动调节、治疗胃病的目的。

仿生薄膜材料主要模拟生物膜的选择性渗透功能,实现信号传递、物质分离、或调整环境性能等一系列智能化的操作过程。目前正开发的有 pH 响应控制型、光响应控制型和温度响应控制型三类仿生薄膜材料。主要应用于人工视网膜、生物传感器等用途。

阅读及参考文献

12-1　崔福斋,冯庆玲.生物材料学.北京:科学出版社,1996

12-2　姚康德,沈锋.生物材料的仿生构思.中国工程科学,2000,2(6):16～19

12-3　陈洪渊.仿生材料与微系统.科学中国人,2004,(4):28

12-4　房岩,孙刚,丛茜,任露泉.仿生材料学研究进展.农业机械学报,2006,37(11):163～167

12-5　http://baike.baidu.com/view/264435.htm

12-6　冯庆玲.生物矿化与仿生材料的研究现状及展望.清华大学学报(自然科学版),2005,45(3):378～383

12-7　俞耀庭.生物医用材料.天津:天津大学出版社,2000

12-8　王天民.生态环境材料.天津:天津大学出版社,2000

12-9　翁端,余晓军.环境材料研究的一些进展.材料导报,2000,14(11):19～22

12-10　山本良一.环境材料.王天民译.北京:化学工业出版社,1997

12-11　朱国萍.现代生物技术在环境科学中的应用.安徽师大学报(自然科学版),1998,21(1):98～101

12-12　张小诚.新型材料与表面改性技术.广州:华南理工大学出版社,1990

12-13　卫生部卫药发 1997—81.生物材料和医疗器材生物学评价技术要求

12-14　朱振峰,杨菁.药物纳米控释系统的最新研究进展.国外医学(生物医学工程分册),1998,6:327～332

12-15　黄楠,杨苹.生物材料表面工程进展.中国科学基金,1999,13(2):69

12-16　杨大智.智能材料与智能系统.天津:天津大学出版社,2000

12-17　石原一彦.生物相容性材料进展.工能材料,1999,19(9):25

12-18　Culshaw B. Smart structure and application in civil engineering. Proc IEEE,1996,84(1):78～86

12-19　Kersey A D. Fiber optic sensor in concrete structure: a review. Smart Mater Struct,1996,5(2):196～208

12-20　关铁梁.智能材料中光纤传感技术的研究进展.光通讯技术,1995,19(1):50～55

12-21　陶宝祺.智能材料结构.北京:国防工业出版社,1997

思　考　题

12-1　仿生物材料既然已具备与生物的相容性,为什么还要考虑其环境性能?

12-2　人体植入材料主要有钛合金、高分子材料与陶瓷材料。用 LCA 方法分析比较这几种材料的环境性能。

12-3　天然生物材料有四大类。可否用人工合成的方法将这些天然生物材料的优势结合起来,制备高性能的仿生物材料?

12-4 大多数生物矿物材料的成分都很简单,如骨骼、牙齿、珍珠、珊瑚等,主要是钙、镁、硅等盐类,但其机械性能都很优异。为什么人工合成的材料在目前还不能达到天然生物材料的这些性能?

12-5 羟基磷灰石是目前研究最多的生物陶瓷材料。从材料制备工艺的角度综述羟基磷灰石的制备工艺。

12-6 仿生智能材料同时具有感知和驱动的双重功能。试从材料的成分和结构出发分析这种无生命的材料为什么具有生物特性。

12-7 试阐述智能高分子纤维材料为什么对混凝土具有自修复功能。

12-8 如何使未来的材料朝着高性能、智能化、环境友好方向发展?

12-9 从材料的结构和成分的角度阐述智能窗玻璃的调温机理。

第13章

环境降解材料

所谓环境降解材料,一般指在适当和可表明期限的自然环境条件下,可被环境自然吸收、消化或分解,从而不产生固体废弃物的一类材料。一些天然成分的材料如木材、竹材,以及一些由天然纤维加工的纸制品,一些天然提取物如甲壳素、玉米蛋白等,是自然的环境降解材料。人工合成的环境降解材料,目前主要有两类,一类是仿生物材料中的无机仿生物材料,如生物降解磷酸盐陶瓷材料,另一类就是目前产量最大、用途最多的可降解塑料。本章主要介绍可降解塑料的应用现状及发展趋势,特别是其品种、类型,以及环境降解机理等。

13.1 概 述

13.1.1 可降解塑料的研究背景

塑料具有优异的特性,广泛应用于国民经济的各个领域。现全世界每年塑料产量已达 2.5 亿 t。按体积计算,其用量在 20 世纪 80 年代已超过金属材料。2010 年我国塑料制品产量为 5 830 万 t,消费量超过 5 600 万 t,呈快速上升趋势,其中用于包装的塑料薄膜以及农用地膜这类不易回收利用的塑料制品年产量已经超过 700 万 t,泡沫塑料年产量已超过 200 万 t,而上述制品的回收利用率不到 10%,大部分的塑料制品在 1~2 年内成为塑料废弃物。

塑料的产量和用量不断增加,在给我们的生产和生活带来诸多便利的同时,随之出现的问题是废弃塑料量也不断增加。通常所说的废塑料主要有三种:一种是聚乙烯,主要用来做农业上的塑料薄膜、购物袋;一种是聚丙烯,一般用做装水泥与化肥的编织袋、建筑防护用的安全棚、包装用的打包带等;还有一种是聚苯乙烯,主要用做泡沫减震塑料,快餐饭盒,包装填充物等。这三种成分占了废塑料的 70%~80%。废塑料在自然环境下很稳定,不易腐烂、降解,对环境的影响非常严重。截至目前,每年约有近 500 万 t 塑料废弃物作为垃圾废弃,构成了典型的"白色污染"。自 20 世纪 70 年代起,白色污染已成为全球环境的一大公害,到了非治理不可的地步。如废弃的快餐盒、包装袋、塑料瓶、农用薄膜、塑料填充材料等,在铁路沿线、野外以及城市垃圾中随地可见。不仅影响环境美观,而且危及土壤、禽畜及野生动物,污染水源。

为了减少白色污染,近年来各国都投入了大量的人力物力,探索塑料的回收再利用技术,以及研制可被大自然消化的生物降解塑料。目前的技术措施主要有少用塑料、废品回收、化学利用、焚烧、掩埋、发展可降解塑料等。少用塑料是最积极的一项措施,可减少资源消耗。回收利用主要指对某些塑料制品,如饮料瓶、物品转移箱等,采用循环再利用技术。化学利用指将塑料废弃物作为热能、化学原料和原材料进行回收利用,如生产汽油、柴油等。焚烧和掩埋指在野外深挖深埋,或利用专用设备焚烧处理等。但焚烧时产生的气体不仅污染大气,而且容易腐蚀设备。掩埋需占用大量土地,对我国这样人多地少的国家不实用,而且易造成土壤和地下水的污染。因此从环境保护和经济价值两方面考虑,研究和发展降解塑料是塑料发展的必然趋势。对一些一次性使用的塑料制品,如塑料包装袋、农用塑料薄膜等,采用生物降解塑料,是解决白色污染的有效途径。

13.1.2 可降解塑料的定义及发展历史

可降解塑料具体是指在塑料中加入一些促进其降解的助剂或者采用可再生的天然物质为原料,保证在使用和保存期内满足应用性能要求的前提下,使用后在特定条件下,在较短时间内其化学结构会发生明显变化发生降解的一类塑料。

1972 年,英国科学家 G. J. L. Griffin 申请了世界上第一个淀粉填充聚乙烯塑料的专利,开创了可降解塑料研究开发的先河。20 世纪 80 年代,可降解塑料的发展历经波折,到 90 年代进入稳定发展期。近年来,美国、欧盟、日本等发达国家非常重视可降解塑料产业,特别在原料来自可再生资源或产业废气(如二氧化碳等)的可降解塑料开发中投入了大量的人力物力,以加快其实用化与产业化进程。

我国的可降解塑料研究与应用始于 20 世纪 80 年代。进入 90 年代后,由于铁路沿线废弃的各种塑料垃圾给生态景观造成了严重破坏,铁道部于 1991 年开始了铁路沿线"白色污染"治理对策研究,并于 1995 年 5 月起全面禁止一次性发泡塑料餐具在铁路站车上的使用,用可降解和易回收的材料代替。这也标志着我国可降解塑料产业的研发方向逐渐转向淀粉添加型塑料,主要产品为聚烯烃或聚苯乙烯中添加或共混淀粉制品,这些被冠上"生物降解塑料"或"光/生物降解塑料"名称的淀粉添加型降解塑料的研发和生产开始进入高速发展期,并一直延续到今天。目前,主要科研和生产单位超过 50 家,挤出造粒生产线在百条以上,总能力超过 20 万 t/a。

13.2 可降解塑料的分类

出于环境保护的压力,世界各国对可降解塑料研究开发都给予相当重视,无论是品种还是数量,其发展速度都很快。例如,1996 年全世界生物降解塑料总产量为 6 万 t,到 1999 年全世界年产量已达 150 万 t。表 13-1 给出了一些可降解塑料的总结。由表可见,目前可降解塑料上市品种主要可分为光降解型和生物降解型。

表 13-1 一些可降解塑料

类型	种 类		商品名(生产商)	特 点
光降解型	乙烯-一氧化碳共聚物		ECO(道化学,杜邦,UCC,日本尤尼卡)	• 分解生成低分子 PE • 制品储存困难
	乙烯基甲酮与乙烯、苯乙烯共聚物		ECOLYTE(Eco 塑料)	• 须确定分解产物的安全性
	添加感光成分的塑料	过渡金属盐配合母料	POLYGRADE(Ampacet)	
		硬脂酸铁配合母料	BONACOL(Banacol)	
		过渡金属硫代氨基甲酸盐和紫外线吸收剂配合母料	PLASTIGON(Ideammastes)	
生物降解型	微生物合成高分子	3-羟基丁酸酯/3-羟基戊酸酯的共聚聚酯	BIOPOL(ICI)	• 高降解性 • 高成本 • 机械强度有限
		3-羟基丁酸酯/4-羟基丁酸酯的共聚聚酯	(东京工大资源化学所)	
	天然高分子及其衍生物	纤维素-脱乙酰壳多糖混合物		• 高降解性 • 通气性好 • 热固性
		纤维素或糖淀粉、木粉的酯化产物		
	合成高分子	聚己内酰胺(PCL)	(UCC)	• 熔点低(60℃) • 不能单独使用
		脂肪族聚酯-尼龙共聚物	(日本工业技术研究所)	• 通过共聚改性 • 成本较低
	淀粉共混物	淀粉与 PE 的共混物	POLYGRADE(Ampacet) ECOSTAR(圣劳伦斯淀粉公司)	• 低成本 • 机械强度低 • 不透明
	脂肪族聚酯共混物	PCL 与 PE 的共混物	(UCC)	• 低成本 • 分解速度慢

13.2.1 光降解塑料

光降解塑料是指在太阳光(主要是紫外光,波长 290～400nm)照射下,高分子链能够有序分解、发生老化的一类塑料。其发生光降解的原因在于其本身含有杂质(如含羰基物质)。光降解可分为合成型光降解和添加型光降解两种。

(1) 合成型光降解塑料。这种塑料是通过共聚反应在塑料的高分子主链上引入羰基等感光基团,赋予其光降解特性,可通过调节光敏基团的含量来控制光降解活性。现在已知的有乙烯-CO 共聚物、乙烯酮-乙烯共聚物等。以一氧化碳或乙烯酮类为光敏单体与烯烃类单体共聚,可合成含羰基结构的聚乙烯(PE)、聚丙烯(PP)、聚氯乙烯(PVC)等光降解聚合物。由于这类材料制造成本高,而且受到光照就会发生光降解反应,因此实用性受到限制。

(2) 添加型光降解塑料。是指在聚乙烯、聚苯乙烯等通用塑料中添加光敏性添加剂制成的光降解塑料制品。在紫外光作用下,光敏剂可离解成具有活性的自由基,进而引发聚合物分子链断裂使其降解。常用的光敏剂有过渡金属络合物、硬脂酸盐、N,N-二丁基二硫代氨基甲酸铁等,用量约为 1%～3%(质量比)。另外,可以根据添加剂本身的光催化氧化作用以及氧化还原作用来促进聚合物的光降解。这类材料可以调节加入组分的含量来控制聚合物的分解速率,是目前光降解材料的主要研究方向。

光降解塑料的生产技术在 20 世纪 80 年代已经成熟,合成的光降解聚合物主要是烯烃,主要是乙烯和一氧化碳的共聚物、或氯乙烯和一氧化碳共聚一类产品。例如,美国和加拿大合作开发的 Ecolyte 光降解高分子聚合物是丙烯、氯乙烯、苯乙烯和乙烯基酮的共聚物。不仅可以使塑料具有光降解性,并且可以调节乙烯基酮的含量来控制光降解的时间。目前光降解塑料的发展动向,主要是兼顾稳定性和可分解性,使产品具有最佳的综合性能。美国 DOW 化学公司、杜邦公司和联合碳化物公司等联合规模化生产了乙烯——氧化碳共聚物、乙烯-乙烯基酮共聚物等。加拿大 Guillet 用烯类单体与乙烯基酮共聚,生成了一系列的光降解聚烯类树脂(含羧基的 PE、PS、PP、PVC、PET 和 PA 等)。美国生物降解塑料公司在 PS 树脂中加入蒽醌生产出了名为 BIO-Degradable Concentrate 光降解塑料。日本积水化学公司在 PS 树脂中加入二苯甲酮光敏剂而得到名为 Eslen 的光降解塑料。我国福州塑料研究所、福建师范大学、中科院上海有机化学研究所、长春光机所等对光降解塑料也有广泛研究,并有批量生产。但光降解型塑料只适用于日照时间长、光照充足的地区使用,应用范围狭窄;另一方面,光降解塑料的主要成分是难以完全降解的聚烯烃类树脂,且一些光敏剂为重金属物质,很难达到环保要求。因此,从 20 世纪 90 年代开始,纯光降解塑料的产量逐年下降。

13.2.2 生物降解塑料

生物降解塑料是指具有满意的使用性能,且使用后能被自然界微生物或光最后完全分解成二氧化碳、水及其他低分子化合物而成为自然界中碳素循环的一个组成部分的一类高分子材料。生物降解塑料是相对普通塑料而言的。普通塑料使用废弃后,在自然条件下自动分解消失的速度很慢。而降解塑料使用废弃后,在自然条件下,通过光、生物的作用,短时期内就会分解成低分子物质而消失掉。严格地说,生物降解塑料是在特定的环境条件下,其化学结构发生显著变化并造成某些性能下降的塑料。

到目前为止,有关生物降解塑料的开发可按原料分为四大类,即掺混型、微生物合成型、化学合成型、天然高分子型,以下对几种类型作简要介绍。

1. 掺混型降解塑料

这种塑料是将两种或两种以上的高分子材料共混聚合而得,至少有一种组分为生物可降解,多采用淀粉、纤维素等天然高分子,其中又以淀粉居多。淀粉掺混型塑料基本属于淀粉塑料中的早期产品,最初,该类产品用 6%~20% 的淀粉和聚烯烃(如 PE、PP)的共混物制备,属淀粉填充型塑料,淀粉降解后留下不能再降解的多孔聚合物,且不能回收利用,其碎片对土壤造成更严重的污染,所以这类淀粉基塑料被称为"假降解塑料"或"崩解塑料"。之后开发的产品采用含量大于 50% 的淀粉和亲水性聚合物进行共混制备。淀粉和亲水性聚合物之间发生较强的物理和化学作用,并以连续相存在。这种材料显示了较好的生物降解性、可加工性、经济性、实用性,技术相对成熟,被称为"淀粉基质型生物降解塑料"。这是一类很有发展前途的产品,是 20 世纪 90 年代淀粉掺混型降解塑料研发的主攻方向。

淀粉掺混型可降解塑料的一个不足是其耐水性较差。改性方法是将原料制备成热塑性淀粉,再与少量的聚烯烃塑料共混,以改善其耐水性。另一种改性方法是把淀粉进行疏水化处理,即在天然淀粉的大分子上接枝疏水性基团以达到增强其耐水性的目的。例如,通过在天然淀粉中加入适当的增塑剂和可生物降解聚合物,在优化的工艺条件下,可制得一种完全生物降解塑料。其弹性模量达 2.5~3.0GPa,断裂伸长 25%~30%,抗冲击强度达 $20kJ/m^2$。另外,用天然淀粉作原料,用无毒、价格较低的甲基氧化吗啉(NOMO)作溶剂,可制备出完全生物降解型纤维素薄膜,其性能与合成的聚丙烯材料薄膜相当,而且避免了传统工艺使用毒性溶剂 CS_2 对环境造成的污染。

不过,淀粉填充型塑料混入的塑料不具备降解性,其降解主要依靠淀粉组分的分解,并非真正意义上的降解塑料,且用过的塑料难以回收,并未彻底解决"白色污染"问题。

2. 微生物合成型降解塑料

这类可降解塑料是以微生物为碳源,通过微生物的发酵而得到的生物降解材料,以聚羟基脂肪酸酯(PHA)类居多,其中最常见的有聚 3-羟基丁酸酯(PHB)、聚羟基戊酸酯(PHV)及 PHB 和 PHV 的共聚物(PHBV)。例如,运用遗传工程把白杨木的叶子干燥、磨碎成细粉末,然后萃取出叶绿体,就可从白杨木的叶绿体中得到聚羟基丁酸酯(PHB)的母粒料,从而获得 PHB 降解塑料。英国利用原核生物和真菌的细胞在分子水平上合成 PHB 并已获美国专利。美国一公司已研制出利用 PHB/聚羟基戊酸酯共聚物的转基因植物生产可生物降解塑料 PHB,商品名为"Biopol",这类产品的性质与聚乙烯塑料很相似,具有较高的生物分解性,且热塑性好,易成型加工。聚羟基丁酸酯类得生物降解塑料产品已在欧美及日本等国出售。不过,这类材料耐热和机械强度等性能上还存在问题,而且成本太高,尚未获得广泛应用,现正在尝试改用多种碳源以降低成本。

3. 化学合成型降解塑料

这类塑料是利用化学方法合成的具有类似于天然高分子结构的物质或含有易生物降解官能团的聚合物,大多为在分子结构中引入能被微生物降解的含酯基结构的脂肪族聚酯。人工合成生物降解高分子塑料品种有许多,如聚乙烯醇、丙烯酸共聚物、聚酯、聚醚、聚氨基甲酸酯、聚酰胺、聚乳酸、聚己内酯、聚环氧乙烷共混物等。由于这些化合物的主链结构含有 R_1COOR_2、R_1OR_2、R_1CONHR_2 等结构单元,使得它们普遍具有环境降解性。另外,利用化学合成制造生物降解高分子材料,合成具有类似于天然高分子结构的物质或含有容易生物降解的官能团的聚合物,较微生物合成具有更大的灵活性,容易控制产品质量和要求。其设计思想是选择一些易生物降解的化学结构单体,如带酯键或酰胺键的化合物,来制备生物降解塑料。或采用相对分子质量约 600 以下的齐聚物,插入易生物降解的高分子链中,这样既可达到生物分解的要求,又能满足某些性能上的需要。

聚乙烯醇是一种生产可降解塑料的原料,通常可作为药物胶囊的胶粘剂和外壳材料。但是它无法做成颗粒,而世界上 60%的塑料是以颗粒为中间体生产出来的。英国环境聚合物集团公司利用传统的加工设备,把聚乙烯醇、水、甘油和少量氧化硅混在一起,做成"预混物"。这种物质呈片状,然后再把这种物质熔化成颗粒状。开发出可生物降解包装袋材料。经使用后,这种材料能够生物降解并且能够在合适的环境下溶于水。溶解后产生的物质将作为微生物的食物和废液中酶的处理原料。从而把聚乙烯醇变成二氧化碳、水和生物质。

采用羟基酸合成酰胺二元醇,再与长链脂肪族二无酸直接酯化,制备出可生物降解的端羧基聚酯。再将其与酰胺化试剂在反应型双螺杆挤出机中直接反应、挤出,可制备出生物降解聚酯酰胺及其共聚物。该工艺技术具有连续化、制品质量稳定的特点。用这些生物降解聚酯酰胺及共聚物制备的一次性餐具、生物降解薄膜、纤维和各种色母料,其力学性能、生物降解性、毒性等都符合应用要求,达到或超过国外同类产品的技术水平。而且,原材料全部立足国内,合成制备工艺合理,合成制备过程无污染,具有较高的性能价格比。另外,这些可生物降解聚酯酰胺及其共聚物,可广泛应用于一次性生物医学材料制品、可生物降解包装材料、可生物降解纤维及缓释药物制剂等。

聚乳酸(PLA)是目前这类材料中应用最广的一种利用玉米等有机酸乳酸为原料生产的新型聚酯材料。事实上,一切含淀粉的农产品甚至普通食物都是聚乳酸的可用原料。这样,聚乳酸摆脱了石油化纤原料的威胁,与当今的通用塑料相比显示了极大的优势,如美国杜邦包装材料公司最近开发出一系列生物可降解的聚乳酸包装材料。另外,二氧化碳与环氧丙烷共聚物类的脂肪族聚碳酸酯也是目前二氧化碳合成高分子材料领域的一大亮点。这类材料不仅具有生物降解性能,解决了当前塑料制品难以降解而导致的白色污染问题,也减少了二氧化碳排放。

4. 天然高分子塑料

天然高分子塑料指利用可以生物降解的天然原料制成的塑料,原料包括植物型(淀粉、纤维素、半纤维素、木质素、多糖类及碳氢化合物等)和动物型(甲壳素、壳聚糖、明胶等)两大类。这类天然高分子化合物在自然界中资源丰富,自然生长,自然分解,分解产物无毒无害,正日益受到重视。例如,日本研究开发公司采用甲壳素、海藻酸钠和纤维素等为原料,再掺混一些淀粉,制备出性能很好的生物降解塑料薄膜。在干、湿环境下的强度都较高,可用于农业上的装种子的盒子和苗籽袋。由于甲壳素和纤维素之间加入了淀粉填充,薄膜的吸水性、光滑度、延展性都得到了改善。日本昭和高分子公司开发的改性氨基蛋白质热固性塑料,是由氨基酸链段和蛋白质链段组成的嵌段共聚物,可被土壤或水中的微生物降解。在火山灰土壤中进行的生物降解实验证明,在 6 个月后试样的重量减少 40% 以上,8 个月后减少 50% 以上,其降解速度是木材的 2 倍。另外,从造纸废液中提取木质素与淀粉进行复配,可加工出填充型聚乙烯的环境降解塑料。用海藻酸钠填充聚乙烯也可制备环境降解塑料。

目前,国内外研究最多的还是由淀粉和纤维素作为原料生产的环境降解高分子材料。早期的第一、二代淀粉塑料还属于掺混型降解塑料,作为填充剂的淀粉可以是原淀粉、化学改性淀粉或物理改性淀粉,也可以是与单体反应的共聚物。能与淀粉共混的合成树脂有高密度聚乙烯(HDPE)、低密度聚乙烯(LDPE)、线性低密度聚乙烯(LLDPE)、聚丙烯(PP)、聚乙烯醇(PVA)、聚氯乙烯(PVC)、聚苯乙烯(PS)、聚对苯二甲酸乙二醇酯(PET)、聚酯(Polyester)等。其中低密度聚乙烯、线性低密度聚乙烯、聚乙烯醇添加淀粉的降解塑料为主导产品。例如,加拿大一公司推出一种商品名为 Ecostar 的可降解塑料母粒料,就是将淀粉用硅烷偶联剂进行处理后与聚乙烯共混,其中淀粉的含量可达40%～60%。

第三代产品则是将淀粉热塑性淀粉、天然淀粉、直链淀粉或高直链淀粉在不添加聚合物,高温、高压和高湿的条件下挤塑或注塑得到的全生物降解型塑性材料,这种塑料的力学性能相当好。作为一种具有完全生物降解能力的材料,全淀粉热塑性塑料可以替代普通塑料在许多场合使用,例如农用及园艺用的农用地膜,餐饮业一次性杯、盘、刀叉、食品托盘及超市净菜盘,日常物品的包装材料,尿布、洗衣袋、一次性内衣、拖鞋等生活用品。土木建设用材是降解塑料应用的一个新领域,主要是荒地、沙漠绿化保水基材,工业用保水板,植被网,土木构件型框等。除此之外,全淀粉热塑性塑料还可用在一些高附加值产品上,如高尔夫娱乐用材、钓具、船上运动用制品等各种野外休闲制品用材,玩具、文具等。

热塑性淀粉的制备工艺多采用挤出、注射和模压等,并通过改变加工方法、增塑剂种类等手段改善热塑性淀粉的性能。使用的增塑剂一般为水、甘油等,由于热塑性淀粉具有机械性能差、吸水性强等缺点,研究者开始考虑用纤维作为强化剂,添加到热塑性淀粉基体中,改善材料的性能。天然纤维与淀粉同为多糖分子结构,将纤维与热塑性淀粉共混,能得到较好的强化效果。表13-2是淀粉塑料和聚乙烯塑料的力学性能比较。可见淀粉塑料的弹性模量、剪切模量和延伸率等性能指标都介于低密度聚乙烯(LDPE)和高密度聚乙烯(HDPE)之间,表明淀粉塑料的性能可与聚乙烯塑料性能相媲美。

表13-2 淀粉塑料和聚乙烯塑料的力学性能比较

性能指标	淀粉塑料	LDPE	HDPE
弹性模量/MPa	100～800	100～280	420～1 200
剪切模量/MPa	10～25	5～16	22～38
延伸率/%	20～300	90～100	20～130

加拿大圣劳伦斯(St. Lawrence)淀粉公司研究生产了一种改性淀粉Ecostar母料,可与聚乙烯、聚乙烯醇、聚丙烯、聚苯乙烯和聚氨酯等共混制成生物降解塑料,而且可以通过调节母料成分来控制降解时间。美国农业部开发的淀粉基生物降解塑料是将含水40%～60%的胶化淀粉加到乙烯-丙烯酸共混物中,混合而制成农用地膜。意大利一公司开发了一种热塑性淀粉,由玉米淀粉和石油为基础原料制成,含淀粉为70%,是一种亲水性的、分子质量较低的高分子聚合物。可以用通常的塑料加工方法进行加工,性能与聚乙烯相近,主要用于制造塑料薄膜和包装塑料袋。有关淀粉在生物降解塑料中的应用介绍见图13-1。

全淀粉塑料是生物降解塑料中成本最低且加工设备简单、降解性能优良的材料,因而备受青睐。目前全降解塑料的价格较传统塑料高出3～8倍,但随着研究的深入,全淀粉塑料与一般塑料的价格持平是很有可能的。

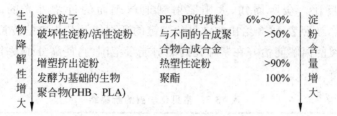

图 13-1　淀粉在生物降解塑料中的应用介绍

13.2.3　光-生物共降解塑料

　　光-生物共降解塑料是近年来在可降解塑料应用领域中发展较快的一类产品。光-生物共降解的方法不仅克服了无光或光照不足的不易降解和降解不彻底的缺陷，还克服了生物降解塑料加工复杂、成本太高、不易推广的弊端。已初步获得成功的品种有加拿大圣劳伦斯淀粉公司与瑞士 Roxxo 公司合作开发的一种有机金属化合物复合母料。这种母料具有光降解和生物降解双重特性，其降解速度为 Ecostar 母料的 5 倍，在北美已有商品试用。中国目前研究的光-生物共降解塑料已用于生产可降解农用地膜，性能可基本满足各方面的要求。目前光-生物共降解塑料存在的主要问题是光与生物降解两者的有机结合尚不够理想，有待于进一步改进。

13.3　材料的环境降解机理

　　高分子聚合物的降解主要是由高分子中化学键断裂所引起的反应过程。所谓降解指高分子聚合物材料在热、机械、光、辐射、生物及化学作用下，分子中化学键断裂，并由此引发的一系列材料老化、性能劣化的过程。该过程包括多种物理的和化学的协同作用。根据其降解机理大致可将材料的环境降解分为光降解过程和生物降解过程以及光-生物共降解过程等。

13.3.1　光降解机理

　　光降解是指高分子材料在日光照射下发生劣化分解反应，在一段时间内失去机械强度，其实质是在紫外线照射下的一种快速光老化反应过程。光降解塑料就是一种能在日光条件下快速光老化的塑料。其主要反应是塑料吸收太阳光中的紫外线，达到高分子链键断裂的过程。由于受光照时间、天气、地域的限制，光降解塑料属于一类不完全降解型的高分子材料，其降解速度不易控制。

　　由式 $E=NhC/\lambda$，知高分子材料在光辐照条件下发生分解反应所需的能量与其吸收波长成反比。众所周知，太阳照射到地球表面的近紫外光的波长在 280～400nm 之间。参照表 13-3 给出的常见化学键的断裂能及其相应的波长范围可见，许多化学键断裂的离解能恰好在紫外光的照射能量范围内，使高分子发生断键反应，从而产生光降解。

表 13-3　常见化学键的断裂能

键	断裂能/(kJ/mol)	相应波长/nm	键	断裂能/(kJ/mol)	相应波长/nm
—C=O	728.5	164.2	—C=C—	837.4	142.9
—C—OH	460.5	259.8	—C—C—	519.2	230.4
—C—O—	364.3	328.4	—C—N	222.0	538.9
—O—O—	268.1	446.2	—C—H	410.3	291.6

常用的塑料，如聚乙烯等受光的照射不能发生分解。这是因为照射到地球表面的波长为 300～400nm 的近紫外光的光能比共价键的离解能小得多。要使聚乙烯发生降解，可在聚乙烯基材中添加光敏剂，由光敏剂吸收光能后产生自由基，然后促使其发生氧化反应而降解。

但如某种塑料含有醛、酮等羰基以及双键，就能吸收光能，进而引起降解。例如，聚酮分子链中含有大量的羰基，能够发生和小分子酮类相似的光化学反应。聚酮的最大吸收波长范围在 280～290nm，太阳光中恰好存在该波长范围的紫外线。室内因玻璃门窗的吸收，该波长的紫外线大为减少，所以聚酮类高分子材料在室外容易发生光降解，而在室内比较稳定。各种聚酮发生光降解反应都是因为分子中的羰基在紫外线作用下发生断键反应，从而生产一些小分子化合物。

制备光降解塑料的方法通常有两种：一种是在塑料中添加光敏剂；另一种是采用含羰基的光敏单体与常规的结构单体共聚，用光敏单体的加入量控制聚合物的降解时间。在高分子材料中添加光敏剂，是将适当的光敏感基团，如—CO—基团引入高分子结构中，而赋予高分子材料光降解的特性。常用的光敏剂有二烷基二硫代氨基甲酸铁(FeDRC)、胺烷基二茂铁衍生物等。相对而言，光敏单体的制备方法有广泛的适用性。例如，以一氧化碳或乙烯基酮为光敏单体，与烯烃单体共聚可合成含羰基结构的聚乙烯、聚丙烯、聚氯乙烯、聚对苯二甲酸乙二醇酯、聚苯乙烯等光降解聚合物。

目前光降解塑料制备技术较为成熟，在国外已广泛用于农用地膜、垃圾袋、快餐容器、饮料罐拉环以及包装塑料制品等一次性用品中。光敏单体用在地膜中的添加量为 0.1%～2%。

光降解塑料只有在日光的作用下才可能降解，而且能降解为小分子化合物进入生态循环的塑料只是极小部分，绝大部分塑料只是逐步崩解变为碎片或者粉末。而且，塑料废弃物部分埋在土壤中或整个作为垃圾填埋在地下时，缺光或缺氧、缺水，使光降解塑料在许多情况下降解不完全。即使在光辐照条件下发生分解反应,也受地理,气候影响较大,降解速度难控制。因此人们将注意力逐渐转向其他降解塑料,特别是微生物降解塑料产品的开发上。

13.3.2 生物降解机理

生物降解是通过微生物的反应作用将高分子塑料分解成水、二氧化碳及其他低分子化合物。在这个意义上,可将通过光降解反应而发生分解反应的塑料称为光降解塑料,而将通过自然界存在的细菌、真菌和藻类等微生物作用而自然降解的塑料定义为生物降解塑料。由于依赖微生物的反应分解,与光降解塑料类似,是一类降解速度不可控制的高分子材料。但与光降解塑料不同的是,生物降解塑料既有不完全降解型的品种,也有完全降解型的品种。对完全生物降解型塑料,在22℃下两年即可完全分解。

生物降解塑料的降解机理主要是通过各种细菌及酶将高分子材料分解成二氧化碳、水、蜂巢状的多孔材料和低分子的盐类,可被植物用于光合作用,不会对环境造成污染。生物降解塑料的降解过程一般分为两步。第一步是填充在其中的淀粉被真菌、细菌等微生物侵袭,渐渐消失,在聚合物中形成多孔破坏结构,增大了聚合物的表面积。第二步是剩下的高分子聚合物在细菌和酶的作用下进一步发生各种分解反应,使分子链断裂成低分子量碎片,达到被微生物代谢的程度。一种塑料是否具有生物降解性取决于塑料分子链的大小和结构、微生物的种类和各种环境因素(如温度、pH、湿度)及营养物的可作用性等。实际上,生物降解不只是微生物的作用,而是多种生物参加的综合过程。

例如,聚 L-乳酸在土壤掩埋条件下易被微生物降解,其过程可划分为两个阶段。首先是微生物的分解酶吸附在聚 L-乳酸表面上,在酶的作用下,聚 L-乳酸的酯链发生水解、断链反应。相对分子质量从数十万降到数万以下,导致聚乳酸的强度降低、崩碎、表面积增大。表面积的增大又促进了水解反应,使之进一步降解,转变成相对分子质量低的乳酸,完成一次降解。其次是水解生成的乳酸,在土壤中微生物的代谢作用下,最终转变成二氧化碳和水。图 13-2 是聚 L-乳酸在自然界的循环过程示意图。

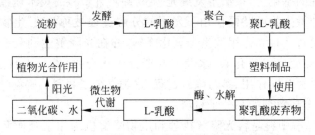

图 13-2 聚 L-乳酸在自然界的循环过程示意图

虽然生物降解塑料作为塑料技术的一大飞跃风靡了整个世界,但许多专家、环保组织和科研部门对这类塑料的降解仍有一些疑问,认为这种所谓的生物降解性只不过是一种"错觉"。从理论上计算,这类塑料在阳光或微生物作用下,大部分仍能残留一个相当长的时期,即使埋在土壤中也很难降解。例如,商用聚乙烯包装膜虽经淀粉填充改性,但发现仅是混入的淀粉发生了降解,留下一个空洞环状结构,而高分子质量的聚乙烯并没有发生降解。只是降低了其物理机械性能,大多形成了碎片或粉末,根本没办法再回收了。而且,长期掩埋后,在土壤中被微生物吸收的情况不明了,反而将污染由可见变为不可见,对生态环境带来更大的潜在危害。鉴于此,发展完全型光-生物共降解塑料,使塑料在光和微生物的共同作用下发生完全型降解,可保证降解效果,对整个生物圈将会有更积极的意义。

根据降解机理和破坏形式,可将生物降解高分子塑料分为完全生物降解型塑料和生物破坏性型塑料两种。完全生物降解型塑料是指通过环境作用,可将这类高分子材料完全分解成水、二氧化碳及其他低分子化合物。这种类型的生物降解塑料是针对高分子化学结构的特征而言的。在自然界中有许多酯类高分子聚合物具有良好的生物分解性,由自然界中微生物所产生的酶将这些聚合物解聚水解,再由微生物对这些断链碎片加以分解吸收。

生物破坏型降解塑料是对材料成分和类别而言的。在这类材料的制备过程中,添加一些天然高分子的成分,得到含天然高分子的复合材料。将使用后的这种含天然高分子的材料置于微生物环境中,依靠微生物对其中的天然成分进行分解、破坏,从而使这类材料具有生物降解性能。

13.3.3 光-生物共降解机理

一般来说,以聚烯烃类高分子与淀粉共混物等原料制备的光降解或生物降解塑料,很少能实现百分之百的完全降解。使用这类可降解塑料往往会形成二次白色污染。尤其是用作农膜,会导致土质劣化。因此,美国国会1987年就曾通过一项法律,禁止生产和使用部分降解型高分子塑料。但治理白色污染,又必须解决塑料垃圾问题。因此,发展完全降解型塑料成为解决白色污染的出路之一。专家在分析光降解和生物降解机理的基础上,提出了发展光-生物共降解塑料的技术途径。

塑料在光和微生物的共同作用下发生的分解过程被称为光-生物共降解。其过程是塑料先通过自然日光作用发生光氧化降解,并在光降解达到衰变期后可继续被微生物降解,最终变成二氧化碳、水及一些低分子化合物,参与大自然的循环过程。由于由光和微生物共同作用、参与降解过程,这类高分子材料的降解速度是可以控制的,也是一类完全降解型的高分子材料。

光-生物双降解塑料是将光降解机理和生物降解机理相结合而开发的另一类新的降解塑料。它具有光、生物降解双重性,在光降解的同时也可以进行生物降解。这种方法不仅克服了无光或光照不足的不易光降解和降解不彻底的缺陷,还克服了生物降解塑料加工复杂、成本太高、不易推广的弊端,因而是近年来应用领域中发展较快的一类可降解塑料。

光-生物共降解塑料大多是聚烯烃类塑料,在其成分中添加适量的光敏剂、生物降解剂、促进氧化剂和降解控制剂,包括稳定型、促进型控制剂和生物降解增敏剂等。这类降解塑料可分为两大类,一类为淀粉添加型光-生物降解塑料,另一类采用金属螯合物作光敏剂,其光降解产物最终能被微生物降解。光-生物降解塑料实际上是光降解塑料的改进型,其应用领域与光降解塑料大体相同。

13.4 生物降解材料的应用趋势及发展前景

光降解塑料的应用,在美国主要用于制备光降解农用塑料、光降解垃圾袋、塑料包装袋、一次性购物袋以及光降解提拉环等。在西欧,光降解塑料主要用于生产光降解型垃圾袋、一次性购物袋、光降解型农用薄膜以及光降解型工业包装材料等。生物降解塑料在美国,目前主要用于生产生物分解性垃圾袋、购物袋以及一些生物降解农用薄膜等。在西欧,可降解塑料主要用于生物降解洗发液瓶、生物降解垃圾袋以及一些一次性商品购物包装袋等。可降解塑料作为一类新型的环境友好型材料,可以用来解决废弃塑料的处理和环境问题,总结起来其用途主要有以下几个方面。

(1) 在工农业生产中,可用于制造农用薄膜,建筑薄膜,林业木材的包装材料,土壤、沙漠绿化保水材料,纸张薄膜或代纸用品,农药、化肥包装袋,渔具、渔网等水产用材,药物释放缓释性材料等。例如用聚乙烯等作为基础原料,添加含有光敏剂、光氧稳定剂等组成的光降解类塑料,或与含氮、磷等多种化学物质混合作为生物降解体系的浓缩母料,经挤出、吹塑,可制成厚度为 0.005mm 可控降解农用地膜。

(2) 在日常生活中,可降解塑料可用于制作食品包装袋、包装箱、日化包装瓶、饮料瓶、一次性圆珠笔、垃圾袋、野外旅行用品、休闲用品等。例如,用聚乙烯醇类原料可生产用于有机溶剂瓶、沙拉油瓶等罐装瓶等。

(3) 在医学上,可降解塑料作为医用材料,可用于生产手术缝合线、外用脱脂棉、绷带、骨科用固定材料、生理卫生用品、药品缓释控制材料等。

扩大可降解材料在生物医学及组织工程方面的应用,可考虑大量采用天然可降解高分子材料。天然可降解性高分子材料主要有胶原、明胶、甲壳糖、毛发、海藻酸、血管、血清纤维蛋白、聚氨基酸等,目前应用较多的有胶原、血清纤维蛋白等。这类材料最大的优点是降解产物易于被生物体吸收而不产生炎症反应。但存在力学性能差,尤其是力学强度与降解性能间存在反对应关系,即高强度源于高分子质量,导致降解速度慢,难以满足生物组织构建的速度要求。

合成可降解性高分子材料是目前组织工程用生物材料的主要研究对象,其中以聚交酯系列材料为主,如聚乳酸、聚乙醇酸及其共聚物,还有聚环氧丙烯、聚原酸酯等。这类材料降解速度和强度可调,容易塑型和构建高孔隙度三维支架,因此在组织工程发展的初级阶段得到了发展。但这类材料本质缺陷在于其降解产物容易产生炎症反应,降解单体集中释放,会使培养环境酸度过高。另外,这类材料对细胞亲和力弱,往往需要用物理方法或加入某些因子才能粘附细胞。

对环境降解材料的研究,除高分子材料外,可降解无机磷酸盐陶瓷材料也在生物医学方面获得了广泛的应用。目前,应用于组织工程较多的有羟基磷灰石、β-磷酸三钙和珊瑚等可降解生物活性陶瓷和玻璃等无机材料。这些材料抗压强度高,与细胞亲和力好,降解产物可形成有利于细胞增殖的微碱性环境。但存在加工困难、形成的支架孔隙率低等缺点,因此作为组织工程支架材料还存在一些难于克服的问题。

针对这些材料的缺点,通过复合的方法取长补短,是现阶段生物医学和组织工程支架材料研究地重点。例如,将有机成分聚乳酸与无机成分羟基磷灰石或β-磷酸三钙进行复合,该材料无论在强度、降解性、多孔度、可加工性等方面结合了两类材料的优点。尤其是以叠层复合方法可望完全保留两种材料的优点,并可能产生酸碱中和作用,以减轻合成高分子材料的降解酸性单体产生的炎症反应。值得注意的是这两类材料的生物降解机理完全不同,如聚乳酸为链段降解,最终形成大量的乳酸单体。而羟基磷灰石则是溶蚀式降解,产物在降解过程中被吸收。但这类复合材料在本质上没有消除在降解的后期大量出现酸性单体这一弊端。因此,作为理想的组织工程支架材料,这类复合材料还需要进一步改性。

综合考虑,天然可降解高分子材料是组织工程支架材料的发展方向。其原因是天然可降解性生物材料本身来自于生物体,其细胞亲和性和组织亲和性得到保证。同时最终降解产物为多糖或氨基酸,容易吸收而不产生炎症反应。而且,通过酶降解可解决降解速度匹配问题。如甲壳糖难于降解,可通过酶解达到提高降解速度的目的。另外,需要开发新的工艺技术解决材料在高孔度下的成型问题。如甲壳糖在液氮或干冰下冷冻干燥得到多孔球体,可制得高孔隙率的支架材料。显然,一旦完成了天然可降解高分子材料作为组织工程支架材料的制备、性能匹配等工作,这些天然高分子材料在组织工程中的应用将大大优于合成高分子材料或无机材料。

可降解塑料目前还处于发展之中,目前,可降解塑料的开发和应用还存在以下一些主要问题。

(1) 成本过高。目前技术较为成熟的生物降解材料价格远高于通用塑料。我国铁路上推广使用的降解塑料盒,其重量比聚苯乙烯发泡盒要重1~2倍,价格要贵50%~80%。完全生物降解塑料的价格更高,较传统的聚乙烯膜贵2.4~4.2倍。国外虽然已有多家公司建成工业化生产装置,但产品进入市场仍有困难。因此如何进一步降低生物降解塑料的成本是要尽快解决的一个难题。

(2) 技术尚不成熟。近年来，降解塑料的研究开发虽然取得了不小的进展，但多数降解塑料在降解性、物理性能、加工性能等方面还存在不少问题。光降解塑料的降解作用受地理、气候、环境制约很大，很难精确控制降解时间。化学合成型生物降解塑料要达到完全降解，必须严格控制共聚合反应，因此研究共聚合反应的控制手段，探明物理化学性质和生物降解性的关系非常必要。由微生物方法生产的生物降解塑料还存在耐热性和机械强度等问题，目前正在通过菌株育种改良、培养方法改良及聚合物生产菌的探索等途径改进。天然高分子型和掺混型生物降解塑料目前还有许多技术问题有待深入研究，其中淀粉填充型因存在降解不完全的问题已被淘汰。光-生物降解塑料是目前重要的研究开发方向之一，但是对降解的可控性特别是降解的彻底性和降解产物的环境安全性问题，还有待于深入研究。

(3) 降解塑料的标准及试验评价方法不统一。对于降解塑料，世界上尚没有统一的定义、试验评价方法、识别标志和产品检测技术，致使缺乏正确统一的认识和确切的评价，产品市场比较混乱，真假难辨。

虽然面临着这些问题，与传统塑料相比，可降解塑料具有两点决定性的优势。一是环保能力，随着"白色污染"的日益严重，它们的这一优势也会日益明显；二是节约不可再生资源，目前90%的塑料都由不可再生能源（天然气、石脑油、原油和煤等）生产或衍生而来，这些资源目前都在加速消耗，终有耗尽之时。可降解塑料的出现，不仅扩大了塑料的功能，缓解了人类和环境的关系，而且从合成技术上展示了生物技术的威力和前景，将是21世纪高分子新材料发展的重要领域。

从我国实际情况看，面临着比西方发达国家更为艰巨的"白色污染"治理任务，我国更应大力发展可降解材料。要想推广使用可降解塑料，除了政策的大力推动，必须提高可降解塑料的性能，降低其成本。从对各种降解塑料综合性能的分析来看，完全生物降解塑料，特别是辅以丰富廉价的天然高分子材料的共混型完全生物降解塑料将成为研究开发的热点，具有良好的发展前景。光-生物共降解塑料由于具有双重降解功能，对于解决环境污染问题有较佳的适应性，故也可能成为未来的主要发展方向。

总之，关于可降解塑料的发展趋势，主要有以下几点可以参考：

(1) 用可降解塑料代替一次性使用又不易回收的塑料制品是一种必然趋势；

(2) 完全生物降解塑料和光-生物双降解塑料性能优良，是降解塑料的发展方向；

(3) 寻找新原料，开发新技术，降低成本是可降解塑料普及使用的动力；

(4) 各国应从环保的角度，制定法规推广使用性能优良的可降解塑料及其制品。

阅读及参考文献

13-1　王天民. 生态环境材料. 天津：天津大学出版社, 2000

13-2　翁端, 余晓军. 环境材料研究的一些进展. 材料导报, 2000, 14(11)：19～22

13-3　中蓝晨光化工研究院有限公司. 2009—2010年世界塑料工业进展. 塑料工业, 2011, 39(3)：1～35

13-4　王金永, 赵有斌, 林亚玲, 裴斐. 淀粉基可降解塑料的研究进展. 塑料工业, 2011, 39(5)：13～18

13-5　张欣涛, 何芃. 可降解塑料的研究进展及其评价标准现状分析. 质量技术监督研究, 2009(2)：9～12

13-6　钮金芬, 姚秉华, 闫烨. 生物降解塑料聚乳酸研究进展. 工程塑料应用. 2010, 38(4), 89～92

13-7　罗学刚. 国内外可食性包装膜的研究进展. 科技导报, 2000, (3)：61～62

13-8　易昌凤, 徐祖顺, 程时远, 等. 生物可降解高分子材料. 功能材料(增刊), 2000, 31：23～24

13-9　古平. 降解塑料及其应用. 齐鲁石油化工, 1999, 27(2)：135～138

13-10　张元琴, 黄勇. 国内外降解塑料的研究进展. 化学世界, 1999, (1)：3～8

13-11　蔡强, 朱志忠. 化工新材料应成为我国化学工业21世纪新的经济增长点. 化工新型材料, 1999, 28(1)：9～11

13-12　张元琴, 黄勇. 以纤维素材料为基质的生物降解材料的研究进展. 高分子材料科学与工程, 1999, 15(5)：25～29

13-13　黄加瑞. 可替代一次性发泡塑料餐具理想产品的探索与发展. 中国包装, 2000, 20(1)：43～45

13-14　牟发章. 可降解环保塑料问世. 塑料, 2000, 29(1)：52

13-15　http://www.chimeb.edu.cn

13-16　http://www.mat-info.com.cn

思　考　题

13-1　什么叫环境降解材料？怎样定义环境降解材料？

13-2　从环境性和经济性的角度分析解决白色污染的技术途经。

13-3　从材料发展和环境保护的角度分析人类为什么要开发环境降解材料。

13-4　试从材料循环的角度分析降解塑料与非降解塑料对环境的影响。

13-5　到目前为止可降解塑料有哪几大类？

13-6　试分析光降解塑料与生物降解塑料的各自特点。

13-7　从聚乳酸在自然界的循环过程分析人类未来材料的发展方向。

13-8　从材料的再循环使用的角度分析可降解塑料的应用趋势。

13-9　从应用塑料的角度分析可降解塑料能否彻底解决白色污染问题。

第14章

绿色包装材料

包装技术及材料是市场关注的产品、价格、区域、包装以及发展等五个要素中的一个。所有商品都离不开包装。在市场经济中,包装材料的选取,包装技术的设计是直接与企业的利润联系在一起的。包装对产品的销售有直接的影响。商品包装的重要性日益显著,得到各行业越来越多的重视。本章主要介绍包装对材料的需求和消耗,产品包装对环境污染带来的影响,有关绿色包装材料的设计和加工技术要求,以及绿色包装材料的开发和应用现状等。

14.1 概 述

2010年年底在海南博鳌召开的中国包装联合会成立30周年纪念大会传出信息,我国包装工业年总产值已突破10 000亿元大关,成为仅次于美国的世界第二包装大国,包装工业成为国民经济40个主要工业门类排行第14位的支柱产业。包装材料的人均年消耗量可达近40kg。食品包装又是其中用量最大,范围最广,也是最难回收的一类。目前在我国,仅易拉罐每年就要消耗80亿个,快餐盒的使用量也在120亿个以上。随着中国经济高速发展以及人民生活质量的提高,对微波食品、休闲食品及冷冻食品等方便食品的需求量将不断增加,这更将直接带动相关食品包装的需求。

包装材料是指用于制造包装容器、包装装潢、包装印刷、包装运输等满足产品包装要求所使用的材料,它即包括金属、塑料、玻璃、陶瓷、纸、竹本、野生蘑类、天然纤维、化学纤维、复合材料等主要包装材料,又包括涂料、粘合剂、捆扎带、装潢、印刷材料等辅助材料。由于商品包装其特殊的用途,使得包装材料通常具有一次性使用、周期短等特点,在材料性能方面有保护性、加工性、商品性、适用性、卫生性以及经济性等要求。

保护性是包装材料最重要的指标,指包装材料的力学强度、透气性、稳定性等方面的性能要达到一定要求。如包装材料制品要有一定的拉伸强度、破裂强度、拉裂强度、耐折强度、耐磨性能等。稳定性是指包装材料的耐光性、耐药品性、耐有机溶剂性、耐油脂性、耐热性、耐寒性。在光、热、寒、油脂及其他溶剂等作用下不会发生化学变化，影响产品的品质。易加工性是指加工强度、封口性、不粘连性、与粘合剂的适用性、不卷曲等，能够满足包装过程中的产品形状适应性和机械性能的要求。商品性主要指包装材料的光泽、平滑度、染色性等。特别是易印刷和染色性，以便用户可以对该产品的质量、品种、甚至商业性广告进行标识。适用性包括开封方便、携带方便等。卫生性要求包装材料，特别是用于食品包装和医药包装，具有无毒、无味、无臭，热稳定性等性能，且符合食品药物管理的规定要求。经济性则是指包装材料是一次性使用，要求材料一定要经济适用，成本低廉。此外，不同的商品特点还对包装有些特殊的要求，例如新鲜食品、干燥包等产品的包装还要求包装材料具有一定的透气性，诸如此类。

14.2 包装材料的分类

如果按包装材料的材质分，常见的包装材料可以认为包括纸、塑料、金属、玻璃陶瓷、木材和其他材料等几大类。以下作一简要介绍。

1. 金属

金属材料及容器的最大特点是有较高的机械强度、牢固、耐压、不碎、可延展、可咬合、可焊接、可粘接、具有优良的阻湿性和气密性。因此，金属材料在包装材料中占有相当重要的地位。化工产品、罐头以及一些液体、糊状、粉状或高级食品、贵重器材等商品多用这类材料包装。

金属包装材料包括钢铁等黑色金属和铝、铜、锡、铅等有色金属。近年来我国马口铁总产量超过230万t，几乎全部作为金属包装材料而消耗。当前包装用铝约占铝材总产量的10%，其中45%为铝箔用于药品及轻工产品包装。

2. 玻璃

玻璃是很常用的作为容器的包装材料之一。玻璃包装容器有以下优点：
(1) 化学稳定性好；
(2) 阻隔性、卫生性与保存性好；
(3) 一般不会变形；
(4) 容易用盖密封，开封后仍可再度紧封；
(5) 易于美化；
(6) 原料丰富，成本低廉。

3. 塑料

塑料也是一种重要的包装材料。由于塑料的强度高、韧性好、相对密度轻、耐化学性优良以及易加工成型等特性,在工农业、民用等方面得到广泛应用,成为与金属材料、无机非金属材料并驾齐驱的三大材料之一。

表 14-1 是 2009 年我国塑料制品的产量及用途统计。尽管从表中看来,直接作为包装箱用的塑料制品产量只占塑料总产量的 6%,实际上,在薄膜类、发泡产品类的塑料制品中,大多数也都用做的包装材料。如此算来包装材料将成为塑料使用的最大消费领域,占全部塑料消费的 1/3 以上。

表 14-1　2009 年我国塑料制品的产量及用途

塑料制品	产量/万 t	增长率/%	构成比/%
薄膜	690.4	17.0	15.4
其中农用薄膜	119.3	27.1	2.7
板材,片材	320.3	−10.3	7.1
管材	580.4	26.3	13.0
棒材,纤维	741.9	55.5	16.6
人造革	184.8	0.7	4.1
发泡制品	187.1	9.5	16.6
包装箱,容器	274.5	58.6	6.1
日用品	544.2	33.3	12.1
其他	955.7	6.9	21.3
合计	4 479.3	17.9	100

作为包装材料,塑料具有自身质量轻、使用方便、阻隔性、渗透性、耐热性、耐寒性、耐蚀性好,以及外形、外观色彩斑斓等特性。但高分子包装材料突出的缺点是不容易降解。现全世界每年塑料产量约 2.5 亿 t,其中 30% 作为包装材料使用后被抛弃。目前城市固体垃圾中,约 10% 是塑料垃圾。将塑料填埋地下,可能会几百年也不分解,而焚烧则会产生有毒气体。结果,塑料包装袋满天飞,即造成了所谓的"白色污染"。

4. 纸

纸包装材料有许多独特的优点:

(1) 价格低廉,经济节约;

(2) 防护性能好;

(3) 生产灵活性好;

(4) 贮运方便;

(5) 易于造型装潢;

(6) 不污染内装物;

(7) 回收利用性好。

相对来说,纸制品包装材料是一种环境友好的包装材料。与塑料不同,纸可以直接回收利用或用废纸再造纸,对环境影响较小。

5. 木材

木材作为包装材料,主要用于机电设备等大、中型商品的包装。但由于被包装物品的形状各不相同,因此木箱在拆封后,一般不能重复利用,常被烧掉或扔掉,造成资源浪费。解决这一问题的途径,一是将拆开的木板用来做桌椅、地板、三合板等,二是将木板化浆用来造纸。

另外,其他的包装材料包括一些就地取材的材料如柳条、草编织品、陶瓷容器,甚至混凝土板材等。

14.3 包装材料的环境影响及其评价

14.3.1 包装材料对环境的影响

包装在加速经济发展、促进商品流通和改善人们生活方面发挥了重要作用的同时,也给环境带来了严重的污染。包装废弃物对城市造成的污染在总的污染中占有较大的份额。20世纪90年代以来,由于大量包装废弃物的排放和堆积,环境保护浪潮对包装领域的冲击日益突出。据西方工业发达国家统计,包装废弃物的排放量约占城市固态废弃物质量的1/3,体积的1/2。据美国国家环保局(EPA)估算,美国每年产生城市垃圾,约1.5亿t,其中1/3是包装废弃物。日本近年来产生的城市固体废弃物平均每年都在5 000万t以上,其中包装废弃物超过2 000万t,以质量计占36.8%,以容积比则占56.6%。

表14-2是几个国家包装材料的年人均消耗量。可见我国包装物品年人均量还远低于工业发达国家,目前我国年人均包装材料的消耗量仍在30~40kg范围内。尽管我国人均包装材料的消耗量低于世界平均水平,但由于我国人口众多,对固体废弃物的管理较松,加上技术的原因,造成我国在包装材料的循环利用率和包装废弃物的回收再生利用率都很低。在许多大中城市、旅游胜地、铁路沿线等到处可看到乱扔的废弃的空瓶、空罐、快餐饭盒等。典型的是塑料袋满天飞舞,已经形成众矢之的的"白色污染"。

表 14-2　几个国家包装材料的年人均消耗量统计结果　　kg/(人·a)

美国	日本	德国	俄罗斯	中国
250	200	190	80	30

目前我国每年产生的城镇(含县城和建制镇)生活垃圾保守估计约达 2.2 亿 t。其中,包装废弃物在城市垃圾中的比例已占 30%～40%。包装废弃物体积已占固体废弃物的一半,每年废弃价值达 2 800 亿元。以上数据表明,随着经济的发展,包装材料对环境的影响越来越不可忽视。

14.3.2　包装材料的环境影响评价

评价包装材料对环境的影响主要是利用生命周期评价技术(LCA)对包装材料的环境负担性进行定量的计算,科学地评价包装材料的环境性能,给出具体的环境污染数据,分析减小环境负担性的技术途径。

对包装材料进行 LCA 分析既是环境保护的需要,也是包装材料可持续发展的需要,更是国际贸易的必备条件。为发展环境及资源性能优越的绿色包装材料提供决策依据。

可以说,LCA 方法最早用于环境影响分析就是评价包装材料的环境负担性。如前所述,1991 年在美国《科学》(Science)杂志上发表的用 LCA 方法评价热饮包装材料的环境影响,评价并比较了在快餐业中用于热饮料容器的纸杯和聚苯乙烯发泡塑料杯的环境影响。该评价过程考虑了资源和能源的消耗、废弃物排放和回收等环境影响因素。表 14-3 给出了纸杯和塑料杯生产过程的资源消耗和能耗比较结果。其中能耗和成本等因素是以塑料杯为 1 进行比较的。考虑到纸杯的生产不仅消耗木材,也要消耗一定量的石油(用于产生蒸汽),最后在结论中作者得出使用塑料杯比纸杯所造成的环境污染相对小一些的结论。

表 14-3　生产纸杯和塑料杯的资源和能耗比较

	纸杯	塑料杯		纸杯	塑料杯
能耗*	2	1	木材/g	33	0
蒸汽消耗*	2	1	石油/g	4.1	3.2
电力消耗*	4～7	1	其他化学品/g	1.8	0.05
冷却水*	1/3	1	制品质量/g	10.1	1.5
回收利用能耗*	210	1	成本*	2.5	1

* 以塑料杯的消耗为 1 计。

在上述评价中,纸杯的主要原材料是木材,这是一种可再生的资源。但木材的砍伐对环境有明显的负影响,例如为木材运输而修筑公路,以及木材砍伐对流经的河流及下游地区的影响。塑料杯主要是由碳氢化合物(石油或天然气)制成,石油的开采当然对环境有显著的影响,但这些影响没有考虑在内。

表 14-4 给出了用纸代替塑料作为包装材料的费用增加比较,可见无论是能耗、成本,还是废弃物,采用纸的费用都比采用塑料作为包装材料要高。但这些结论也受到其他研究者的质疑。反对意见主要集中在报告所引用的数据过时,20 世纪 80 年代末北美纸张生产技术和废弃物处理技术都有很大的改进,这些改进都倾向于得出纸杯更有利于环境的结论。例如,每个纸杯所消耗的石油应在 2g 左右,BOD 和有机氯的排放量经过处理后也大大减少。另外,作者和反对者在重复利用和废弃处理等问题上仍保留了不同的意见。

表 14-4 用纸代替塑料作为包装材料的费用增加比较*   %

能耗增加	总成本增加	材料质量增加	废弃物体积增加	压缩垃圾增加
201	212	404	256	213

* 以使用塑料为 100% 计。

图 14-1 是关于包装纸的环境影响评价示意图。包装纸是现代包装材料的四大支柱之一。纸箱、纸袋、纸桶、纸浆模塑制品是现代包装工业的重要组成部分。纸包装具有重量轻、易加工、成本低、废弃物易回收处理等特点,在日常生活中应用极为广泛。但是,在包装纸的生产和使用过程中,常消耗大量的原料、能源、水、化学药品等,同时引起各种形式的环境污染。由图 14-1 的环境影响因素分析可以看出,对包装纸的回收和再循环利用,首先可以减少原材料消耗,解决造纸材料资源短缺问题,同时可以节约能源。其次,可以促进废弃物回收,降低成本,取得更大的社会效益和经济效益。相应地可以减少包装废弃物污染,保护生态环境。

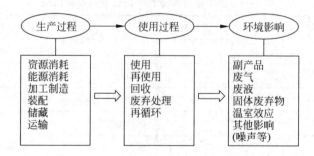

图 14-1 包装纸的环境影响评价示意图

以再生纸作为包装材料为例,与使用原浆纸相比,经 LCA 分析发现,使用再生纸大约可节能 1/3。资源消耗方面,生产 1t 原浆需消耗 $2.1\sim2.4m^3$ 的木材,而再生纸制浆主要利用废弃物,不消耗木材。再生纸生产过程中 NO_x、SO_x 的气体排放比原浆纸少得多。在废水排放污染方面,再生纸和原浆纸大致相同。由于再生纸本身利用固体废弃物作为原料,在减少固态废弃物方面远比原浆纸有优势。因此,在我国目前人均森林拥有量远远低于世界平均水平的情况下,充分利用再生纸用作包装材料是必要的选择。

用 LCA 分析金属包装材料的环境影响,发现生产金属材料消耗的能量较大,如普通钢材的能耗达 25MJ/kg。从资源方面看,有些金属(如锡)的矿产资源储量有限,同时金属材料在冶炼过程中产生大量的固态废弃物。但是,金属材料的回收利用率较高,如目前用回收的废铁炼成的钢已占粗钢产量的 65%。另外,金属包装材料的发展趋势是进行原材料的改进,同时开发薄、轻的新品种。

表 14-5 是生产原铝与再生铝的能耗分析结果。由于铝是用电解法冶炼的,生产过程中能耗极大,同时排放大量的 CO_2。由于铝生产过程的能耗比其他金属材料大得多,人们一直在努力利用废弃铝的回收,进行再生铝的生产。由表中的结果可见,铝再生时只要适当加热熔化,仅消耗电解铝生产过程 1/35 的能量。目前,美、日、欧等发达国家和地区每年用回收铝再生的铝约占铝总产量的 30~40%。我国再生铝供应量占铝总供应量的比例小,再生铝的发展较发达国家来说处于比较落后的阶段。2009 年我国原铝供应量占 74.0%,再生铝供应量占 18.0%,其余为净进口铝锭。

表 14-5　生产原铝与再生铝的能耗分析结果

生产原铝		再生铝/(kW·h/t)
氧化铝/(kg 标煤/t)	电解铝/(kW·h/t)	
600	14 100~15 000	750

总而言之,用 LCA 方法评价包装材料的环境影响,可以了解环境对包装废弃物的承受能力。这种环境承受能力是通过定量的材料和能量消耗,以及释放到环境中的废物量来表征的。另外,在评价对环境的影响过程中,寻找改善环境状况、发展绿色包装的机会。这种评价涉及包装材料及产品从原材料的提取开采、分离与加工、生产或制造、贮存与运输、产品的配置、使用、再使用、再生利用以及最终废弃等整个循环过程。

除用 LCA 评价包装材料的环境影响外,根据包装材料及产品的用途,有时还需要对材料的生物毒性进行评价。特别是用于食品和医药包装时,还需要进行食物变质评价等。

14.4 绿色包装材料的设计和加工技术

14.4.1 绿色包装的概念

绿色包装的定义是：能够重复利用或循环再生或降解腐化，且在产品整个生命周期中不对人体及环境造成危害的适度包装。绿色包装是一种要求很高的理想包装，完全实现它需要有一个较长的过程，可分阶段实施分级标准：①A级绿色包装，指废弃物能够重复利用或循环再生或降解腐化，含有毒物质在限定范围内的适度包装；②AA级绿色包装，指废弃物能够重复利用或循环再生或降解腐化，且在产品整个生命周期中不对人体及环境造成危害的适度包装。目前，主要推动的是A级绿色包装的发展和普及。

14.4.2 绿色包装材料的设计

一般来讲，商品包装的设计原则，既要从结构着眼，起到保护产品内在的和外观的质量、保证储运和分配过程中的安全、延长商品货架寿命、方便用户等功能，又要从促销的设计功能出发，使包装的外观图案及标签，如厂名、地址、商标、出厂日期、主要组成或性能、使用说明等，能达到吸引顾客、提高商标和厂商的知名度、便于搜集用户反馈信息等目的。

在长期的贸易实践中，发达国家的商品包装成本已形成习惯定位。不同种类的商品，其包装费用在整个生产成本中分别占着一定的比例。以酒类、罐头为例，美国分别为20%～30%和25%；英国为8.5%和17%；日本为18%和10.5%。有的国家还明确规定了商品包装成本比例。

改进包装设计，节约包装用料，是改革过分包装商品包装的设计准则。通常可分为两个方面：一方面是结构设计，主要从保护商品功能（内在的与外观的）出发，选择原材料与确定技术结构；另一方面是促销设计，以期达到促进商品销售功能。随着商品市场的激烈竞争，包装成为商品的重要组成部分，受到厂商的越来越多的重视。但是当前包装发展趋势总的偏向是"过分包装"，即超成本设计。

当今世界，特别是进入20世纪90年代以来，包装的设计原则还应增加一个重要观念，即充分重视环境保护和资源利用的要求，积极推行绿色包装技术。从使用绿色包装材料开始，减少包装废弃物排放，加强再生利用，直至最后废物处理，都要注意保护环境，实现包装技术的可持续发展。

绿色包装材料的设计原则主要包括：

(1) 实行包装材料减量化，采用新材料和新技术，使包装在满足产品保护、方便、销售等功能的条件下,包装材料的用量最少,从而减少对环境的影响。

(2) 包装材料应易于重复利用,或易于回收再生。通过再循环利用、生产再生制品、焚烧利用热能、废弃物综合利用等措施,达到再利用的目的。

(3) 包装材料废弃物可以降解消化,不形成永久垃圾,减小固体废弃物对环境的影响。

(4) 包装材料中不含有毒元素、卤素、重金属等对人体和生物有害的成分,或有害物含量在控制标准以下。

(5) 包装制品从原材料采集、材料加工、制造产品、产品使用、废弃物回收再生,直到最终处理的生命全过程均不应对人体及环境造成损害。这是对绿色包装提出的最高理想要求。

按照上述包装材料的设计原则,将绿色设计的观念融合到产品的包装设计过程中去,构成了绿色包装设计。随着经济全球化和环保意识在各个领域的渗透,绿色包装设计是未来产品包装设计的唯一选择。

关于绿色包装设计的内容,主要有6个方面的内容,详细描述如下。

(1) 包装材料设计。根据国外经验,包装费用中大约60%为材料的费用。因此,包装材料设计是生态包装最基本最主要的因素。节约包装用料,可以通过改进设计和采用新技术来实现。在保证包装功能的前提下,其材料选择必须符合维持生态平衡,保护自然环境,有益人类健康,有利于可持续发展四大原则,最终实现包装材料生态化。

(2) 顾客满意设计。根据"顾客是上帝"的原则,开展顾客满意的包装设计,其目的就是适合人类需要。顾客满意设计的内容见表14-6。

表14-6 顾客满意设计的主要内容

安全性	包装设计合理,使用安全
方便性	产品品牌标识规范,使用方便,说明易看易懂
环保性	符合标准要求,如环保标准、质量标志、环境标志等
可靠性	设计新颖,体积要小,禁假、大、空、伪
健康性	选择对人体无毒、与环境友好型的包装材料

(3) 企业形象设计。企业形象设计主要是通过产品质量、产品信誉和科学包装、合理包装来共同塑造。概括而言,企业形象设计有如下7个方面内涵:

① 用良好的企业形象包装设计,给消费者以信念功能;
② 用优秀的形象设计,给予消费者导向功能;
③ 用传统的文化设计,给消费者以共识功能;
④ 用标准化的格式设计,给消费者以规范功能;
⑤ 用精练的广告语言设计,给消费者以激励功能;
⑥ 用优美的品牌商标设计,给消费者以聚合功能;

⑦ 用诚恳的语言设计，占领产品市场，争取好的效益功能。

（4）物流运输设计。在进行绿色包装设计时，物流运输中的包装设计是一个重要的方面。它涉及运输仓贮保管的方便化、信息化、自动化、无人化以及运输装卸的作业机械化、安全性、装载效率和运输效率的提高等。表 14-7 是物流运输设计的主要内容介绍。

表 14-7　包装中物流运输设计的主要内容

综合化	合理选用包装材料的理化性能和包装制品的保护功能
科学化	合理设计包装制备的尺寸和形状以提高装载率和运输效率
信息化	包装信息化、电子化、智能化、防盗报警等
标准化	符合 ISO 9000（质量）、ISO 14000（环保）、ISO 16000（安全）标准或有关国家标准

（5）包装方案设计。包装方案设计是为了保护地球生态平衡、保护地球资源而提出的生态设计方法。在生态包装设计时首先要考虑地球有限的矿产资源、生物资源、能量资源以及生态平衡。然后根据 LCA 评估提供的数据选择合适的包装材料、包装技术以及包装方案。

（6）包装废弃物处理设计。包装废弃物设计的内容包括：
① 包装材料辅料如粘合剂、添加剂等能减则减，可省则省，能代则代；
② 包装容器应有材料标识符号，便于回收再用；
③ 包装废弃物尽可能回收再生应用，减少一次性包装；
④ 采用绿色标志，表明包装材料可采用国际流行的废弃物处理方式进行处理。

绿色包装是世界包装发展的必然趋势。我国在 1993 年就向全包装行业提出了"发展绿色包装、保护生态环境"的口号。强调在快速发展包装工业的同时，坚持包装发展与环境保护同步的原则，把包装对环境的污染减少到最低限度。从包装原辅材料生产到包装制品、机械设备、包装废弃物的管理和处置等方面，建立绿色包装体系，为减少包装废弃物对环境的污染，保护人类的生态环境和节约资源，发展绿色包装作出贡献。目前，对我国绿色包装的年总产值虽还没有确切的统计数据，但按达到 A 级绿色包装的要求计算，约占中国包装总产值的 30%～50%，达到 3 000 亿～5 000 亿元人民币，我国绿色包装取得了可喜的成就。尽管如此，我国每年的包装废弃物价值仍然超过 2 800 亿元，因此，包装材料的设计和包装废弃物处理有着深远的意义。在开始进行生态包装设计时就要考虑包装废弃物的处理，或回收再用，或加工再用，或生产其他产品，构成一个完美的包装废弃物的良性循环，减少对环境的影响。

14.4.3　绿色包装材料的加工处理技术

除包装材料设计外，对包装材料的环境友好加工处理，对实现绿色包装也是一个重要的方面。关于绿色包装材料的加工处理技术，国外目前主要集中在可再生或可降解绿色包装材料的研究,包装废弃物的重复利用、回收再生技术以及收集、分拣、净化技术的研究,以及包装生产无公害化工艺的研究等方面。具体通过以下途径来实现绿色包装材料的应用:

1. 降低包装用料,节约资源和再资源化

在相当一部分产品中存在着包装材料的过分现象。就世界范围来看,儿童食品包装成本平均为40%,一般食品为20%。从我国国情出发,内销的新鲜食品一般不应超过5%,儿童食品、化妆品等可以稍高一些。但是有的包装成本几乎相当于产品生产成本的一半左右,甚至更高。过分包装,实际上不但提高了产品售价(实际上也影响到商品的竞争力),增加了顾客的开支,更为严重的是耗费了过多的包装物资,加重了环境污染。因此许多发达国家已经开始重视这个问题,把改革过分包装作为通向绿色包装的重要途径。例如在日本这样一个十分讲究礼品包装的国家,有些大百货公司也推行节日礼品包装简化运动,得到关心环保的顾客们的欢迎和支持。

节约包装用料,可以通过改进设计和采用新技术来实现。包装材料轻量化技术一直是一个热点。例如,开发比轻质玻璃还要轻的超轻质玻璃容器,以及相应的玻璃成型机,可使容器重量比一般玻璃容器轻1/3,而其强度与普通玻璃瓶罐一样。一种节省铝的啤酒瓶缩口罐,底盖小一些,并用新设备使罐的成型强度更大,罐壁更薄,每只罐可节约金属6%。在大型设备的缓冲包装方面,采用承载量更大的蜂窝纸板制作包装箱或缓冲制品,其强度是同样纸耗瓦楞纸板的几十倍,是代木包装更佳的选择。洗衣粉行业有两项节约包装材料的技术值得借鉴。一项是浓缩技术,即在洗衣粉配方中将有效成分提高,相对地减少了成型填充物料,从而同容积的产品效能提高了2~3倍。这在包装、存贮和运输方面都达到了节约的目的,还可减少芒硝等填料对环境的污染。另一项是通过改进配方和成型方法工艺等,使洗衣粉的表面密度由$0.30 \sim 0.42 g/mL$提高到$0.55 \sim 0.65 g/mL$,有的甚至超过$0.75 g/mL$,从而节约了大量包装材料。

2. 重复使用、再生和再循环利用包装材料

某些包装器材使用后,经过一定处理(清洗、消毒等)后可以多次重复使用,这是当前合理利用包装材料的现实有效的方法,已经得到各国的重视。如瑞典规定塑料饮瓶(PET)可使用20次,每使用一次,用激光打上记号,使用20次后废弃。瑞典一家最大的乳品厂近年还推出一种可重复75次的聚碳酸酯塑料瓶。德国新研制一种1.5L碳酸饮料的可回收玻璃瓶,可经50次洗涮与充填。美国有20% PET饮料瓶是循环回用的。

我国多年来对木质、硬塑料或纸板的周转箱的推广,卓有成效。尤其在城镇,玻璃瓶的循环回用,在酒类、饮料、酱醋调料等行业较普遍。日本还发展多功能的包装

材料,用使用过的包装材料制成展销陈列架、储存柜、玩具等,达到包装材料再利用的目的。

除重复使用外,将包装材料回收、进行再加工利用也是很普遍的技术。例如,将PET回收再加工,可用作在货运和储存稳定堆垛的塑料捆扎带、睡袋用的纤维填料以及模压成型的家具等。纸、玻璃、铝等包装材料的回收技术,目前已较成熟,回收率也较高。但一些塑料的复合物,或者还有铝箔、涂料、金属边等塑料包装物,就比较难以再生利用。此外,利用废纸浆和植物纤维为原料,在模塑机上用带滤网的模具在一定压力和时间条件下,使纸浆脱水、纤维成型而制成的纸浆模塑制品,称为立体造纸(成形的纸容器),具有可降解、易回收、易再生等优良的环保性能,且价格低廉。我国的纸浆模塑在技术和设备上均已十分成熟,最具发展前景。

其他的再加工利用例子有:将废塑料熔化,在传统的铺路沥青中掺入10%～15%用于筑路;用废塑料生产汽油、柴油,1t废塑料可产汽柴油750kg,汽油可达国标92号,柴油可达国标10号;用废纸回收脱墨再造纸的技术已比较成熟。

对于目前尚难回收利用的废旧包装材料,可采取焚烧废弃物回收热能的方法。例如,垃圾焚烧发电能力为5 234～6 978kW/t。同时在使废料化为灰烬的过程中,体积减少约95%,质量降低约50%。焚烧法的缺点是投资大,操作费用高,产生烟尘。如果没有排烟脱硫设备或电除尘,则会造成空气二次污染。另外灰烬中还残存重金属及有害物质。

3. 降解净化,减少固态废弃物

开发可降解的绿色材料,减少固态废弃物。这方面的典型代表是可降解塑料的研制。可降解包装材料既具有传统塑料的功能和特性,又可以在完成使用使命后,其废弃物通过土壤和水中的微生物作用或通过阳光中紫外线的作用,在自然环境中分裂降解和还原,最终以无毒形式重新回到生态环境中,回归大自然,从而减少固态废弃物,减轻环境净化的负担。例如,我国研制的完全生物降解塑料包括节约石油资源、淀粉基的聚乳酸(polylactice acid,PLA)和共混型可堆肥的淀粉/聚乙烯醇等生物降解塑料,其中淀粉/聚乙烯醇共混型可堆肥完全生物降解塑料垃圾袋已在2008年北京奥运会和2010年上海世博会上应用。我国的生物降解材料已经进入规模产业化的前夕,未来5～10年,这一产业的产能将明显增加,同时成本还将适度下降,可降解塑料袋也将走进寻常百姓家庭。

14.5 绿色包装材料的开发和应用

包装废弃物对全球的污染已经引起世界各国公众越来越大的关注。在现代社会中,包装废弃物在城市垃圾中的比例已占30%～40%。包装废弃物体积占到固体废弃物的一半,对环境造成了严重污染。发展环境性能好、节省资源、又易于再利用或回收再生的绿色包装材料或制品已成为现代包装发展的当务之急。

目前关于绿色包装材料的开发和应用,主要有三个方面的内容:绿色包装替代材料、绿色包装改性材料以及绿色包装新材料及其产品等。

14.5.1 绿色包装替代材料

为实现包装材料绿色化,可通过用一些环境影响较小的包装材料代替那些环境负担性比较大的一些包装材料,如以钢代铝,以镀硅代替镀铝,以竹代木,用再生纸代替原浆纸,用可食用包装纸代替塑料,用可降解塑料代替普通塑料等。

前已述及,铝主要是通过电解来制取的。由于电解过程需消耗大量的电力,国外戏称铝为"电罐头"。作为包装材料,铝被大量用于制作"易拉罐"和医药行业中的铝箔,以及某些复合包装纸的表面镀铝。为减轻金属包装材料的环境负担性,人们正在寻求以钢代铝、用镀硅来代替镀铝用于包装。

我国竹资源非常丰富,竹材年产量以质量计达1 200多万t,为我国钢材产量的1/10。另一方面,我国用木材作为包装材料的比例占整个包装材料消耗的10%,超过发达国家。因此,利用我国丰富的竹资源,以竹代木用作包装材料,是一个有前景的方向。

许多LCA评价结果证实,从节约资源和能源、降低成本和减小环境影响等方面看,用再生纸代替原浆纸用于包装材料都有极大的优越性。无论是原浆纸还是再生纸,都可回收重复利用或再生利用。与其他包装材料相比,可以说纸制品包装是一种环境友好的包装。因此,用再生纸代替原浆纸,是减少包装污染,保护环境的重要措施之一。

我国人口众多,一次性餐具消耗量极大,给环保带来很大压力。采用纸浆型可降解一次性餐具,替代现在普遍使用的不可降解的一次性发泡塑料餐具,对改善我国的环境状况具有重要意义。纸浆型餐具是用苇浆和草浆制成,用速生的天然资源替代了不可再生资源,在卫生性能、使用性能、降解性能等方面也优于不可降解的一次性发泡塑料餐具。

以软代硬也是节约资源、减少污染的重要途径。例如用塑料袋代替金属罐、玻璃瓶、塑料瓶等,可大大节约包装材料。一种可降解的饮料软袋,其使用的材料仅为收缩包裹的1/3,为纸板所占空间的1/10。以砖形铝箔包装咖啡代替金属罐及塑料盖,可减少88%的资源消耗。加拿大50%的牛奶用塑料袋包装,节约包装材料1/3,每年可减少3 000t固体废料。

用可降解塑料代替普通塑料用于包装,是避免"白色污染"的有效途径。目前大量使用的高分子塑料,其生物及环境降解性较差,可储藏200年才能被环境消化。因此,随着全球绿色技术的发展,开发和应用可降解塑料取代传统塑料制品,是发展绿色包装材料的一大趋势。

近年来，在西欧发达国家，过去风行一时的塑料食品包装袋已逐渐被淘汰，被新型的纸质包装袋和可食性包装袋所代替。美国已有50％的传统塑料食品包装袋由新型纸质食品包装代替；世界食品出口大国意大利已明确宣布完全禁止使用塑料食品包装袋包装食品；英国从1991年开始使用一种可食用、薄而透明的薄膜保鲜果蔬；德国、瑞士、澳大利亚等国正逐渐淘汰塑料食品包装袋。我国也在逐步发展易降解、可再利用的包装材料，代替那些难以再生利用、环境负担性较重的包装材料。

14.5.2　绿色包装改性材料

除用各种新型材料代替那些环境负担性较大的包装材料外，对现有的材料进行改性，减轻其环境影响，也是包装材料绿色化的一个重要途径。目前，绿色包装改性材料的发展主要有塑料改性材料、玻璃改性材料、可折叠集装箱、防霉包装袋、改性钢桶等。

在聚丙烯塑料中充入大约一半数量的滑石粉，进行共混，可制备出一种符合环保原则的食品包装容器专用塑料。用这种塑料改性包装材料制作的包装器皿表面上与其他食品包装容器无多大差别，但内在质量却大有改变。首先，它能够耐高温，从多油、热食、重色为主的中国饮食文化出发，用这种塑料复合材料制备塑料包装容器更适合。另外，这种塑料的功能与俗称"泡沫塑料"的聚苯乙烯塑料制品相仿，而其体积只相当于后者的1/4。这样就使它在回收时避免了因体积庞大而产生的诸多麻烦，为回收、利用其废品，进而消除对环境的负面影响创造了极有利的条件。因此，这种"环保塑料"有望在一定程度上缓解目前较严重的"白色污染"，为食品行业的健康发展和整个环保事业做出较大的贡献。

通过对玻璃材料进行改性，提高玻璃的强度，可大大降低玻璃的质量。例如采用一种细颈压力吹瓶技术，制造轻质玻璃包装瓶，可生产比普通瓶轻25％的瓶子，其生产速度与普通系统相当或更快。这种轻质瓶为啤酒、酿酒、调味品行业的包装减轻了许多负担。一种小口压吹轻量薄壁啤酒瓶的生产技术，330mL瓶质量仅160g左右，比老式瓶轻54％，即每吨玻璃生产的瓶子数量将增加1.18倍，瓶的耐压在20kPa以上，完全符合包装要求。显然，轻质瓶技术的推广，可使啤酒、罐头等玻璃包装用料相应地减轻一半左右。

将普通包装材料进行特殊改性处理，以提高性能或增加功能也是绿色包装材料的一个努力方向。近年来，防霉包装袋在市场上开始盛行。将普通的包装袋通过各种表面处理技术，镀上一层特殊成分，使其表面具有防霉功能，提高包装袋的性能，对食品或药物包装具有重要意义。处理方法包括金属箔表面镀硅、塑料中掺一些无机光催化组分、纸表面贴塑处理等。

其他的包装材料改性包括一些包装产品、包装容器及包装技术的改进，提高了包装效率,相应地也可减小包装的环境负担性。众所周知,传统的集装箱空载时很占地、浪费空间,运输效率也很低。一种可折叠集装箱已开发成功,可使空集装箱运输效率提高60%。另外,将包装化工产品常用的钢桶进行重新设计和改造,特别是密封口的改进,可大大减小化学品泄漏的危险。如一种钢桶密封口的专利技术,可使钢桶的使用寿命提高1倍,明显减小了化学品运输的环境风险,以至于专利申请人称这种钢桶为"绿色钢桶"。

14.5.3 绿色包装新材料的开发及应用

开发包装新材料,是实施绿色包装的重要途径之一。尤其是应用环境友好型新材料作为包装材料,是目前包装行业研究的热点。例如,木材、纸、竹编材料、柳条、芦苇、麦秆、淀粉、甲壳素等,有的可以直接制作包装材料,有的经过二次加工可以制造出各种类型的包装材料。它们在自然条件下可以分解,不污染环境,其资源可再生,而且包装成本也较低,在各方面都具有明显的优势。

1. 天然包装材料

用一些天然植物纤维构成的材料如麦秆、芦苇、柳条、稻草等,经过加工,可制成包装箱、板等用于产品包装。例如,用稻草加工成稻草板,具有节能、保温、隔热、隔音、保湿、安全等功能,透气性好,冲击强度高,且防水和抗震性能明显高于传统材料制品。另外,稻草板用作包装材料,其单位质量是同体积纸板材料的十分之一,具有明显的优势。麦秆、芦苇、柳条等也可作为此类包装材料的原料。

除稻草外,国内还利用其他草浆为主要原料,开发生产出一次性餐具专用纸板,也是一种充分利用天然资源的新型环保型包装产品。它采用提高草浆质量的化学助剂优化应用技术,保证草浆接近制造餐具纸板所需木浆的各项物理性能,在纸板表面又进行了适合于食品包装的加工处理,使成品纸板内部具有抗热水、不渗漏、不分层、抗油及热封等功能。草浆纸餐具废弃后,回收经过处理,分解成漂白纸浆,作为二次纤维,又可重新生产成各种书写印刷用纸或其他用途的纸与纸板。由于上述优点,专家预测这种草浆纸板在国内应用具有良好的市场前景。

另外,用落叶松枝作为原料,经类似造纸过程进行加工,可生产强韧包装纸用于特殊产品的包装。

2. 天然甲壳素的综合利用

如前所述,每年全球生物合成的甲壳素高达上百亿吨,产量仅次于天然纤维素,是地球上第二大生物高分子资源。甲壳素的相对分子质量一般大于100万,广泛存在于无脊椎动物的外壳、昆虫的外角质层和内角质层及真菌的胞壁中。由于甲壳质天然、无毒,具有的良好的生物相溶性、可降解性以及独特的分子结构和物理、化学性质,使其在包装材料方面获得了广泛的应用。

用甲壳素加工制备的包装材料具有满意的保护性能。由于甲壳素属于多糖类物质,具有吸水性的结构,其内力作用较强,有链的交织力作用,还有分子间范德华力及水解后所产生的羟基与水分子间的作用。因而用其制成的片状物有一定的拉伸强度、破裂强度、拉裂强度、耐折强度、耐磨性能等。

对包装材料来说,常常要求具有一定的透气性能。对不同的产品,其包装材料的透气性要求也不尽相同,如对新鲜食品的包装,氧气、二氧化碳的透气性对保持新鲜度有很大关系。对干燥的内包装来说,其外包装材料的透气性也相当重要。甲壳素制品具有多孔结构,有良好的透气性能,吸水保湿性也较好,是一种很好的包装制品原料。

甲壳素具有较强的成膜性,其片状物光泽和平滑度较高。满足包装材料的商品性要求。由于是多孔结构,具有良好的吸收性能,可充分吸收染料或颜料而得以印染成商品需要的各种色彩。另外,用甲壳素制备的包装材料,其加工强度、封口性、不粘连性、与粘合剂的适用性、不卷曲等使其具有易加工性。

由于原料来自天然材料,用甲壳素加工制成的包装材料无毒、无味、耐热等,能够满足食品、卫生、医药等行业对包装材料的卫生要求。

用甲壳素加工制备的包装材料具有较好的化学稳定性,如耐光性、耐热性、耐油脂性、耐药品性、耐有机溶液性、耐寒性等,在光、热、寒、油脂及其他溶剂作用下不会发生化学变化,不霉、不腐,其稳定性优于纸张。

3. 可食性包装材料

随着高科技在食品领域的不断开发利用,各种能食用的包装材料相继问世。这些可食性包装材料一般以人体能消化吸收的天然可食性物质,如蛋白质、淀粉、多糖、植物纤维及其他天然物质等为基本原料,通过不同分子间相互作用,制造成具有多孔网络结构的不影响食品风味的包装薄膜。可食性包装材料以其原材料丰富齐全、可以食用、对人体无害甚至有利、具有一定强度等特点,在近几年获得了迅速发展,现已广泛应用于食品和药品的包装。

作为包装材料,可食性包装膜具有以下特点:①较好的阻水性,可延缓食品中水和油及其他成分的迁移和扩散;②可选择的透气性和抗渗透能力,阻止食品中风味物质的挥发;③较好的物理机械性能,特别是较好的表面机械强度使其易于加工处理;④可以作为食品色、香、味、营养强化和抗氧化物质等添加剂的载体;⑤可与被包装食品一起食用,对食品和环境无污染。

目前,可食性包装材料的使用方式主要有:将其制成薄膜,用于某些商品的内包装和外包装,如糖果包装等;或作为粘性糕点的衬垫材料,或制成包装容器材料,如制成肠衣、果衣、胶囊等,用于食品、药品的密闭、密封包装;还可以制成饮料杯与快餐具等刚性与半刚性容器等。

从可食性包装材料的原料来看，主要有蛋白质、淀粉、甲壳素及其他天然原料。

用蛋白质制作可食性包装材料，有动物蛋白质和植物蛋白质之分。动物蛋白质取材于动物皮、骨、软骨组织等。此类材料具有非常好的强度性质、抗水性和透氧性，特别适用于肉类食品的包装。例如，一种用动物蛋白质胶原材料制备的可食性薄膜，强度高、耐水性和隔绝水蒸气性能好，解冻烹调时会溶化，可食用，用于包装肉类食品，不会改变其风味。

由植物蛋白质制成的可食性包装膜，具有较好的防潮能力，并具一定的抗氧性。适合含脂肪食品的包装，能保持水分，能保证食品的原味不变。目前主要有大豆蛋白可食性包装膜，蛋白质、脂肪酸、淀粉复合性可食性包装膜，耐水蛋白质薄膜，玉米醇蛋白质包装膜，蛋白质涂层包装纸等。此外，还有一些其他类的可食性蛋白膜，如牛奶蛋白、酪蛋白等。

用大豆提炼的蛋白质制造出类似塑料的物质作为食品包装材料，来替代过去以石油为原料合成的塑料。这种制作技术是将大豆浸泡、磨碎后分离出蛋白质，再将蛋白质溶液烘干，除去其中的水分，然后用这种蛋白质粉与其他成分及添加剂混合，制成可食性薄膜或涂层，用于食品包装。它们具有良好的强度、弹性和防潮性。

玉米蛋白质包装膜主要用于快餐和带油食品的包装涂层，该膜是纸与米蛋白质合成的材料，在锅中煮沸不改变性质。最新研制的一种具有抗菌功能的蛋白可食包装膜，在玉米醇蛋白或大豆蛋白单膜中添加溶菌酶或维生素等抑菌成分，可控制食品中病原菌的生长和由微生物引起的食品变质。

以玉米、小麦、土豆、豆类、薯类等农作物为基材的可食性包装材料中，以玉米淀粉改性加工成可食性包装材料最为典型。根据其所加入的添加剂、酸碱处理、酶处理或氧化处理的方法不同，淀粉类可食性包装材料可分为以豆渣为原料的可食性包装纸，玉米淀粉、海藻酸钠或聚糖复合包装膜等。用淀粉作为原料，添加其他一些可食用的物质加工成包装纸，用于包装快餐面、调味品等，可以直接放入锅中烹调，而不需要将包装袋除去，收到了环保和节约的双重效益。

用大豆、淀粉、土豆为原料，制成的可食性包装薄膜式容器，加工技术与实际应用都较成熟，可以制成生物降解塑料薄膜，也可挤出成型，做小食品的模衣，还可制成既防水又防油的饮料杯和快餐盒等。澳大利亚一家制造食品容器的公司制造出一种可食用的盛装炸土豆片的容器。人们在吃完其中的炸土豆片后，还可以美美地吃掉该容器。该公司还利用这套生产设备制造可食性包装盒、肉盘以及蛋糕盒等新产品。

用多糖类原料也可制造可食性包装纸，如用脱乙酸壳聚糖作原料，加工成可食性包装膜。日本最近研制开发出以红藻类提取的天然多糖为原料，制成的可食性包装薄膜呈半透明状，坚韧且热封性好。从海草中提炼出天然多糖，也可以加工制成能食用的包装材料。

另外,用甲壳素也能制备可食性包装膜。这种包装膜是将甲壳素经脱乙酰化处理,获得一种壳聚糖。与甲壳素相比,壳聚糖的加工性能、可溶解性等大为改善。将壳聚糖与12个碳原子的月桂酸结合在一起,便可生成一种均匀的可食薄膜,厚度仅为 0.2~0.3mm,透明度很大,用于去皮或者切片水果的保鲜包装,有很好的保鲜作用。目前主要用于果蔬类食品的包装。

4. 绿色包装印刷油墨

传统的印刷油墨含有苯,对大气有一定污染。如果含量过高,还将引起人体内血小板的减少。随着绿色包装消费的兴起,对包装印刷油墨也开始要求绿色化、生态化。目前环保型印刷油墨已发展为包装业的一门边缘学科。绿色包装印刷油墨必须符合两个基本条件,其一是具有较高的科技含量,能适应高速、精致的包装印刷图文;其二是承印材料和印刷油墨符合环境要求。另外,作为印刷材料,还要求工艺简单、成本低廉。为提高商品附加值,印刷质量要美观大方、图文亮丽、附着牢固、使用经济、无毒安全。

发展绿色包装印刷油墨一般有两种途径,一种是对现有油墨进行环境友好改性,如去除一些对人体有害、对环境有污染的组分和工艺;另一种是采用天然原料生产印刷油墨,从根本上保证运输油墨的生态化。

例如,一种由醇溶性由硝化纤维树脂与其他高级树脂制成的复合塑料薄膜油墨就是一种新型环保油墨。该产品不但具有良好的附着力及复合强度,并且溶剂滞留量少、低气味,不含苯,摆脱了印刷过程中苯对环境和人的不良影响。主要用于巧克力食品、冷点心和普通快餐食品包装。由于耐高温性能有待改进,这种油墨目前不适用于高温蒸煮以及含油脂类食品包装。

采用松香为主要原材料,可生产一种可水洗天然树脂印刷油墨。由于该产品成分主要由纯属天然材料组成,属绿色包装印刷油墨。这种油墨还具有流动性好、干燥适宜、附着力好、色泽鲜、透明度良好、无味、无毒、抗水防潮等特点。另外,生产工艺简单、投资规模小。可用于塑料凹印、柔性凸印(手工雕刻凸版、激光雕刻凹凸版、感光树脂版)、钙塑纸箱的丝印。

在食品包装物的印刷方面,目前出现了柔性版印刷技术。这种新型无公害印刷技术具有不含苯及重金属元素、无毒无味、不排放有毒气体、印刷品无气味残留等特点,适应了可食用的要求。

阅读及参考文献

14-1　戴宏民,戴佩燕. 中国绿色包装的成就、问题及对策(上). 包装学报,2011,3(1),1~6
14-2　戴宏民,戴佩燕. 中国绿色包装的成就、问题及对策(下). 包装学报,2011,3(2),7~13

14-3　中蓝晨光化工研究院有限公司.2009~2010年世界塑料工业进展.塑料工业,2011,39(3):1~35

14-4　师昌绪.材料科学技术百科全书.北京:中国大百科全书出版社,1995

14-5　Anderson T,Leal D 著.环境资本运营.翁端译.北京:清华大学出版社,2000

14-6　王天民.生态环境材料.天津:天津大学出版社,2000

14-7　埃尔克曼.工业生态学.徐兴元译.北京:经济日报出版社,1999

14-8　山本良一.环境材料.王天民译.北京:化学工业出版社,1997

14-9　戴宏民.包装与环境.北京:印刷工业出版社,2007

14-10　周仲凡,梁占彬,李娜,等.包装废弃物的污染控制.中国包装,2000,20(1):39~42

14-11　张齐生,孙丰文.我国竹材工业的发展展望.林产工业,1999,26(4):3~5

14-12　刘家聚.绿色包装油墨的应用方法和注意事项.中国包装工业,1999,59(5):21~22

14-13　许汉祥.包装与环保.中国包装,1997,17(5):35~37

14-14　韩景平,王渝珠.展望21世纪绿色生态包装工程构想.中国包装,1999,(3):

14-15　戴宏民.纸包装的绿色化途径.渝州大学学报,1999,16(2):1~4

14-16　罗学刚.国内外可食性包装膜的研究进展.科技导报,2000,(3):61~62

14-17　蔡强,朱志忠.化工新材料应成为我国化学工业21世纪新的经济增长点.i.化工新型材料,1999,28(1):9~11

14-18　汤万金,高林,胡乃联.资源可持续性分析.黄金,1999,20(5):19~21

14-19　舒代宁.环境保护与绿色化学.成都大学学报(自然科学版),2000,19(1):20~26

14-20　李芃.包装与自然.中国包装,2000,20(1):46~47

14-21　汤顺清,周长忍,邹翰.生物材料的发展现状与展望.暨南大学学报(自然科学版),2000,21(5):122~125

14-22　易昌凤,徐祖顺,程时远.生物可降解高分子材料.功能材料(增刊),2000,31:23~24;31

14-23　牟发章.可降解环保塑料问世.塑料,2000,29(1):52

14-24　张芝芬,何小阳,等.浅谈绿色包装发展现状及趋势.包装与食品机械,2000,2:7~11

14-25　http://www.chimeb.edu.cn

14-26　http://www.mat-info.com.cn

14-27　http://news.xinhuanet.com/fortune/2010-12/13/c_12875323.htm

思 考 题

14-1　包装材料的特点是一次性使用、周期短,如采用可降解材料又浪费加工的资源和能源。如何解决这一矛盾?

14-2　如何理解包装材料的使用性能、经济性能和环境性能?

14-3　用LCA方法分析金属、玻璃、塑料、纸、木材等作为包装材料对环境的影响。

14-4　LCA方法最早用于包装材料的环境影响评价。试从表14-3和表14-4的LCA评价结果分析讨论应用LCA方法评价包装材料的局限性。

14-5　在包装中铝合金主要用作制造易拉罐饮料的包装材料。用LCA方法比较铝制易拉罐、镀锌铁板(马口铁)和纸包装的环境影响。
14-6 包装材料的绿色设计是减少环境负担的重要途径,但产品的经济性往往要求超成本包装设计。如何解决这一矛盾?
14-7 从经济和生活的角度考虑,可食性包装材料能否推广应用?为什么?
14-8 总结绿色包装材料的加工工艺主要包括哪些?

生态建材

人类是大自然的产物,人类的生存和发展,依赖良好的自然环境。而人类的衣、食、住、行,则与人居环境息息相关。构成人居环境最重要的因素之一就是建筑材料。建筑材料是经济建设、人民生活等方面应用最广、用量最多的材料。长期以来,人们生产与使用建筑材料,只考虑其使用性能,而忽视其对生态环境与社会发展的影响。随着环境问题成为人类发展的一种制约因素,对建筑材料也提出了生态化的要求。开发生产具有环境协调性的生态建材,对建材工业的可持续发展和环境保护具有重要意义。

本章主要介绍传统的建筑材料对环境的影响,以及生态建材的种类,新型建材的开发和应用,包括绿色水泥及其他生态建筑结构材料、环境功能玻璃、生态装饰材料、环境友好型涂料、生态建材化学品以及固体废弃物在建筑中的应用等。

15.1 建材与环境

至 2010 年,全国建材年工业销售产值已达 36 133.6 亿元,五年增长了 263.85%,特别是 2010 年,建材工业销售产值同比增长 33.37%。我国建材行业的能耗占全国总能耗 5.8%,年消耗 2.2 亿 t 标准煤。表 15-1 是近 5 年来中国主要原材料的产量统计。表中所有材料的产量都占世界第一。相应地,建筑材料对资源和环境有第一位的影响。

表 15-1 近几年中国主要原材料的产量

原材料 年份	钢/ 亿 t	水泥/ 亿 t	平板玻璃/ 亿 t	有色金属/ 万 t	建筑陶瓷/ 亿 m³
2005	3.49	10.5	4.02	1 632	35
2007	4.89	13.6	5.39	2 300	—
2009	5.68	16.3	5.79	2 681	—
2010	6.27	18.7	6.30	3 153	78.09

15.1.1 建材对环境的影响

大多数人可能都有这种经历,当你进入一家商场时,迎面扑来一股香蕉水之类的气味,这是商场装潢使用的涂料中的有机溶剂挥发造成的空气污染。当你搬入装修的新房,一些气体刺激人眼至红肿流泪,且危害肺部,严重时会影响你的健康。这是使用的人造建材中的甲醛等有害气体还未排尽产生的。这只是建筑装修中造成空气污染的两例,其他建筑造成的污染是多方面的。

建筑材料的使用不当,设计建筑物时缺乏对生态环境的考虑,这些均可能对人类居住环境产生不良影响。例如,目前使用的居室装饰装修材料中有许多散发出甲醛以及烷烃、芳烃、卤代烃等有机挥发物,对人体健康有害。有的建筑材料会释放出天然放射性物质——氡,由于它有致癌作用,因而危害人类居住环境。在城市内大量混凝土建筑群集中地方因空调装备排放出来的热量影响而产生"热岛效应"。此外,由于设计建筑物时没充分考虑与周围环境的协调性,还可能产生影响动植物的生存、破坏自然景观等环境问题。

以我国建筑材料生产而言,目前每年生产各种建筑材料要消耗资源 50 亿 t 以上,消耗能源超过 2.2 亿 t 标准煤,破坏农田 0.7 万 km^2。每生产 1t 普通硅酸盐水泥熟料要排放 0.527t CO_2,每生产 1t 建筑石灰要排放 0.4t CO_2,仅此两种产品每年排放 CO_2 达 10 亿 t 以上。再加上生产玻璃、陶瓷、砖瓦等消耗燃料产生的废气,全国建材工业每年排放的 CO_2 达 15 亿 t 以上,占我国温室效应气体排放总量的 1/3,是造成地球温室效应的主要原因之一。

表 15-2 是中国主要建材产品能源消耗与世界水平的比较结果。可见我国的主要建材产品,无论是水泥、玻璃、建筑陶瓷,还是卫生陶瓷等,其能耗都比国外同类产品的能耗高 10%~50%。不过我们也应该看到,我国在降低建筑材料综合能耗方面,近些年来已经取得了长足进步。在 2005 年以前,我国主要建筑材料产品的综合能耗可以高于世界水平的 50%~200%。

表 15-2 中国主要建材产品能源消耗与世界水平的比较

项 目	单 位	中 国	国外先进水平	中国与国外比较
水泥熟料烧成能耗	kg 标煤/t 熟料	90	73	高 20%~25%
平板玻璃综合能耗	kg 标煤/重量箱	16.5	14.7	高 13%
建筑陶瓷综合热耗	kg 标煤/m^3	2.5~9.5	0.77~6.42	平均高 50%
卫生陶瓷综合热耗	kg 标煤/t	330~670	238~467	平均高 40%

长期以来,人们生产与使用传统建材,只考虑其使用性能,而忽视其对生态环境与社会发展的影响。传统建材在生产过程中不仅消耗大量的天然资源和能源,还向大气中排放大量的有害气体(CO_2、SO_2、NO_x 等),向地域环境排放大量固体废弃物,

向水域环境排放大量污水。某些建筑装饰装修材料在使用过程中释放出对人体健康有害的挥发物。废旧的建筑物与构筑物被拆除后,被废弃的建筑材料通常不再利用,而成为又一环境污染源。

建筑材料和建筑工程造成的环境问题主要有以下几个方面:

(1) 大气污染。建材工业是仅次于电力工业的全国第二位耗能大户。煤、油、燃气大量燃烧排出 CO_2、SO_2、SO_3、H_2S、NO_x、CO 等气体。在水泥、石棉等建筑材料生产中和运输过程中大量粉尘产生。化学建材中塑料的添加剂、助剂的挥发,涂料中溶剂的挥发,粘接剂中有毒物质的挥发等都对大气带来各种污染。

(2) 建筑垃圾。建筑垃圾也就是建设、施工单位或个人对各类建筑物、构筑物、管网等进行建设、铺设或拆除、修缮过程中所产生的渣土、弃土、弃料、余泥及其他废弃物。还有废建筑玻璃纤维、陶瓷废渣、金属、石棉、石膏;装饰装修中的塑料、化纤边料等,都需要再生利用。目前,我国建筑垃圾的数量已占到城市垃圾总量的 30%~40%。以 500~600 t/万 m^2 的标准推算,到 2020 年,我国还将新增建筑面积约 300 亿 m^2,新产生的建筑垃圾将是一个令人震撼的数字。然而,绝大部分建筑垃圾未经任何处理,便被施工单位运往郊外或乡村,露天堆放或填埋,耗用大量的土地征用费、垃圾清运费等建设经费,同时,清运和堆放过程中的遗撒和粉尘、灰砂飞扬等问题又造成了严重的环境污染。

(3) 废水污染。国家规定,混凝土拌和用饮用水,一般都用自来水,pH 要求大于 4。但建筑工地废水(混凝土搅拌地)碱性偏高,pH=12~13,还夹杂有可溶性有害的混凝土外加剂。水泥厂及有关化学建材生产企业,超标废水大量排放。还有窑灰和废渣乱堆或倒入江湖河海,造成水体污染。

(4) 可耕土地大量减少。每生产 1 亿块粘土砖,就要用去 $1.3×10^4 m^2$ 土地,对人口众多、人均土地偏少的我国是很严重的资源浪费。

(5) 建筑施工中建筑机械发出的噪声和强烈的振动。噪声已成为城市四大污染(即废水、废气、废渣和噪声)之一。噪声对人的听觉、神经系统、心血管、肠胃功能都造成损害。据测试有相当部分的施工现场,噪声都在 90~100dB。远高于国家规定的白天小于 75dB,夜间施工小于 55dB 的噪声控制标准。

(6) 光污染及光化学污染。城市高层建筑群不利于汽车尾气及光化学产物的扩散。使 NO_x 等气体对人体产生光化学作用,危害人体健康。另外城市高楼的玻璃幕墙产生污染现象也相当严重。

(7) 可能造成放射性污染。有些矿渣、炉渣、粉煤灰、花岗岩、大理石放射性物质超量。制成建筑制品对人体造成外照射(γ射线)和内照射(氡气吸入)。人生活在这样的居室中长期受放射性照射,影响身体健康。

在充分关注地球环境问题的今天,上述的环境影响将对建材和建筑工程设计提出新的要求。一个典型例子是在我国瓷砖的大量生产和不适当的使用。在国外,大型建筑物一般禁止使用瓷砖进行外装修。主要原因是：①大型建筑物用瓷砖进行外装修的用量很大,可使建筑物的资源消耗增加 1/3 以上；②瓷砖的生产需要进行高温烧结,瓷砖的消耗量增加表明总能耗增加,相应地增加全球温室效应；③发达国家一般都有装饰法,规定在公共视野范围内的建筑物,必须定期进行外观重新装修,显然,采用瓷砖外装的建筑物在几十年内很难进行重新装修,也很难维护；④由于大型建筑物的设计使用寿命一般在几十年以上,很难保证 10 年、20 年以后瓷砖的脱落不会带来人身安全问题。因此,无论从资源、还是环境、甚至人身安全的角度,一般都不采用瓷砖进行外装修。

随着我国经济建设的发展,对建筑材料的需求还在增加。重视建材的环境影响,充分考虑建筑材料与地球环境的协调性,发展生态建材,倡导绿色建筑,是今后建材和建筑工程的主要方向。

15.1.2 环境污染对建材及建筑物的影响

除建材对环境的影响外,环境污染通常也会对建材及建筑物有所损害。目前地球大气的环境问题主要有大气中 CO_2 浓度的增长、氟利昂气体引起的臭氧层破坏以及大气污染引起的酸雨等。其中,大气中 CO_2 浓度的增大会造成气温上升,加速混凝土的碳化过程,从而影响混凝土构件的耐久性,缩短建筑物的使用寿命。此外,臭氧层的破坏会使波长短的紫外线辐照量增大,从而加速了高级装饰涂料等有机建筑材料的老化,降低抗风化的能力。而酸雨的增加将加速栏杆、扶手等外露金属的腐蚀。环境变化对建材及建筑物的主要影响如下。

1. 大气污染与酸雨的影响

酸雨通常是指 pH 低于 5.6 的降水。酸雨形成的主要原因是大气污染造成的。大气中的 SO_2、NO_x、H_2S、CO_2 等溶入雨水中,使雨水 pH 小于 5.6。我国西南地区及长江下游地区酸雨的 pH 已降到 4.0 以下,严重影响生物的生存条件,使土壤严重酸化。同时,酸雨对建筑物、材料、雕塑、古文物、金属等的腐蚀作用明显。酸雨使材料表面的涂层失去光泽或变质而脱落,使光洁的大理石建筑逐渐变成松软的石膏。大理石主要成分是 $CaCO_3$,侵蚀反应机理如下：

$$CaCO_3 + SO_3^{-4} + 2H^+ + H_2O == CaSO_4 \cdot 2H_2O + CO_2 \tag{15-1}$$

$$CaCO_3 + 2NO_3^- + 2H^+ == Ca(NO_3)_2 + H_2O + CO_2 \tag{15-2}$$

另外,在建筑物中,酸雨对金属腐蚀主要是电化学腐蚀。

表 15-3 是某些大气有害成分对建筑物品的损害统计。可见仅是大气中有害的硫化物就对各种建筑物品皆有损害。另外,大气中的扬尘,特别是一些细小的颗粒物沉积在建筑物表面,最轻也会引起表面污损。

表 15-3　某些大气有害成分对建筑物品的损害统计

	SO_2/SO_3	H_2S	臭氧类	颗粒物
混凝土	脆化	强度下降	强度下降	污损
涂料	污损	变色	变色	污损
金属	腐蚀、污染	腐蚀、污染	污染	引起腐蚀
纸	脆化	污损	脆化	污损
布	强度下降	污染	退色、强度下降	污损
橡胶	污损	污损	脆裂、弹性下降	污损
皮革	强度下降、脆化	脆化	脆化	污损

2. 建筑物表面析白现象

建筑物表面析白现象,俗称泛碱或起霜。这是建筑物的混凝土、砂浆、砖砌体等表面常发生的现象。据统计,建筑物析白现象可高达 36%。形成原因是水泥、砂、石子、砖和化学外加剂中可溶性成分被水溶析出,随着水分蒸发逸出,留下物呈白色固体,或留下物与空气中 CO_2 作用生成白色固体。其主要成分为:$Ca(OH)_2$、$CaCO_3$、Na_2SO_4、Na_2CO_3、K_2CO_3,大都是碱性物质。本质原因还是与原材料质量和施工质量相关。但外部环境阴湿、不通风、气温偏高、水源不洁也有重要关系。

3. 建筑用高分子材料老化

导致高分子材料老化的因素,主要是光、热、机械力、氧气、水、霉菌及化学物质的作用。这些因素往往综合作用于高聚物,通过物理化学过程使其老化。主要老化反应可归纳为键的裂解反应和键的交联反应。裂解反应是大分子键断裂,相对分子质量降低,使高分子化学物变软、发粘并丧失机械强度。交联反应是大分子与大分子相连接,产生体型结构,使高分子化合物进一步变硬、变脆,而丧失弹性。两种反应往往同时并存。

4. 金属材料的化学腐蚀和电化学腐蚀

许多建筑物的栏杆、扶手、支架、甚至卫星天线等,都是金属构筑物。由于酸雨的作用,使这些金属建筑物的使用寿命大大缩短,甚至造成严重事故。

5. 其他影响

包括江水、海水、污水对江河堤坝的冲刷侵蚀,地下水对地下建筑的渗析破坏,还有自然灾害的破坏,地震、水涝、龙卷风及台风等的自然力破坏。图 15-1 是建材与建筑物对环境的影响,以及环境对建材和建筑物破坏的示意图。

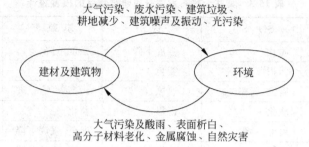

图 15-1　建材与建筑物对环境的影响,以及环境对建材和建筑物破坏的示意图

15.2　生 态 建 材

长期以来,建筑材料主要是依据建筑物对材料提出的性能与功能方面的要求进行开发的。如建筑结构材料追求高强度、高耐腐蚀性等方面的"先进性",而装饰材料则追求其功能性和设计图案的美观等方面的"舒适性"。但在所有的人造材料中,建筑材料产量最大,用量最多,资源和环境负荷最重。目前,我国建材产品年产量达 37 亿~40 亿t。据统计,每年生产各种建筑材料要消耗资源 50t 以上,毁坏农田 10 万多亩,消耗能源占全国能源产量的 1/6 以上,超过 2 亿 t 标煤,每年排放的 CO_2 占全国工业排放 CO_2 的 30%~40%。显然,传统建材的生产是以巨大的能源、资源消耗为代价的,这已明显不符合时代发展的需求。

人居环境是人类立体的外部世界,人类的生活环境是建筑工程有机的组成部分。在经济高速发展的同时,强化环境与资源的保护,做到对不可再生资源合理开发,节约使用。对可再生资源不断增殖,永续使用。综合治理各种环境污染,特别是建筑材料和建筑工程对环境造成的各种污染,以及减缓环境恶化对建筑物的影响,才能确保经济稳定持续地发展。在建筑材料方面,"秦砖汉瓦"已逐渐被取代,继传统的钢筋、水泥、玻璃及陶瓷之后,各种新型建筑材料不断涌现。为了保障国民经济建设对优质建筑材料的需要并实现建材工业的可持续发展,对建筑材料不仅要求高强度和高性能,而且还必须考虑其环境协调性,也即必须研究生态建筑材料。

生态建材是环境材料的重要组成部分。所谓生态建材,一般指采用清洁生产技术、少用天然资源和能源,并有利于保护生态环境、提高居住质量、性能优异、多功能的建筑材料。是一类对人体、周边环境无害的健康型、环保型、安全型的建筑材料,是相对于传统建材而言的一类新型建筑材料,是环境材料在建筑材料领域的延伸。从广义上讲,生态建材不是一种单独的建材品种,而是对建材"健康、环保、安全"等属性的一种要求。严格地说,生态建材与其他新型建材在概念上的主要不同在于生态建材是一个系统工程的概念,对原料、生产、施工、使用及废弃物处理等环节贯彻环保意识并实施环保技术,保证材料的全过程都应与生态环境相协调,以及社会经济的可持续发展。图15-2为生态建材概念示意图。生态建材与环境保持着鲜明的协调性与和谐性,代表了21世纪建筑材料的发展方向,是符合世界发展趋势和人类要求的建筑材料,必然在未来的建材行业中占主导地位,成为今后建筑材料发展的必然趋势。

图15-2 生态建材的概念示意图

生态建材有如下基本特点:

(1) 具有优异的使用性能。

(2) 生产时少用或不用天然资源,大量使用废弃物作为再生资源;在资源与能源使用方面,有效利用天然资源,尽量减少能耗,尽量使用废弃物作为再生资源或能源。

(3) 采用清洁的生产技术,使用清洁的原料、清洁的工艺和清洁的产品。尽量减少废气、废渣、废水的排放量,或使之经有效的净化处理。

(4) 使用过程中对人体健康及环境有益无害。并且功能复合化,如杀菌、防霉、除臭、调温、调湿、调光、隔热、阻燃、消声、消磁、防射线、抗静电等,有利于生态环境改善及与环境相和谐。

(5) 废弃后使之作为再生资源或能源加以利用,或能作净化处理。

表15-4是生态建材的类别统计情况。从目前发展来看,生态建材可分为主体材料、表面材料以及一些功能建材等。主体材料主要有墙体材料、门窗材料、管道材料、生态玻璃材料、洁具陶瓷材料等。表面材料主要有绿色地板、建筑涂料、墙面材料、天花板等。功能材料如调光、调湿等材料。目前发展的生态建材主要有绿色水泥及混凝土材料、建筑用钢、建筑玻璃、建筑饰面材料、建筑陶瓷材料以及建材化学品等。

表15-4 生态建材的类别统计

生态建材		
主体材料	表面材料	功能材料
墙体材料	绿色地板	调光材料
门窗材料	建筑涂料	调湿材料
管道材料	墙面材料	保温材料
生态玻璃材料	天花板	调温材料
洁具陶瓷材料		

根据其自身的主要特点,生态建材可大致分为以下几种类型:

(1) 天然型建材。采用天然成分的原材料作为建筑材料,取自大自然、用之于人类。除大理石具有放射性影响外,常见的木、竹及其他天然成分的材料一般对人类和环境都具有相容性,是一类自然的生态建材。

(2) 节能型生态建材。节能型生态建材是在生产过程中能显著降低能耗的一类生态建材产品。例如采用免烧、低温快烧及其他新技术、新工艺生产的,或者是采用新型节能原材料生产的产品。

(3) 利废环保型生态建材。这类建材是采用新技术、新工艺,利用工业废渣或生活垃圾及其他废弃物生产的一类生态建材产品。它不仅实现了废弃物的再资源化,同时治理了环境污染。

(4) 安全舒适型生态建材。安全舒适型生态建材是具有高强、轻质、防火、防水、保温、隔热、隔音、调温、调湿、调光等多种功能的生态建材产品,在某种意义上是一类智能型建材。这类建材作为居室材料使人具有安全感、舒适感。目前一些传统建材产品一般仅考虑了建筑结构和装饰作用,往往忽视安全舒适方面的功能。

(5) 保健型生态建材。保健型生态建材是具有促进人体健康功能的一类生态建材产品。例如具有灭菌、消毒、防臭、防霉、吸附 CO_2 等功能的建材产品。

(6) 特殊环境型生态建材。这类建材一般是具有适用于恶劣环境的特殊功能的建材产品。例如适用于地下、海洋、河流、沙漠、沼泽等特殊环境的建材产品。这类产品具有超高强、长寿命、抗风沙、抗腐蚀等特殊功能。

总之,建筑材料正向生态型转变。随着我国经济的发展和社会财富的增加,人民的消费水平和生活质量明显提高,衣食住行尤其是居住条件将有较多的改善,不仅居住面积增加,生活环境质量也应有较大的提高。21 世纪中叶,我国人口将达到 15 亿~16 亿,要解决如此众多人口的居住问题,而且要提高人民的生活质量,使居住条件更加安全、舒适和有利健康,所使用的建筑材料应该是具有多功能的、促进健康的生态建筑材料。

15.3　典型的生态建材产品

15.3.1　生态水泥

水泥是最主要的建筑材料。如表 15-5 所示,生产 1t 水泥熟料约需原料 1~1.2t 石灰石烧成,即便采用先进的大型新型干法技术,粉碎过程约需消耗 159kg 煤、65kW·h 电力。同时,生产 1t 水泥熟料排放近 $900kgCO_2$、$1.6kgNO_x$ 等。可以说水泥生产的环境负荷很高,特别是温室气体 CO_2 影响到人类的生活环境。我国大气中约有 20%CO_2 和 30%的颗粒物是由水泥生产排放的。

表 15-5　生产 1t 水泥的资源消耗及污染物排放情况

生产工艺	煤 /(kg/t)	电 /(kW·h/t)	CO_2 /(kg/t)	SO_2 /(g/t)	NO_x /(kg/t)	粉尘 /(g/t)
大型新型干法	159	64.9	837	99	1.58	189
中型新型干法	170	70.0	860	109	1.75	189
小型新型干法	192	79.0	905	119	1.75	275
立窑	202	83.0	926	352	0.223	405
JT窑	155	45.2	829	352	0.223	131

因此,降低水泥生产和使用的环境负担性极其重要。目前的措施主要有节省能源(燃料和电力);减少 CO_2 的排放量;以及利用水泥生产的特点,掺加大量固体废弃物作为原料等。

(1) 低环境负荷水泥添加料。用矿渣、火山灰等作原料烧制水泥熟料,或者以粉煤灰、石灰石微粉、矿渣作混合料磨制混合水泥,并加大用量。这样可减少普通硅酸盐水泥的用量,减少石灰石等天然资源的用量,节省烧制水泥所消耗的能量,降低 CO_2 的排放量。

(2) 生态水泥生产技术。生态水泥主要指在水泥生产和使用过程中尽量减少对环境的影响。除成分上进行环境友好改进外,在水泥生产过程中也尽量减少能源消耗,降低水泥的烧成温度等。比较成功的有两个实例。一是日本秩父-小野田水泥公司用城市生活垃圾的焚烧灰和下水道污泥的脱水干粉作为主要原料生产水泥的新技术。这项新技术的特点是,将城市垃圾焚烧灰中含 5%～10% 的氯化物不加处理就直接利用,通过不同的烧制方法就可以生产出与通常水泥不同的特种水泥。这种水泥的强度大大高于普通水泥,而且重金属含量不超标,是生产块状预制板、地砖等建筑材料的好原料。这项技术的成功推广为城市垃圾的资源化循环使用及环境保护发挥了作用。第二个实例是我国同济大学研制成功了一种新型矿渣水泥,它的特点是矿渣掺量大,标号高,发热量低。生产工艺的主要特点是矿渣和熟料分别磨细,然后均匀混合。它的技术关键是矿渣的高级利用和熟料、矿渣的最佳匹配。这种新型矿渣水泥与传统矿渣水泥在概念上有很大的不同。在传统的矿渣水泥中,矿渣主要是起掺淡作用,而在新型的矿渣水泥中,通过矿渣粉磨技术,提高了矿渣的比表面积,使矿渣本身的胶凝性和火山灰活性得到充分的发挥,提高了它对水泥强度的贡献。

(3) 降低能耗的新工艺。在烧成工艺方面,日本水泥协会和煤炭综合利用中心共同开展沸腾炉煅烧水泥熟料新技术的研究,并取得成功。这种新技术将以前的回转窑和熟料冷却机改成沸腾炉,没有运动部件,目前在日产 200t 的实验厂运行。据介绍,采用这种新技术后可节能 10%～15%,降低 NO_x 排放量,取得明显的节能效果和环境保护效果。

(4) 废弃物再生利用技术。利用水泥生产工艺的特点,消化大量废弃物,起到节省能源、减少 CO_2 排放的作用。比较成功的有利用废轮胎或城中垃圾作燃料烧制水泥,用废弃混凝土作原料烧制水泥熟料等。日本早在 2001 年就建立起了一家生态水泥厂,主要采用城市垃圾炉灰和污泥等废弃物为主要原料,而以石灰石等为补充材料,调整成分后,再烧成并粉磨水泥熟料。这样 1t 生态水泥可以利用 500kg 左右的废弃物,且性能与普通水泥相当。国内也有关于以焚烧灰和下水道污泥等废弃物为主要原料烧成生态水泥的报道。近期,我国华南理工大学也报道了使用城市生活污水处理厂污泥作为水泥熟料煅烧过程中的添加剂,制备的水泥样品强度与 P.O42.5 水泥标样基本一致。

除水泥外,日本农林省农业技术研究所和日本东威化学公司利用氧化镁和泥土制成新型农用建筑材料,这种建筑材料可以代替混凝土来建造河堤、水渠及农村道路,由于它碱性低,因此对植物生长影响小,而且废弃后加以粉碎还可用作肥料。这种新材料主要利用氧化镁和水结合生成氢氧化镁,而氢氧化镁和土壤中的磷酸结合能使土壤在 30min 内固化而制成所需的建筑材料。

15.3.2 生态混凝土

混凝土是各种建筑物、构造物的重要建设物资,其特点是用量很大,而且所建造的建筑物、构造物大多与自然直接融合在一起。可是,混凝土生产消耗大量的资源和能量,其主要原料水泥在生产时排放出大量 CO_2,是造成地球温室效应的主要原因。每年还有大量的混凝土建筑物因各种原因被拆除,废弃混凝土又难以处理。此外,到目前为止,混凝土只是作为基础结构材料,用于道路、铁路、清污上下水道等构造物以及各种建筑物的建设,对自然循环、动植物和自然景色的保护等考虑得很少,造成了与生态环境的不协调。在高度重视环境的今天,这些都是应该解决的问题。因此,混凝土作为 21 世纪的建筑材料,除要考虑降低环境负荷,使其具有优异的环境协调性外,还要考虑自然循环、生物保护和景观保护等生态学问题。

目前,生态混凝土可分环境友好型生态混凝土和生物相容型生态混凝土两大类。

1) 环境友好型生态混凝土

所谓环境友好型生态混凝土是指可降低环境负担性的混凝土。目前,降低混凝土生产和使用过程中环境负担性的技术途径主要有如下三条:

(1) 降低混凝土生产过程中的环境负担性

这种技术途径主要通过固体废弃物的再生利用来实现。例如,采用城市垃圾焚烧灰、水道污泥和工业废弃物作原料生产的水泥来制备混凝土。这种混凝土有利于解决废弃物处理、石灰石资源和有效利用能源等问题。也可以通过将火山灰、高炉矿渣等工业副产物进行混合等途径生产混凝土,这种混合材料生产的混凝土有利于节省资源、处理固体废弃物和减少 CO_2 排放。另外,还可以将用过的废弃混凝土粉碎作为骨料再生使用,这种再生混凝土可有效地解决建筑废弃物、骨料资源、石灰石资源、CO_2 排放等资源和环境问题。

(2) 降低使用过程中的环境负荷

这种途径主要通过使用技术和方法来降低混凝土的环境负担性。例如,提高混凝土的耐久性,或者通过加强设计、改善管理来提高建筑物的寿命。延长混凝土建筑物的使用寿命,就相当于节省了资源和能源,减少了 CO_2 排放。

(3) 通过提高性能来改善混凝土的环境影响

这种技术途径是通过改善混凝土的性能来降低其环境负担性。目前研究较多的是多孔混凝土,并已经运用到实际生产中。这种混凝土内部有大量连续空隙、独立空隙或这两种混合的空隙。空隙特性不同,混凝土的特性就有很大差别。通过控制不同的空隙特性和不同的空隙量,可赋予混凝土以不同的性能,如良好的透水性、吸音性、蓄热性、吸附气体的性能,利用混凝土的这些新的特性,已开发了许多新产品,例如具有排水性铺装用制品,具有吸音性、能够吸收有害气体、具有调湿功能以及能储蓄热量的混凝土制品。

2) 生物相容型生态混凝土

生物相容型混凝土是指能与动、植物等生物和谐共生的混凝土。根据用途,这类混凝土可分植物相容型生态混凝土、海洋生物相容型生态混凝土、淡水生物相容型生态混凝土以及净化水质用混凝土等。

植物相容型生态混凝土是利用多孔混凝土的空隙部位透气、透水等性能,能渗透植物所需营养、生长植物根系这一特点来种植小草、低的灌木等植物,用于河川护堤的绿化,美化环境。

海洋生物、淡水生物相容型生态混凝土是将多孔混凝土设置在河川、湖沼和海滨等水域,让陆生和水生小动物附着栖息在其凹凸不平的表面或连续空隙内,通过相互作用或共生作用,形成食物链,为海洋生物和淡水生物的生长提供良好条件,保护生态环境。

净化水质用混凝土是利用多孔混凝土外表面对各种微生物的吸附,通过生物层的作用产生间接净化性能,将其制成浮体结构或浮岛设置在富营养化的湖沼内以净化水质,使草类、藻类生长更加繁茂,通过定期采割,利用生物循环过程消耗污水的富营养化,从而保护生态环境。

另外,香港科技大学研究发现,利用旧轮胎等废弃物制成的环保建筑泥土可以替代建筑道路、桥梁、填海用的泥土。泥土的坚硬度可以抵御 8 级地震,其重量却比一般泥土轻 20%～25%,成本要比一般泥土少 20%～30%。这种新型建筑泥土以废旧轮胎为原材料,其结构由纯塑料粒、水泥及塑化液体制成,弹性及渗水性能好,可以降低雨水聚集在泥土里造成的水压。可抵御 60℃ 的高温,承受力比一般泥土高 4～6 倍,寿命可长达 200 年。这种泥土可以制成方型砖,便于在筑路或筑墙时使用,加快施工速度。此外,具有弹性的特点使这种泥土可以铺设在振动强烈的火车路轨下。利用这种泥土建桥,不需要预留泊位,从而减少公路维修费用和钢筋和水泥的使用量。香港1999年的废旧轮胎有1万多吨。这项新的发明为处理废旧轮胎、减少环境污染找到新的途径。

15.3.3 生态建筑

所谓生态建筑，就是将建筑看成一个生态系统，根据当地的自然生态环境，通过组织（设计）建筑内外空间中的各种物态因素，使物质、能源在建筑生态系统内部有秩序地循环转换，使建筑和环境之间成为一个有机的结合体，获得一种高效、低耗、无废、无污、生态平衡的建筑环境，使人、建筑与自然生态环境之间形成一个良性循环系统。

生态建筑涉及的面很广，是多学科、多工种的交叉，是一门综合性的系统工程，它需要整个社会的重视与参与。一般来讲，生态是指人与自然的关系，那么生态建筑就应该处理好人、建筑和自然三者之间的关系，它既要为人创造一个舒适的空间小环境，同时又要保护好周围的大环境——自然环境。这其中，前者主要指对自然资源的少费多用，包括节约土地，在能源和材料的选择上，贯彻减少使用、重复使用、循环使用以及用可再生资源替代不可生资源等原则；后者主要是减少排放和妥善处理有害废弃物以及减少光污染、声污染等。对小环境的保护则体现在从建筑物的建造、使用，直至寿命终结后的全过程。

一种节省能源、保护环境的生态楼房已在国外面世。其设计宗旨是将楼房对能源的使用量降低到最低限度，并且最大限度地避免对周围环境造成不良影响。设计方案规定将利用自然光进行照明，设在窗子上的防护设施将反射和分散阳光，使之均匀地照射到室内的各个角落。室内的温度也将通过自然条件进行调节，无需借助空调器。楼房的排水槽将把雨水收集起来，用于该建筑物室内的清洁卫生。楼房还将安装废水生态处理设备。另外，楼房的建筑主要以从人造林采伐的桉树为原材料，其他建材大部分用再生材料制造，例如砖就是用造纸业的废料制造的。

近来流行的"环保大厦"，主要通过在大厦中加建阳台和空中花园等环保设施来实现。兴建的环保大厦包括多建或扩大阳台，加宽公共走廊和电梯大堂、公用空中花园，增加大厦前的绿化面积、太阳能电板、循环用水设施，以及采用自动垃圾收集系统等多项环保建筑方法。例如，马来西亚的米那亚大厦，其建筑主体中有一个空中花园从一个三层高的植物绿化护堤开始，沿建筑表面螺旋上升，通过绿化种植为建筑提供阴影和富氧环境空间，并采用曲面玻璃墙在南北两面为建筑调整日辐射的热量。

15.4 环境友好装饰材料

建筑装饰装修材料的作用是美化城乡建筑，给人们创造一个舒适、美观、协调的工作环境和生活环境。随着社会经济的发展、人们生活的提高，建筑装饰装修特别是居室装饰装修已成为消费的热点。人们要求不仅能美化环境、安全可靠,而且能有益于健康,甚至起到保健作用。建筑装饰装修材料主要包括建筑涂料、壁纸、墙布、铺地材料、人造板材、装饰石材等。目前广泛使用的传统建筑装饰装修材料虽能起到美化室内环境的作用,但其功能比较单一,甚至有些在使用过程中放出有机气体,有害于人体健康。因此,采取高新技术制造多功能的、有益于人体健康的生态建筑装饰装修材料是今后重要的发展方向。

化学毒性是建筑装饰材料的一项重要的环保指标,但目前在研制、生产建筑装饰材料的过程中,很少考虑到原材料及最终产品的毒性问题,依然在使用含有剧毒的有机或无机化学物质的原材料。1999年对我国华东地区墙面装饰涂料进行的一项调查结果显示,约有75%被调查的产品毒性超标,其中大部分建筑涂料产品的毒性在中等毒性以上。使用这些产品,对人居环境将带来严重的污染,对人体健康也有不利影响。

因此,关注装饰材料的化学污染,应尽快制定包括毒性控制指标在内的室内装饰材料产品环保标准,并对此类产品实施以毒性控制为基础的市场准入制度,给室内装饰材料市场设立一道"绿色关卡"。亦即包括室内装饰材料在内的化学品在投入市场之前,都要进行生态毒性和健康毒性的检测,然后根据检测结果决定是否能进入市场,以及进入市场后不同的使用范围和安全防护措施。这些措施可有效地防止有毒有害的装饰材料威胁人们的健康。特别是对使用量大、人群暴露率高的室内装潢材料产品,应要求有标准的安全性数据备查,防止可能对人体健康和环境产生重大危害。以毒性控制为重要指标,制定各类相关产品的环保标准,推动企业主动开发绿色、安全、低毒、环保的建材升级换代产品。

15.4.1 建筑涂料

绝大多数建筑物都采用涂料进行外装修。建筑涂料应用历史悠久。工业发达国家建筑涂料的产量占涂料总产量50%以上。建筑涂料可应用于金属、混凝土、砖、瓦、木材等不同建筑结构材料表面,对建筑物起到保护性和装饰性的作用。建筑涂料按使用场合可分为内墙涂料、外墙涂料、门窗涂料、地面涂料、顶棚涂料等。

建筑涂料的优势很多,它色彩鲜艳、施工方便、易于翻新、成本低廉,可大大提高建筑物的装饰效果和使用功能,目前已成为内墙装饰的主要材料,也将是外墙装饰材料的必然发展趋势。

建筑涂料在国外是涂料中产量最大的品种,表15-6是2010年世界主要国家的涂料产量统计数据。美国建筑用涂料占涂料总消费量的52%,意大利、德国和法国分别占57%、55%、55%,日本建筑涂料约占40%。中国近些年随着国民经济建设的快速发展,涂料的产量及销量都已经跃居世界第一,其中建筑涂料约占涂料总消费量的46%左右,也逐渐发展成为涂料产品中产量最大的品种。

表 15-6　2010 年世界主要国家建筑涂料产量　　　　　　　　万 t

美国	俄罗斯	日本	德国	中国
270	80	100	180	351

注：全世界总产量为 2 300 万 t 左右。

不过在建筑涂料的应用特点方面，我国和发达国家有较大的差异。以美国为例，建筑装饰材料很多，但内墙很少采用价格贵的装饰材料，大多以建筑涂料为主。外墙装饰方面，采用建筑涂料更是占 80% 以上。一些公共场所、旅游场所等走道也会采用彩色水泥地面涂料，如迪斯尼乐园地面大多采用这类涂料。但在我国，外墙及地面装饰仅使用建筑涂料的建筑比例非常有限，建筑涂料一般用在室内装修上。

当然，不论是用在外墙还是内墙装饰上，由于其使用与人们的距离甚为密切，因此，建筑涂料一般要求具有无毒、无味、无污染、耐光、耐候、抗老化、良好的结合力、施工简单等性能和特点。然而大量研究表明，到目前为止，使用于内外墙装饰的涂料是一种严重的污染源。建筑涂料的环境影响主要表现在涂料生产过程、使用过程和涂料的废弃过程等环节中。在加工制备过程中对环境的影响有原料成分中的挥发性有机组分影响、有机废液、温室效应、固态废弃物等；在使用过程中对环境的影响主要表现在溶剂挥发和操作人员的人体接触毒性等方面；在废弃过程中的环境影响主要是灼烧挥发产生的气体有害物以及残留一些固态有机废弃物等。

传统建筑涂料大多是有机溶剂型涂料，在使用过程中释放出有机溶剂，有害于人体健康。涂料中粘合剂的成分含大量挥发性有机物（VOC）。专家指出，长期处在含 VOC 气体的环境中，感官、感情、认识功能和运动方向性均会受到长期或短期的负面影响。据北京市统计，每年北京市发生有毒建筑涂料引起的急性中毒事件 400 余起，慢性中毒人数达十万余人次。抽样统计调查表明，在北京市市场出售的建筑涂料中，47% 可引起皮肤损害，70% 对眼睛有刺激作用，15% 可造成皮肤过敏，8% 可引起肝脏损害。因此，许多国家针对建筑涂料专门制定了环保标准，对涂料中的挥发性有机溶剂的总量加以限制。表 15-7 是建筑内墙涂料的健康指标统计。

表 15-7　建筑内墙涂料的健康指标

项　目	技术指标		
	一级	二级	三级
总挥发性有机物含量/(g/L)	30	50	200
挥发性有机物空气残留度/(mg/m³)	1	2	0
生物毒性	1	2	0
重金属含量/(mg/kg)	未检出	60	90
皮肤反应	无　刺　激		

近年来由于环境材料的兴起,人们自我保护的意识显著加强,人们对装修涂料的安全性提出了越来越高的要求。发达国家早在 20 世纪 70 年代就已开始了这方面的研究工作。环境友好的建筑涂料目前主要有天然成分涂料、水性涂料、无溶剂涂料以及粉末涂料等。另外,各个学科领域的高新技术向涂料生产不断渗透,进而推动了涂料向高档次、多功能以及环境友好型的方向发展。建筑涂料的"绿色"化已成为必然。从目前来看,建筑涂料绿色化的发展趋势主要从涂料成分、生产工艺、溶剂成分以及在使用过程减小环境影响等方面努力。例如,开发一些非有机溶剂型涂料,如水性涂料、粉末涂料、辐射固化涂料等。同时还开发出许多具有特殊功能的涂料,如防水涂料,杀虫涂料,防潮、防霉、防污、防震、防结露涂料,可调温、高效保温、抗菌、防辐射涂料等。

天然植物纤维不但是一种环境材料,而且又是一种具有悠久传统的建筑材料。它集资源和环保两者共性于一身,在"绿色"涂料的领域内有着广阔的发展前景,成为涂料行业中的一个热点。例如,欧洲研究出一种从天然植物中制备粉末涂料的专利,用于家电和室内装饰,成果已达实用化。它是一种绿色复合墙体隔热保温涂料,成分选用天然纤维材料、粉煤灰和废纸浆等工业废料,一些对放射性元素和毒气有较强吸附能力的添加材料如膨润土、硅藻土等,以及多种化学助剂,以特定的工艺复合生产而成。该涂料不使用对人体有一定毒害作用的石棉,使之对居室无毒无害且能净化居室环境。另外,这种新型绿色复合涂料的导热系数低($0.04 \sim 0.06 W/(m \cdot K)$),保温性能好,粘附力强,一次涂覆厚度可达 $20 \sim 30 mm$,并且施工方便,寿命长,是取代传统砂浆应用于节能建筑的理想饰面材料。

环保多功能钢釉涂料是一种采用丙烯酸高分子原料、运用湿生催化工艺制成的液态稠性涂料。其成分、生产工艺以及使用过程无污染、辐射及异味,不会危害人体健康。流平性、遮盖力和附着力较强,在常温下采用刷涂、辊涂和喷涂等施工方式就可自然干燥固化。刷涂干燥后饰面如烧制瓷釉,坚硬如钢,手感滑润,色泽柔和均匀;具有显著的耐磨、耐脏性能,抗老化脱落;且涂膜耐各种酸碱腐蚀,防火防霉性能好;耐低温可达 $-40 \sim -50℃$,耐高温可达 $110 \sim 130℃$;使用寿命可达 $15 \sim 20$ 年,是一种较为先进的通用性新型环保多功能涂料。可广泛用于建筑内外墙装饰、石油化工和机械行业中防腐、防锈、瓷砖、洁具等表面翻新,以及混凝土、塑料、玻璃等制品的改性增值等。

日本原子能研究所的科研人员根据物质在机械应力下产生的电子偏振现象而研制成一种智慧涂料,将其涂刷在房屋建筑或飞机上,当结构出现问题时,这种涂料可以向人们报警。这种智慧涂料是由环氧树脂与粉末状的压电介质陶瓷混合制成的。涂刷于房屋等建筑物或材料后,可在涂料的树脂层两侧装上电极,当建筑物或材料振动时,这种涂料便会发出电子信号。因此,这种智慧涂料可广泛应用于飞机机翼、车辆、建筑物及警示任何结构性损伤的物体上。

15.4.2 壁纸墙布

从室内装饰产品发展看,主要特征是"和而不同",即环保型、健康型的新型科研产品渐趋全球统一标准态势。同时,各民族的装饰文化风格越来越呈百花争艳、各显风采的格局。因此,无论是家具还是墙体装饰物,都在朝着这个方向发展。除装饰涂料外,用于墙面装饰的还有壁纸。传统壁纸墙布功能单一,现正向阻燃、防水、防霉、吸音等多功能方向发展。款款式样新颖的产品让人喜闻乐见,普遍选用,使消费者对墙纸装饰有了一个新的审美定位。

过去旧式墙纸主要原料是纸和聚氯乙烯(PVC),粘贴在墙上没几年就会出现发霉、变色、翘角等状况,还伴随着有害气体的释放,因此很快就被进口水性涂料所取代。而现代新型墙纸则全然相反,它的原料选用树皮、化学加工合成纸浆,具有防霉、防蛀、阻燃、抗静电的功能,确保了产品在使用后不会散发有害人体健康的成分。

新、旧墙纸产品的差异还表现在色彩、质感等方面。旧式墙纸比较厚,缺少自然柔和的质感,色调单一,表面肌理也不够细腻。而新型产品就全然改观,色彩斑斓,呈亚光布色,软薄挺括,手感舒适,花纹多以自然植物、抽象线条为主,也有仿真的,如仿木、仿石、仿砖。花纹图案透映其中,有的犹如宣纸上的国画,清丽逼真,动静结合;有的如一幅油画,立体逼真,高雅亲和。

此外,新型墙纸的另一优点是施工方便,配有专用胶水,粘贴于墙面后不会起鼓走样,成形后会散发出阵阵的香气,具有改善室内空气和抑菌的作用,而且若干年后陈旧了可以撕下换上新的,不会像旧式墙纸更换时会损坏墙面表层。这也是新型墙纸走俏的市场原因。

从市场调查看,一批环保型、健康型的进口墙纸以英国、德国、意大利、西班牙、日本、韩国的产品居多,市场占有率在70%以上;一些中外合资企业的产品也渐入市场,其质量达到了世界卫生组织规定的标准。但令人遗憾的是,国产墙纸质量参差不齐,良莠难辨。

墙纸装饰是一个变换率和使用率都很高的产品,在确保"环保"标准的前提下,对墙纸表面层花纹图案处理上可大胆创新,挖掘中华民族优秀文化传统,并赋予其新的生机。可以预料,富有东方特色的新型国产环保墙纸一定能打开国内外市场,前景十分广阔。

15.4.3 绿色地板

在建筑装饰材料中,建筑地板占很大一部分比重。普通建筑地板主要有三类:天然大理石、木地板以及塑料人造地板革等。

随着人居环境的条件改善,人们对地板的需求和要求越来越高。相应地,绿色地板也随之大发展起来。到目前为止,市场上的绿色地板品种除传统的普通木地板、竹地板、三层复合木地板、集成材地板、细木工地板外,还有复合强化地板、木竹复合地板、聚氨酯复合地板、蜂窝地板等。

实木地板由天然木材制作,深受人们喜爱,但其膨胀干裂的缺点难以克服,而且由于其表面挂漆,耐磨寿命较短,仅是复合地板的 1/2。相比之下,复合强化地板几乎在所有方面都比实木地板好,如寿命长,图案高雅、华贵,维护简单易行等。可是它却不具备木地板最本质的东西,走起来找不到木地板的感觉,犹如走在水泥地面一样。三层实木复合地板的诞生是为了克服单层实木地板的变形问题,但表面不耐磨,使用一段时间要重新涂漆的弊病仍然存在。最近,一种运用蜂窝技术研制的蜂窝木地板轻而易举地解决了上述三种地板的所有缺陷,又保留了它们各自的优点。蜂窝地板的结构和三明治类似,上层完全保留了强化地板模式,因而强化地板的所有长处无一遗漏;关键是中层采用了蜂窝结构,这种结构起到了缓冲作用,使其脚感格外好,而且声音低沉深厚,非常悦耳;最底层是托板,它的作用是上托蜂窝层,下与地面接触,起到防震、防潮的作用。

典型的木竹复合地板是一种竹杉复合地板。这种竹杉复合地板的特征是面板和底板采用竹材、芯板采用杉木经组坯后多向加压胶合制成。由于充分利用了竹材表面花纹美观、物理性能较高的特性,又大量采用了杉木做地板的芯材,因此竹材消耗量明显下降,成本大大降低。另外,利用了速生杉木的优良物理性能,不仅其质感、平整度和耐腐性有明显改善,且杉木中所散发出的倍半萜类、萜醇类、醇类等物质的悦人芳香气体也有利于人体的健康。

竹材纹理通直、色泽高雅、材质坚硬,具有硬阔叶材的诸多优良特性,是家具和地板材的理想材料。特别是当前人民生活水平提高,居住条件改善,消费观念和消费层次发生了变化,竹地板国际市场前景较好,国内市场颇受欢迎。竹地板生产要保证产品质量,降低生产成本,开发质优、价廉的可与木地板和复合地板竞争的竹地板系列产品。借鉴红木家具的设计造型,利用现有竹地板的设备和工艺制造专门用于竹家具生产的不同厚度的竹拼板做柱材和各种饰面的板材,使现有竹家具、竹地板具有中国特色并迅速发展起来。

聚氨酯弹性材料具有硬度可调性,在较宽的硬度范围内具有高弹性,在宽的温度范围内具有曲挠性,并具有良好的耐磨性、耐候性及耐溶剂性能,广泛用于各种表面材料,如涂料、防水材料、地板材料等。用聚氨酯制造地板材料,为地板材料提供了更多更全面的功能,同时为聚氨酯材料开辟了又一应用领域。聚氨酯地板材料具有比其他聚合物地板材料更优越的性能,其耐磨、耐候、耐油、耐寒以及综合力学性能比其他塑料地板片材要好得多,常用于许多具有特殊要求的场合。另外,浇注型聚氨酯地板材料施工时气味小且具有很好的耐溶剂性。聚氨酯地板材料主要通过浇注等方法制造,可分为预成型的地板片材或地板砖和现场浇注的冷热化无缝地板材料。所采用的聚氨酯胶料可以是湿固化单组分体系,也可是双组分体系,采用新型无溶剂喷涂工艺也可制成高性能无缝地板材料。

预成型地板片材或地板砖采用聚氯乙烯(PVC)或聚乙烯醇(PVA)为基本原材料,其典型制造过程是按配方合成的聚氨酯预聚体作为甲组分,将含活性氢原料及填充材料、助剂混合均匀作为乙组分,然后将甲乙组分混合均匀,预热到成型温度,浇注至模具中,在一定的压力下经过一定时间固化即可制得高弹性、抗震动的地板片材。如一种硬度为81、拉伸强度为2.6MPa、断裂伸长率为132%的地板制备过程为:采用PAPI作为甲组分;二氧化硅、聚氧化乙烯-氧化丙烯酸二醇、醋酸苯汞、防老剂、二氧化钛、木屑及其他添加剂作为乙组分;甲乙组分混合均匀后置于模具中,在120℃下混合反应10~20min即得地板片材。在配方体系中加少量的水可制得含泡孔的轻质弹性地板,用于需要隔音隔热的场合。如甲组分采用改性MDI预聚体,乙组分以聚醚多元醇为主要成分,以硫酸钡为填料并加入少量有机硅表面活性剂及催化剂,采用机械发泡工艺涂于地毯表面,在150℃热成型,固化后可得所需形状的地板材料,可用于制作汽车地板。

15.4.4　贴面胶合板

在城乡装饰热中,贴面胶合板释放的高游离甲醛的刺鼻气味,给人们带来不小的痛苦和不便。因此,必须对装饰胶合板甲醛释放量作出硬性规定,同时加大低游离甲醛释放量贴面胶合板关键技术的推广力度。

各种装饰都少不了胶合板,但是胶合板用得越多,散发出的刺鼻气味就越强烈,其中主要成分是甲醛。40%的甲醛水溶液俗称"福尔马林",可做防腐剂,是医学界公认的致癌物质。统计数据表明,国产胶合板甲醛释放量一般在每立方米100~200mg,而日本及欧共体的胶合板甲醛释放量一般低于每立方米10mg,这样就基本没有气味,对身体也没有危害。

目前我国对装饰胶合板的甲醛释放量没有作出硬性规定,应尽快修改有关行业规范,明确装饰胶合板的环保标准,以免国内企业被国外同类企业挤垮。国内许多企业正在努力把胶合板甲醛释放量降下来。例如,一种环保型微薄木贴面装饰胶合板,甲醛释放量每立方米小于10mg,其中关键的低游离甲醛胶粘剂达到了环保型产品的要求。

15.5　环境功能玻璃

平板玻璃工业是一个耗能高、污染大的产业,环境负荷也很高。因此,加强工艺生产技术的研究和环境保护力度对降低环境负荷具有重要意义。平板玻璃的生产工艺有浮法、槽垂直引上法、无槽垂直引上法、平拉法和压延法等,其中浮法工艺是目前世界上最先进的平板玻璃生产工艺方法。平板玻璃生产时对环境的污染主要是粉尘、烟尘和 SO_2 等。近些年来,粉尘、SO_2 的治理有很大进展,NO_x 的治理也在进行之中。碎玻璃很早以前就回收用作玻璃原料。

此外,随着建筑业、交通运输业的发展,平板玻璃已不仅仅用作采光和结构材料,而是向着控制光线、调节温度、节约能源、安全可靠、减少噪声等多功能方向发展。因此,国际上在不断完善浮法生产技术的同时,注意采用高新技术,研究开发具有某些特殊功能的玻璃产品,并取得了进展。最近推出的新产品有着色玻璃、热反射玻璃、调光玻璃、隔热玻璃、隔音玻璃、隔音隔热玻璃、电磁屏蔽玻璃以及抗菌自洁玻璃等。

15.5.1 热反射玻璃

热反射玻璃是用喷雾法、溅射法在玻璃表面镀上金属膜、金属氮化物膜或金属氧化物膜而制成的。这种玻璃能反射太阳光,创造一个舒适的室内环境,同时在夏季能起到降低空调能耗的作用。此外,由于金属膜具有镜面效果,周围景观及天空中的云彩呈现在玻璃上,构成一幅绚丽壮观的图像,从而为建筑物增添情趣,使之与自然达到和谐统一。

15.5.2 高性能隔热玻璃

一般的隔热玻璃是在玻璃夹层内充填导热系数低的空气层而制成,由于该玻璃的热贯流率约为单板玻璃的一半,故显示出好的隔热效果。而高性能隔热玻璃是在玻璃夹层内的一面涂上一层特殊的金属膜,由于该膜的作用,太阳光能照入室内,而室外的冷空气被阻挡在外,室内的热量不会流失。据介绍,采用这种玻璃后冬天取暖节能可达 60%。

15.5.3 自动调光玻璃

自动调光玻璃有两种,一种是电致色调光玻璃,另一种是液晶调光玻璃。前者属于透过率可变型,其结构为有两片相对的透明导电玻璃,一片上涂有还原状态发色的 WO_3 层,另一片上涂有氧化状态下发色的普鲁士蓝层,两层同时着色、消色,通过改变电流方向可自由地调节光的透过率,调节范围达 15%～75%。后者属于透视性可变型,其结构为在两片相对的透明导电玻璃之间夹有一层分散有液晶的聚合物,通常聚合物中的液晶分子处于无序状态,入射光被散射,玻璃为不透明,加上电场后,液晶分子轴按电场方向排布,结果得到透明的视野。

15.5.4 隔音隔热玻璃

隔音隔热玻璃是将隔热玻璃夹层中的空气换成氦、氩或六氟化硫等气体,并用不同厚度的玻璃制成,它在很宽的频率范围内有优异的隔音性能和隔热性能。

一种智能窗玻璃近日已研制成功。通过在玻璃窗表面涂覆一种智能涂层,可以实现冬天吸热而夏天反射热的智能控制。这种有机涂层材料实质是以硅氧烷为主要成分的导电聚合物。通过在材料中心分支出的分子侧链上附加"手性"化学物质来调整这种材料的特性。手性化合物是与其镜像物不同的物质,手性对中的每一方都能使偏振光旋转相同的角度,但其中一个使光左旋,一个使光右旋。因此,要使硅氧烷具有光学效应,就要使它的手性对中只有一方具有活性,然后,通过改变硅氧烷的压力或温度,以控制硅氧烷螺旋结构的螺距,从而改变其折射率。

15.5.5 电磁屏蔽玻璃

电磁屏蔽玻璃是在导电膜反射电磁波的性能上再加上电解质膜的干扰效应,在可见光透过率为50%、频率为1GHz的条件下,其屏蔽性能为356~60dB。

15.5.6 抗菌自洁玻璃

抗菌自洁玻璃是采用目前成熟的镀膜玻璃技术(如磁控浇注、溶胶-凝胶法等)在玻璃表面覆盖一层二氧化钛薄膜。这层二氧化钛薄膜在阳光下,特别是在紫外线的照射下,能自行分解出自由移动的电子,同时留下带正电的空穴。空穴能将空气中的氧激活变成活性氧,这种活性氧能把大多数病菌和病毒杀死;同时它能把许多有害的物质以及油污等有机污物分解成氢气和二氧化碳,从而实现消毒和玻璃表面的自清洁。

15.6 建筑卫生陶瓷

建筑卫生陶瓷方面近年来出现了具有抗菌、灭菌、防霉、除臭等功能的釉面砖、卫生洁具。日本东陶公司研制出一种新型瓷砖,该瓷砖采用光催化剂的作用,在瓷砖表面制作了一层具有抗菌作用的膜。这种保健型瓷砖特别适用于医院、食品厂、食品店以及浴室、厨房、卫生间等装饰。中国建筑材料科学研究院进行了稀土激活保健抗菌材料的研制工作,并成功地应用于陶瓷釉面砖的生产,制备出保健抗菌釉面砖。其特点是考虑到光催化、金属离子的激活作用以及复合盐的抗菌效果,采用了稀土离子和分子的激活催化手段,提高了多功能保健抗菌效果和空气净化效果。

生态陶瓷的典型材料为木材陶瓷。它是一种将天然木材或其他木质材料浸渍热固性树脂,比如酚醛树脂,然后在真空炉中碳化得到的新型多孔质碳素材料。$1m^3$多孔木材陶瓷可吸附固定172kg空气中的二氧化碳,在抑制矿物燃料的消耗中起重要作用,而且加热形成的分解产物可用于灭虫灭菌。1997年在日本召开的国际环境材料大会上有为数不少的论文发表,其中有论文指出,木材陶瓷在建材方面也有着广泛的前景。

木材陶瓷的最初应用设想是基于其碳素导电和多孔结构的电磁屏蔽材料,但深入研究表明,其原料木材在合理开发使用下是可循环利用的资源,是目前许多枯竭性资源的极具前景的替代品。木材陶瓷的副产品为木醋酸,是农业土壤改良剂和防虫防菌剂。木材陶瓷使用后仍可做吸附剂,废弃时也可破碎做土壤改良剂,没有环境负担。因此,木材陶瓷是一种很好的环境材料,有着更广阔的应用前景。例如:

(1) 轻质、比强高,可作结构材料;

(2) 硬质、耐磨,可作摩擦材料;

(3) 多孔结构,可作各种过滤、吸收材料,以及作为其他材料的基体;

(4) 耐热、耐氧化、耐腐蚀,可应用于高温、腐蚀环境中;

(5) 导热,有良好的远红外发射功能,是大有前途的房暖材料;

(6) 经济性好,能批量生产。

木材陶瓷的宏观结构是在 X-Y 平面上的木材纤维是随机排布的,而在 Z 方向上的木材纤维是层积的。酚醛树脂注入了木材纤维中以及它们之间的空隙。在碳化过程中,热固性酚醛树脂转化成了硬质玻璃碳,使其具有较好的耐蚀性和机械性能。与此同时,在足够高的碳化温度下,木材转化成了无定形碳。这种由于木材的多孔结构特性形成的无定形碳抑制了木材在热成型过程中产生的开裂、翘曲。

15.7 辅助建材及建材化学品

在建筑材料中,辅助建材是结构建材、表面装饰材料以外的一大类材料,主要有防水材料、密封材料、保温材料、粘合剂等。

防水材料主要用于屋面防水层,以及室内卫生间、厨房地面的防水等。传统的防水材料主要是沥青毡卷材或沥青类防水涂料。这些沥青类防水材料含大量煤焦油、苯类挥发物。施工时熬制沥青产生大量有害挥发物,对人体有毒。现代的防水材料已向环境友好型方向发展。如聚丙烯类防水材料、聚苯乙烯类防水卷材等,都属于高档防水材料。生产和使用过程对环境无害,对人体无毒。另外,一种新型固体粉末状建筑用防水材料最近研制成功,这种防水材料采用无机原料、复合环境友好型有机添加剂,对环境无害,可广泛用于大型建筑物、钢筋混凝土游泳池、电力工程等。

密封材料主要用于墙体密封、地面密封、装修密封,以及家具、卫生间洁具、厨房用具等密封,是建材化学品的一大类。现代的密封材料正逐步向高性能、低污染的趋势发展。例如,传统的密封膏,除进一步提高质量外,还着重发展水乳型、浅色的嵌缝油膏以及能在潮湿基层上施工的粉状嵌缝油膏等。这些密封膏对环境和人体基本无不良影响。

粘合剂及胶粘剂也是一类主要的建材化学品。传统建筑胶粘剂在使用过程中释放出甲醛等有害气体,现正向无毒、功能性胶发展,主要功能有耐热、耐低温、阻燃、绝缘、导热、导电等。

在建筑材料中,保温材料对建筑物的保温制冷、建筑节能具有重要作用。传统的保温材料主要采用硅酸铝石棉纤维,以及有机保温材料。随着人类对环境问题的关注,现代保温也向低能、低耗、高效方向发展。在保证同样的保温效果前提下,单位面积的保温材料消耗已大大降低。

近年来,我国高层建筑多次发生火灾事故,不仅给人们的生命财产和国家的物资造成较大损失,也产生了不良的社会影响。究其原因,除了人们的消防意识淡薄、防范措施不力外,工程上使用的大量易燃装饰材料是火灾事故的一个重要因素。针对这一问题,开发具有良好的防火、防水、隔热、隔音功能的防火墙板成为建材行业的一个趋势。一种以植物纤维板、优质水泥和聚苯乙烯发泡珠为主要原料的轻质防火墙板已于近日上市,填补了我国环保型防火建筑材料的一项空白。这种材料以其不含石棉制品,对人体和环境友好,且特有的防火功能,正在被越来越多的设计院、建筑商认识和接受。经检验,在连续22h的耐火测试过程中,该材料不发烟、不开裂、不粉化,耐热效果大大优于一般粘土砖和水泥空芯砖,属于A级不燃性防火建筑材料。这种轻质装饰面板,不仅具有同墙板一样的防火、隔热功能,而且强度高、韧性好,表面还有各种立体图纹。在进行房间吊顶和墙面装饰时,可以任意弯曲,等于为房间装上了一套高雅美观的防火隔热层。该材料可广泛用于各种墙体施工和装修,有效减轻各类建筑的火灾损失,产生良好的经济效益和社会效益。

水成膜泡沫灭火剂是目前世界上公认的性能最佳的油类灭火剂,发展空间巨大。联合国环保组织(我国是签约国)规定,在1999年年底前停止卤代烷类灭火剂的生产。因此,水成膜泡沫灭火剂的市场前景将更为看好。在发达国家油类灭火剂市场所占份额,从20世纪70年代的7.8%已上升到90年代的71.3%。我国该类灭火剂的生产还处于起步阶段,所占油类灭火剂市场份额还不足6%。另外,利用这种氟碳表面活性剂还能生产用于防止油类着火和挥发的密封剂,广泛用于油库、机场及码头等各种场合;亦可放入汽车油箱,防止汽油被引燃。水成膜泡沫灭火剂的核心技术是氟碳表面活性剂的制造技术,占灭火剂总成本约85%。国内现已可以自主开发生产阳离子型、阴离子型两种氟碳表面活性剂。这种氟碳表面活性剂代替卤代烷类,进一步保护大气层的臭氧层,是一种很好的环保型灭火剂原料。

其他辅助建材以及建筑物消耗品正在为提高生活品质、促进环保做贡献。例如,一种带防盗功能的"环保灭蚊窗"近日在香港面世。这种新产品,是采用风琴折页式结构,有如垂直的百叶帘,能方便使用者安装在任何大小及高度的窗户/窗台上。当蚊虫随气流飞入窗门,或在夜间被自动开启的紫外光灯吸引,便被内置的 3 000V 电压所击毙,其最高用电量不超过 8W。该产品附设了安全设备,在户内一边有静电式断流装置,万一使用者或宠物碰到屋内的保护网,便立即切断电源,5s 后才再自动恢复,所以产品同时也有防盗功能。

一种用于灭火、控火和防护冷却的消防水雾和水幕喷头,既具有很好的使用性能,又节约用水。在目前环境问题和城市水源紧张的条件下,对建筑物的安全和节约用水起到一定的环境友好作用。这种消防水雾和水幕喷头的水雾水幕均匀性、隔热性和冷却性大大高于传统水管穿孔的作用,其用水量少,灭火控火和冷却效果十分理想。该技术可广泛用于建筑、石油化工、电气机械、航空工业、制粉工业等行业。

15.8 固体废弃物在建筑中的应用

15.8.1 工业固体废渣在建筑材料中的综合利用

工业固体废渣的综合利用可见表 15-8。由表可知工业固体废渣最大量是用作建筑材料与原材料。

表 15-8 主要工业废渣在建材中的综合利用

废　　渣	主　要　用　途
采矿废渣	煤矸石尾矿渣水泥、砖瓦、轻混凝土骨料、陶瓷、耐火材料、铸石、水泥和砖瓦等
燃料废渣	粉煤灰水泥、砖瓦、砌块、墙板、轻骨料、筑路材料、肥料、矿渣棉、铸石等
冶金废渣	高炉渣矿渣水泥、混凝土骨料、筑路材料、砖瓦、砌块、矿渣棉、铸石、建筑防火材料、肥料、微晶玻璃、钢渣水泥、磷肥等
有色金属废渣	水泥、砖瓦、砌块、混凝土、矿渣棉、筑路材料、金属回收等
化学废渣、塑料废渣	再生塑料、炼油、代砂石铺路、土壤改良剂等;生产水泥、矿渣、矿渣棉、轻集料等

续表

废　　渣	主要用途
硫铁矿渣、电石渣	炼铁、水泥、砖瓦、水泥添加剂、生产硫酸、制硫酸亚铁等
磷石膏、磷渣	制砖、代石灰作建筑材料、烧水泥、水泥添加剂、熟石膏、大型砌块等

以粉煤灰为例,我国2009年产量已达到3.75亿t,相当于中国城市生活垃圾总量的2倍多,其体积可达到4.24亿 m^3,相当于每2.5min就倒满一个标准游泳池。我国的粉煤灰综合利用还不到1亿t,主要用来生产粉煤灰水泥、加气混凝土、烧结粉煤灰砖、粉煤灰砌块。而煤矸石建筑行业每年用来制砖就是2 000多万t,年产砖30亿块。由此可见,如果能综合利用好粉煤灰,建材工业将为工业固体废渣的综合利用作出巨大贡献。

全世界汽车保有量已超过10亿辆,每年因汽车报废产生的固体废弃物达上千万吨。其中废旧汽车轮胎是一类较难处理的有机固体废弃物。目前大量的应用也是在建材方面。图15-3是废旧汽车轮胎应用于建筑材料的循环示意图。可见对汽车轮胎的回收利用,无论是整胎、粉碎的轮胎,还是碎橡胶,目前主要还是用在建筑物方面。

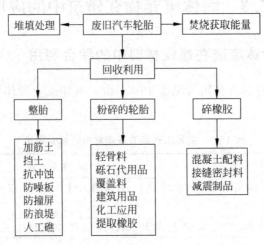

图15-3　废旧汽车轮胎的回收利用示意图

另外,我国已开发、生产出用废塑料和粉煤灰作主要原料,生产环保型给排水井盖的技术。这种环保型井盖的原材料是粉煤灰和废塑料,每生产1万套,可节约铸铁1 200t。该产品不仅可消耗大量的废弃塑料及电厂无法处理的粉煤灰,还开发了新型建材的新用途。

表15-9是固体废弃物用于筑路材料的用途统计。可见筑路材料的各个部分在某种程度上都可以应用固体废弃物。

表 15-9　固体废弃物用于筑路材料的用途统计

类别	利用对象和结构名称 结构	副产物名称（原材料）	加 工 方 法
车行道部分	沥青铺路	沥青混凝土碎块	再生、沥青铺设
	混凝土铺路	混凝土碎块	再生骨料
	路面基层	混凝土碎块	破碎、粒度调整
		沥青混凝土碎块	破碎、粒度调整
	路基	混凝土碎块	破碎、粒度调整（混合）
		沥青混凝土碎块	破碎、粒度调整（混合）
		残土	用作良质土
			稳定处理
			粒度调整
		污泥	粒度调整、固化
	路体	混凝土碎块	破碎、粒度调整（混合）
		沥青混凝土碎块	破碎、粒度调整（混合）
		残土	用作标准土
			稳定处理
			粒度调整
			复合利用
		污泥	固化
			土质稳定处理
			粒度调整、固化
			复合利用
人行道部分	砖、瓦	混凝土碎块	再生骨料
	路缘石块	沥青混凝土碎块	再生、沥青铺路
		木屑	切断分成块
		污泥	固化
	栅栏	沥青混凝土碎块	熔融、骨料化
		废塑料	再生骨料
	引导牌	废塑料	熔融、成形
	沥青铺路	沥青混凝土碎块	熔融、成形
	混凝土铺路	混凝土碎块	再生、沥青铺路
	路面基层	混凝土碎块	再生骨料
		沥青混凝土碎块	破碎、粒度调整
	路基	混凝土碎块	破碎、粒度调整
		沥青混凝土碎块	破碎、粒度调整
		残土	破碎、粒度调整
		污泥	用作良质土、稳定处理
			粒度调整、固化
	路体	（与行车道部分相同）	

15.8.2 非金属矿产品与生态建材

除金属废渣外,许多非金属矿产品具有一系列优异性能,与生态建材有着十分密切的关系。

1. 非金属矿产品是生产节能型生态建材的重要原材料

硅灰石、长石、透辉石、霞石、正长岩、玄武岩等一些非金属矿物和岩石,具有促使建材制品低温快烧的功能,是研究、开发和生产生态建材不可缺少的重要原材料。例如,采用硅灰石作为陶瓷原料时,可使陶瓷制品的素烧温度从1 280℃降低至1 090℃,釉烧温度从1 170℃降低至1 050℃,素烧时间从50h减少至18h,从而节省能耗30%~40%。采用玄武岩粉代替粘土生产水泥时,烧成温度可降低70~100℃,节煤20%。

2. 非金属尾矿及废弃物的综合利用是生产环保型建材产品的主要原料

白云岩、石灰岩等非金属矿山废弃的大量尾矿及一些非金属矿物和岩石是研究、开发和生产废物利用环保型生态建材的主要原材料。例如,20世纪80年代兴起的免烧砖是以各种矿山尾砂、工业废渣为主要原料,加一定量的胶结剂和活性剂,经高压成型,自然养护而成的一种新型房屋建筑墙体材料。这种免烧砖与传统的粘土实心砖相比,节省能耗77%~80%,且生产过程中无废气、废水、废渣产生。既利废,又节能,也没有环境污染。

石棉也是一种重要的非金属矿物,它具有耐热、隔热、绝缘、耐化学腐蚀、吸附性强、机械强度高等优良性能,但对人体有害。因此一些发达国家限制或禁止使用石棉。最近日本科学家研究出一种利用城市垃圾和石棉生产新型建材的技术。他们将垃圾灰与石棉按一定比例混合,进行高温煅烧,使其形成玻璃液相。其中不同元素进行化学反应,使石棉转化为无害物质。进而形成强度高、硬度大的烧结体。这种烧结体是一种多孔物质,不仅可以作为建筑材料,还可以作为吸附材料和触媒载体,从而实现了垃圾资源化、石棉无害化。

3. 一些非金属矿产品是生产安全舒适型生态建材的原料

沸石、硅藻土、膨胀珍珠岩、膨胀蛭石、浮石等一些非金属矿物和岩石具有容重小、导热系数小、耐高温、吸附性强等优异性能,是生产安全舒适型生态建材的重要原材料。例如,以膨胀珍珠岩为骨科的新型墙体材料具有高强、轻质、防火、防水、保温、隔热、隔音等多种功能。以石膏为主的建筑材料具有轻质、隔热、保温、吸音、收缩率小、防震等功能。天然沸石具有特殊的非线性等温吸附性能和高效率的热交换性能。加拿大和美国科学家声称已研制出了利用太阳能的具有供暖和制冷功能的沸石墙面材料。美国研制出一种利用硅藻土制成的内墙涂料,可以多次反复涂抹,不产生层间痕迹。涂料能自然地结合在一起,墙面不反光,可使室内光线柔和,并且内墙颜色可随室内温度的变化而变化,即具有调光功能。粉状石墨过去用途有限。最近有资料介绍,粉状石墨可用于制备具有功能性的水泥材料,如制备具有电性能和水泥基涂料、砂浆、混凝土掺和料等,可应用于工业上防静电、建筑物屏蔽电磁波等。

4. 一些非金属矿产品是生产保健型生态建材的重要原材料

沸石、硅藻土、石盐、石膏、滑石、方解石、白云母、水镁石、蛇纹石、雄黄、雌黄、硼砂、辰砂、明矾石、麦饭石等一些非金属矿物和岩石具有吸附有害物质或药用功能,是研究、开发和生产保健型生态建材的重要原材料。瑞典研究出一种硅藻土涂料,能吸附带臭味的分子,而这些分子难以靠通风来排除,从而达到净化空气的目的。浴室和厨房内很容易滋生微生物,日本研制出一种能自行杀灭细菌的瓷砖,这种瓷砖的表面涂有一层 TiO_2,在此涂层上再覆盖一层铜银混合物。当瓷砖表现吸收光线时,金属离子就会活跃起来,使接触到瓷砖的细菌无法生存。硅灰石质的纯天然无机涂料具有发荧光、抗静电、消毒、除臭、净化空气等功能。值得重视的是,一些非金属矿物和岩石具有药用功能。据有关资料介绍,可用于医疗、保健、降解毒性物质等方面的药用天然矿物有 70 余种,其中大部分为非金属矿物和岩石。这些药用矿物和岩石既有外用的,也有内服的;既有单独加工利用的,也有数种合用或与中草药合用的。因此,有可能利用具有药用功能的非金属矿物和岩石来研究、开发和生产出能直接促进人类健康的生态建筑材料。

15.8.3 生态型化学建材

化学为人类造福,也带来了化学污染。对环境污染的治理和"三废"综合利用,特别是利用大量固体工业废渣生产建筑材料,化学方法仍是最主要的、最有效的手段。化学建材产品已进入千家万户,大力发展轻型、高强、节能、少污染的新型建筑材料对我国现代化建筑具有极重要的现实意义。

加强环保意识,提倡化学建材、绿色建材、绿色建筑,要从各方面考虑。例如工民建专业要有"建筑工程化学"课,要有建筑与环保的章节及有关环保问题的内容。强调环保意识,强调化学在建筑材料和建筑工程环保方面是大有可为的,化学建材的方兴未艾就是证明。

大力推广化学建材,推广应用塑料门窗、塑料管道、新型防水材料、新型墙体材料等具有十分明显的节能和环保效果的新型建材。科学技术是第一生产力,加强建筑工程环保技术的科学研究,特别是有利于建材工业三废处理、资源再回收利用等方面内容。例如,新型建筑材料的研制,高效减水剂,各种无毒、少毒的化学外加剂的研制,水溶性、水乳型及粉末建筑涂料的开发,应大力提倡和增大投入力度。在依靠科学技术使生产发展的同时,强化环境的全方位保护,使绿色建材、绿色建筑、生态建筑成为现实。

在地球上人口较少、资源较充足的历史时期,环境问题不突出。进入20世纪中叶以来,随着人口的急剧增长,生产力的高度发展,资源开发利用向深度、广度的延伸,环境破坏和污染日益严重。这种变化不仅影响了局部地区的环境质量状况,而且也导致了全球性的环境恶化,直接威胁着全人类的生存和发展。人类只有一个地球,生命也只有一次,拥有一个生态平衡的"绿色"地球是人类共同的愿望。水体污染、酸雨、温室效应、臭氧层破坏、"白色污染"、含铅汽油的使用等都是全球性的问题,已是各国政府关注的焦点。发展有利于保护生态环境、提高居住质量、性能优异、多功能的建筑材料,代表了21世纪我国建筑材料的发展方向,符合世界发展趋势。

阅读及参考文献

15-1　王天民. 生态环境材料. 天津: 天津大学出版社, 2000

15-2　左铁镛. 材料产业可持续发展与环境保护. 兰州大学学报(自然科学版), 1996. 32: 1~9

15-3　王天民, 徐金城, 左铁镛. 环境材料的概念和我国开展环境材料研究的必要性与紧迫性. 兰州大学学报(自然科学版), 1996, 32(10): 10~16

15-4　刘江龙, 丁培道, 左铁镛. 与环境协调的材料及其发展. 环境科学进展, 1996, 4(1): 69~74

15-5　肖定全. 环境材料——面向21世纪的新材料研究. 材料导报, 1994, (5): 4~7

15-6　山本良一. 环境材料. 王天民译. 北京: 化学工业出版社, 1997

15-7　中国建筑材料科学研究院. 绿色建材与建材绿色化. 北京: 化学工业出版社, 2003. 22~35

15-8　张竹慧. 生态建材及其发展研究. 山西建筑, 2009, 35(18): 153~155

15-9　何宏涛. 水泥生产二氧化碳排放分析和定量化探讨. 水泥工程, 2009, 1: 61~65

15-10　姜睿, 王洪涛, 张浩, 陈雪雪. 中国水泥生产工艺的生命周期对比分析及建议. 环境科学学报, 2010, 30(11): 2361~2368

15-11　林奕明, 周少奇, 周德钧, 吴彦瑜. 水处理厂污泥生产生态水泥. 环境科学, 2011, 32(2): 524~530

15-12　孙永泰. 城市垃圾废弃物生产生态水泥工艺及实例. 粉煤灰, 2009, 1: 26~28

15-13　刘砚秋. 日本生态水泥的性能、应用与发展. 新世纪水泥导报, 2009, 2: 34~38

15-14　乔冠军, 高积强, 金志浩. 陶瓷的环境材料化. 兰州大学学报(自然科学版), 1996, 32(10): 130~134

15-15　张齐生, 孙丰文. 我国竹材工业的发展展望. 林产工业, 1999, 26(4): 3~5

15-16　吴春山. 用稻壳生产建材. 中国物资再生, 1999, (11): 40~44

15-17　袁楚雄. 生态建材. 中国建材, 1997, (8): 40~41

15-18　张齐生, 孙丰文. 面向21世纪的中国木材工业. 南京林业大学学报, 2000, 24(3): 1~4

15-19　陈晓卫, 杨彩虹. 生态化建筑——探索21世纪生态与建筑相结合的可持续发展之路. 工业建筑, 2000, 30(5): 21~23

15-20　秦瑞明, 齐英杰. 木材加工业的发展展望. 林业机械与木工设备, 1998, 26(2): 8~10

15-21 李保宁.世纪之交话绿色——世界面临着一场变革：国外绿色文明的十二种趋势.中保产业,1998,(6)：31~33
15-22 李湘洲.废物利用与环境保护.再生资源研究,1999,(4)：38~40
15-23 李湘洲.国内外城市垃圾处理的现状与趋势.粉煤灰,2000,(1)：31~35
15-24 聂涛.我国地板工业产量预测及发展方向分析.江西林业科技,2000,(2)：46~48
15-25 李琴,华锡奇,许小婉,等.我国竹材人造板开发现状与研究方向.浙江林业科技,2000,20(3)：79~85
15-26 王凯,丁美蓉,潘海丽.21世纪我国木材工业展望.林产工业,2000,27(3)：3~6
15-27 王振成.固体废弃物处理与应用.西安：西安交通大学出版社,1987
15-28 师昌绪.材料科学技术百科全书.北京：中国大百科全书出版社,1995
15-29 杨伏生,葛岭梅.环境协调性材料.环境科学研究,2000,13(4)：56~58
15-30 李湘洲.聚苯乙烯泡沫废料在建材工业中的应用.再生资源研究,2000,4：26~29
15-31 周立鸣,温国平.绿色建材——植物纤维喷涂产品.新型建筑材料,1997,1：24~28
15-32 翁端,马燕合.由第三届国际环境材料大会看环境材料的研究动态.材料导报,1998,12(1)：1~5
15-33 翁端.关于生态环境材料研究的一些基本思考.材料导报,1999,13(1)：12~15
15-34 翁端,余晓军.环境材料研究的一些进展.材料导报,2000,14(11)：19~22
15-35 牛光全.论健康建材和健康建筑.建筑人造板,1998,(1)：10~16
15-36 http://www.chimeb.edu.cn
15-37 http://www.mat-info.com.cn

思 考 题

15-1 如何用LCA方法评价建材对环境的影响以及环境污染对建材的影响？
15-2 你认为生态建材的属性及基本特点应包括哪些内容？
15-3 举例说明生态建材有哪些类型？
15-4 举例说明生态水泥与传统水泥有何区别？生态混凝土与生态水泥有何区别？
15-5 生态建筑的概念主要体现在哪几个方面？
15-6 用LCA方法比较建筑涂料和建筑瓷砖用于大型建筑物外装修对环境的影响。
15-7 用LCA方法比较墙纸与涂料用于室内装修对环境的影响。
15-8 用LCA方法比较天然木地板、人造木地板及聚氨酯复合地板对环境的影响。
15-9 制造环境功能玻璃有两种途径，一是对玻璃成分进行改性，二是通过表面镀膜的方法，试从用户的角度分析这两种工艺的优缺点。
15-10 如何使建筑卫生陶瓷环境功能化，如抗菌、灭菌、防霉、除臭，甚至净化空气等？
15-11 试从使用性能、环境性能、经济成本的角度分析工业建筑、公共建筑以及民用住房等不同建筑物的材料使用特点。

业固体废弃物用作建筑材料的实例,应用 LCA 方法分析这种废用的环境影响。

法分析废旧汽车轮胎用作建材的能源和资源效率。

年的工业固体废弃物达 70 万 t 以上,其中 90% 可用于生产建筑材料。分析写出几项可行的用工业废渣生产建材的技术途径。

建筑材料对环境的影响在材料工业中居首位,如要你承担一个生态建材的科研项目,你将从何处着手开展生态建材的研究?

15-16 观察你所处的环境或你的居室,哪一些属于生态建材?请用你自己的观点对这些建筑材料的使用情况给出评价。